Mathématiques CM1

À portée de maths

Janine Leclec'h-Lucas
Jean-Claude Lucas
Professeurs des écoles

Robert Meunier
Conseiller pédagogique

HACHETTE
Éducation

Responsable de projet : Valérie Dumur
Couverture : SG Création
Maquette intérieure : Atelier Gérard Finel
Réalisation PAO et dessins techniques : SG Production
Illustrations : Géraldine Besnard et Jean-Louis Goussé

ISBN : 2011173094

www.hachette-education.com

PRÉFACE

Cette collection propose une vision du livre de mathématiques clairement articulée autour de l'autonomie pédagogique.

Notre choix a été dicté par une évidence :

L'enseignant est un professionnel qui choisit et assume sa pédagogie. Le rôle d'un manuel n'est donc pas de lui imposer une démarche formalisée, mais de le soutenir dans ses actions de formation.

L'enseignant trouvera donc ici les outils dont il a besoin, en l'occurrence un vaste choix d'exercices, tout en bénéficiant d'une grande latitude d'utilisation, en relation directe avec la vie de sa classe. Toutes les séquences sont classées par domaines et permettent un usage très souple en fonction des exigences de chacun.

Cet ouvrage, conformément à l'esprit des nouveaux programmes, fait une large place à la résolution de problèmes et à la pratique régulière du calcul rapide, qu'il soit mémorisé, réfléchi ou instrumenté.

Les séquences sont généralement construites sur le même schéma :

– un CHERCHONS ENSEMBLE, questionnement collectif et oral ;

– un bandeau servant de **référentiel** à l'élève, qui récapitule les notions essentielles étudiées dans la double page ;

– de nombreux exercices d'appropriation de la notion abordée ainsi que de multiples situations problèmes ;

– un ou deux exercices JE TRAVAILLE SEUL(E), corrigés en fin de partie afin de permettre un travail en autonomie

Dans de nombreuses séquences, un exercice À TOI DE JOUER... offre une approche plus ludique.

Une double page documentaire permet d'aborder le domaine en liant lecture et mathématiques.

Enfin, une double page de synthèse permet de clore chaque domaine en proposant de travailler les mathématiques dans d'autres disciplines (histoire, géographie, sciences...).

Le **livre du maître** associé à cet ouvrage :

– propose une piste de recherche, travail préalable au CHERCHONS ENSEMBLE du livre de l'élève ;

– donne la correction de tous les exercices ;

– fournit un ou deux exercices d'évaluation pour chaque notion.

Nous ne doutons pas qu'avec ces ouvrages, l'enseignant trouvera les outils nécessaires pour asseoir une pédagogie de la réussite propre à la formation des futurs citoyens.

SOMMAIRE

CALCUL RAPIDE

CONNAISSANCE DES NOMBRES

COMPRENDRE ET RÉSOUDRE

CALCUL

GRANDEURS ET MESURE

ESPACE ET GÉOMÉTRIE

PROGRESSION CALCUL RAPIDE

1 Identifier .... 8 à 11

Donner le nombre de dizaines, de centaines, de milliers

Écrire un nombre entier à partir de sa décomposition

Écrire le nombre entier précédent, le nombre entier suivant

Arrondir un nombre entier

Identifier le chiffre des dixièmes, des centièmes

Comparer deux nombres décimaux

Trouver le nombre entier le plus proche d'un nombre décimal

2 Additionner .... 12 à 15

Compléter à la dizaine supérieure

Ajouter deux multiples de 10

Ajouter un nombre à un chiffre à un nombre à deux chiffres (sans retenue)

Ajouter un nombre à un chiffre à un nombre à deux chiffres (avec retenue)

Ajouter un multiple de 10

Produire une suite orale en ajoutant 10

Ajouter 9, ajouter 11

Ajouter deux nombres à deux chiffres

Ajouter 18, 19, 28, 29...

Ajouter deux grands nombres multiples de 10

Décomposer une somme

Déterminer l'ordre de grandeur d'une somme

3 Soustraire 16-17

Produire une suite orale en retranchant 10

Retrancher deux multiples de 10

Retrancher un multiple de 10 d'un nombre à deux chiffres

Retrancher 9, retrancher 11

Retrancher 18, 19, 28...

Retrancher deux nombres à deux chiffres

Compléter à 100

Soustraire deux grands nombres multiples de 10

Décomposer une différence

Déterminer l'ordre de grandeur d'une différence

4 Multiplier et diviser .. 18 à 21

Multiplier par 2, 3... 9

Calculer le double

Calculer le triple

Multiplier par 10, 100, 1 000

Multiplier par 11, multiplier par 9

Multiplier par des multiples de 10

Déterminer le quotient entier

Diviser par 10, 100

Calculer la moitié

Déterminer l'ordre de grandeur d'un produit

Calcul rapide

1 Identifier

Donner le nombre de dizaines, de centaines, de milliers

1 **Dans chacun des nombres ci-dessous, indique le nombre de dizaines. Observe l'exemple.**

863 → 86 dizaines

a) 354 – 7 210 – 8 696 – 742 – 67

b) 5 465 – 961 – 53 – 557 – 8 429

2 **Dans chacun des nombres ci-dessous, indique le nombre de centaines.**

a) 545 – 7 569 – 4 238 – 17 400 – 1 317 – 417 – 8 976 – 23 230

b) 21 851 – 6 697 – 435 – 9 401 – 3 008 – 717 –12 715 – 31 700

3 **Dans chacun des nombres ci-dessous, indique le nombre de centaines.**

a) 719 – 52 128 – 6 358 – 967 – 6 225

b) 98 562 – 561 238 – 6 900 – 5 000

4 **Dans chacun des nombres ci-dessous, indique le nombre de milliers.**

56 000 – 8 659 – 14 523 – 112 500 – 81 703 – 13 402 – 203 720 – 41 013

5 La ville de Compiègne compte 45 300 habitants, c'est-à-dire plus de ✳ milliers d'habitants.

6 Ce vélo de compétition coûte plus de ✳ centaines d'euros.

7 Pour une opération humanitaire, une association a récolté 21 730 €, c'est-à-dire plus de ✳ milliers d'euros.

8 Incroyable ! En septembre 2002, une école, en Inde, accueillait 26 312 élèves, c'est-à-dire plus de ✳ milliers d'élèves !

Écrire un nombre entier à partir de sa décomposition

9 **Écris le nombre correspondant à chaque décomposition. Observe l'exemple.**

4 centaines et 3 unités → 403

a) 5 dizaines et 2 unités

b) 6 centaines et 3 dizaines

c) 2 milliers et 5 centaines

d) 4 milliers et 9 unités

e) 9 milliers et 3 dizaines

Écris le nombre correspondant à chaque décomposition.

10 a) 6 milliers et 8 centaines

b) 4 milliers, 3 dizaines et 5 unités

c) 12 milliers et 2 centaines

d) 5 milliers et 4 dizaines

e) 20 milliers et 500 unités

11 a) 9 centaines et 5 unités

b) 3 milliers, 2 centaines et 6 dizaines

c) 5 milliers et 4 dizaines

d) 2 milliers et 3 unités

e) 14 milliers et 45 unités

12 a) 3 milliers et 1 unité
b) 44 milliers, 1 centaine et 1 unité
c) 8 milliers et 8 centaines
d) 2 dizaines, 12 milliers et 5 unités
e) 56 milliers et 40 dizaines

13 a) 94 dizaines et 4 unités
b) 103 milliers et 9 centaines
c) 94 dizaines et 6 milliers
d) 15 milliers et 1 centaine
e) 3 unités, 80 dizaines et 7 milliers

Écrire le nombre entier précédent, le nombre entier suivant

14 **Écris le nombre qui suit chacun des nombres donnés.**
a) 599 – 4 059 – 8 999 – 3 099 – 1 909
b) 879 – 2 399 – 4 519 – 9 999 – 7 099
c) 8 549 – 16 019 – 4 369 – 14 109 – 5 989 – 7 899 – 21 079 – 4 699
d) 49 009 – 31 219 – 4 809 – 999 – 9 909 – 22 069 – 31 939 – 2 099

15 **Écris le nombre qui précède chacun des nombres donnés.**
a) 580 – 990 – 1 010 – 900 – 6 300
b) 9 600 – 8 000 – 5 500 – 3 620 – 7 710 – 400 – 2 060 – 3 100
c) 5 690 – 6 700 – 15 000 – 9 910 – 3 280 – 11 100 – 4 800 – 13 000
d) 12 100 – 6 090 – 8 400 – 14 000 – 11 010 – 9 010 – 15 100 – 23 800

16 **Écris le nombre qui suit chacun des nombres donnés.**
a) 1 919 – 3 199 – 12 799 – 5 999 – 19 009 – 9 909 – 77 299 – 30 999
b) 19 109 – 29 989 – 9 709 – 19 199 – 18 999 – 49 089 – 49 009 – 49 999

17 **Écris le nombre qui précède chacun des nombres donnés.**
a) 17 700 – 6 910 – 7 010 – 78 900 – 50 000 – 14 090 – 14 900 – 14 100
b) 14 500 – 20 100 – 13 090 – 59 980 – 60 100 – 51 900 – 52 000 – 51 010

18 Théo a gagné la partie avec 9 900 points et un seul point d'avance sur Jason. Jason avait donc ✷ points.

19 Une voiture est vendue 12 899 €. Pour 1 € de plus, le vendeur propose la climatisation. Le prix de la voiture sera alors de ✷ €.

20 Une entreprise totalise 79 999 clients. Le prochain client se verra offrir un cadeau car il sera alors le ✷ millième client.

Arrondir un nombre entier

21 **Arrondis à la dizaine supérieure chacun des nombres donnés.**
a) 87 – 96 – 23 – 147 – 562
b) 458 – 402 – 964 – 258 – 1 256
c) 215 – 3 025 – 5 684 – 2 569 – 1 247
d) 8 569 – 1 029 – 6 358 – 4 128 – 594

22 **Arrondis à la centaine supérieure chacun des nombres donnés.**
a) 1 156 – 589 – 439 – 1 369 – 366
b) 1 256 – 3 025 – 7 777 – 6 981 – 489
c) 2 325 – 2 897 – 6 302 – 7 618 – 189
d) 5 583 – 2 364 – 1 163 – 6 680

23 **Arrondis à la dizaine la plus proche chacun des nombres donnés.**
a) 458 – 369 – 451 – 201 – 398
b) 459 – 413 – 2 587 – 3 651 – 9 563

24 **Arrondis à la centaine la plus proche chacun des nombres donnés.**
a) 4 785 – 2 310 – 8 965 – 456 – 785
b) 6 631 – 5 642 – 6 470 – 369 – 2 012

25 **Arrondis au millier le plus proche chacun des nombres donnés.**

a) 1 937 – 12 896 – 35 478 – 3 475 – 6 875 – 13 395 – 4 705 – 11 126

b) 5 698 – 17 891 – 63 299 – 57 123 – 14 763 – 17 565 – 36 292 – 41 607

26 **Indique le prix de ces objets en arrondissant à la dizaine d'euros la plus proche.**

27 Lors d'un match de football, on a vendu 9 875 billets. Il y avait donc environ ✳ milliers de spectateurs présents.

28 Une entreprise emploie 18 156 salariés. Il y a donc environ ✳ milliers de personnes qui travaillent dans cette entreprise.

Identifier le chiffre des dixièmes, des centièmes

29 **Identifie le chiffre des dixièmes dans chacun des nombres suivants.**

a) 2,31 – 4,28 – 96,35 – 56,41 – 6,37

b) 6,231 – 9,45 – 78,36 – 45,12 – 3,07

30 **Identifie le chiffre des centièmes dans chacun des nombres suivants.**

a) 45,10 – 14,89 – 3,125 – 0,325 – 9,08

b) 12,65 – 99,415 – 6,359 – 0,125 – 1,17

31 **Indique si le chiffre 3 représente les unités, les dixièmes ou les centièmes dans chacun des nombres suivants.**

2,35 – 3,58 – 41,23 – 0,35 – 93,20 – 78,30 – 5,63 – 3,02 – 8,31 – 6,03

32 **Indique si le chiffre 5 représente les unités, les dixièmes ou les centièmes dans chacun des nombres suivants.**

4,75 – 2,56 – 45,22 – 0,15 – 69,50 – 75,30 – 5,19 – 14,051 – 23,52 – 964,25

Comparer deux nombres décimaux

33 **Recopie chaque fois le plus grand des deux nombres proposés.**

a) 16,4 et 16,6 – 19,3 et 18,63

b) 2,54 et 2,6 – 8,80 et 8,84

c) 14,28 et 14,4 – 85,2 et 85,21

d) 63,4 et 62,51 – 1,15 et 1,2

e) 64,3 et 64,28 – 353,28 et 353,2

34 **Recopie chaque fois le plus petit des deux nombres proposés.**

a) 5,4 et 5,41 – 7,42 et 7,5

b) 9,30 et 9,4 – 47,21 et 47,6

c) 789,5 et 690,6 – 179,9 et 180,1

d) 12,4 et 12,33 – 4,45 et 4,51

e) 9,74 et 9,8 – 10,05 et 10,5

f) 165,7 et 165,69 – 419,39 et 419,9

35 **Classe ces viennoiseries de la plus chère à la moins chère.**

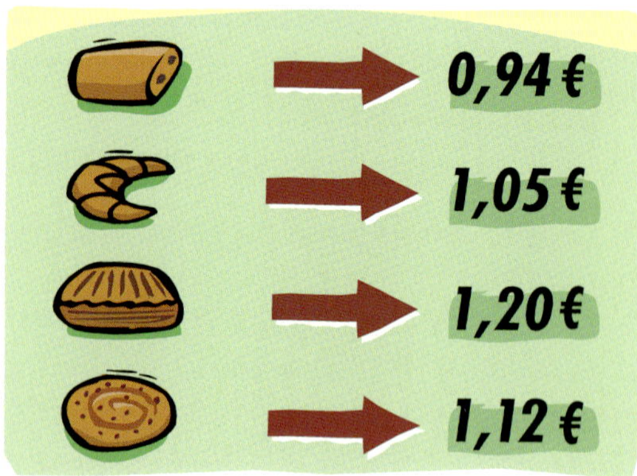

36 **Peux-tu classer ces escargots en fonction de leur performance lors du Championnat du monde de glisse ?**

Trouver le nombre entier le plus proche d'un nombre décimal

37 **Indique, pour chacun de ces nombres décimaux, quel est le nombre entier le plus proche. Regarde les exemples.**

3,2 ➜ 3   3,7 ➜ 4

a) 6,1 – 7,9 – 4,8 – 2,3 – 14,6

b) 42,6 – 78,9 – 52,2 – 63,4 – 18,8

c) 9,68 – 7,32 – 6,65 – 11,19 – 14,38

d) 125,7 – 234,86 – 120,99 – 61,15

38 **Indique, pour chacun de ces nombres décimaux, quel est le nombre entier le plus proche.**

a) 12,64 – 115,78 – 109,39 – 71,9

b) 145,57 – 20,94 – 56,49 – 789,52

39 **Arrondis la longueur de chacune de ces promenades au nombre entier le plus proche.**

Tour du lac de Tolerme : 4,23 km

La Bergerie : 5,7 km

Les jardins du Prince : 6,3 km

Tour du bois du Lys : 3,65 km

40 **Arrondis le prix de chacun de ces articles au nombre entier le plus proche.**

2 Additionner

Compléter à la dizaine supérieure

1 **Indique ce qu'il faut ajouter à chacun de ces nombres pour atteindre la dizaine supérieure. Regarde l'exemple.**

47 → 3 car 47 + 3 = 50

a) 63 – 58 – 147 – 231 – 474

b) 569 – 258 – 431 – 784 – 262

c) 145 – 632 – 891 – 8 956 – 457

d) 1 235 – 698 – 123 – 545 – 786

Ajouter deux multiples de 10

Pour chaque exercice, calcule sans poser l'opération.

2 Un fleuriste achète un lot de 60 tulipes et un autre de 80 tulipes. Il a acheté au total * tulipes.

3 Pour payer un achat, Valentine donne un billet de 10 €, deux billets de 20 € et un billet de 50 €. Au total, Valentine a donné * €.

4 Un professeur commande, pour son tableau blanc, 40 feutres bleus et 30 feutres rouges. Il a commandé au total * feutres.

5 Un parking comporte 120 places en sous-sol et 70 au rez-de-chaussée. * voitures peuvent donc y stationner.

Ajouter un nombre à un chiffre à un nombre à deux chiffres (sans retenue)

Pour chaque exercice, calcule sans poser l'opération.

6 L'équipe de France de rugby a marqué 21 points en première mi-temps et 7 en seconde mi-temps. Au total, l'équipe de France a marqué * points.

7 La température était de 12 degrés en début de matinée. À midi, elle s'est élevée de 6 degrés. Elle est donc alors de * degrés.

8 Nous sommes le 13 du mois. Dans 5 jours, j'aurai 10 ans. Le jour de mon anniversaire est donc le *.

Ajouter un nombre à un chiffre à un nombre à deux chiffres (avec retenue)

Pour chaque exercice, calcule sans poser l'opération.

9 Pour son traitement médical, Bastien a dû absorber les 24 comprimés d'une première boîte et 8 dans une seconde boîte. Au total, il a absorbé * comprimés.

10 Un lecteur de CD est vendu 55 € dans ce magasin mais 7 € de plus dans un autre, c'est-à-dire * €.

11 Maman avait 36 bougies sur son gâteau d'anniversaire. Il en faudra 6 de plus sur le gâteau de papa car il va bientôt avoir * ans.

12 Des cyclotouristes étaient partis pour une sortie de 68 km, mais ils ont parcouru 8 km de plus. Ils ont donc roulé un total de * km.

Ajouter un multiple de 10

Pour chaque exercice, calcule sans poser l'opération.

13 J'achète dans un magasin de sport un casque de vélo valant 37 € et un blouson de cycliste valant 40 €. Je vais donc payer la somme totale de ✳ €.

14 Dans la classe, lors du concours de saut en hauteur, Amélie n'a franchi que 95 cm mais Medhi a sauté 40 cm plus haut. Quelle hauteur Medhi a-t-il franchie ?

15 Un artiste peintre vend deux tableaux. Le premier est proposé au prix de 475 € et le second 80 € plus cher. Quel est le prix du second tableau ?

16 Hier, 356 personnes ont visité l'exposition de peinture dans la salle des fêtes du village. Aujourd'hui, il y a eu 70 visiteurs de plus, c'est-à-dire un total de ✳ visiteurs.

Produire une suite orale en ajoutant 10

17 **Continue chaque suite (tu ajouteras 7 nombres).**

a) 732 – 742 – 752 – ...

b) 1 065 – 1 075 – 1 085 – ...

c) 3 734 – 3 744 – 3 754 – ...

18 **À partir de chacun de ces nombres, produis une suite de 10 nombres en ajoutant 10 à chaque fois.**

a) 4 949 b) 8 088 c) 2 694

Ajouter 9, ajouter 11

Pour chaque exercice, calcule sans poser l'opération.

19 M. Martin plante une haie pour clôturer son jardin. Il a déjà planté 55 arbustes. Il lui en reste 9 à planter. Sa haie sera composée de ✳ arbustes.

20 192 spectateurs ont pris place dans un théâtre. Il ne reste que 9 places libres. Quel est le nombre total de places dans ce théâtre ?

21 Mme Lacène réserve un voyage au prix de 964 €. Elle doit, en plus, payer 11 € de frais de dossier. Quel montant total doit-elle régler ?

Ajouter deux nombres à deux chiffres

Pour chaque exercice, calcule sans poser l'opération.

22 J'avais 74 points sur ma carte de fidélité d'un magasin. Je viens d'en gagner 12 autres. J'ai désormais ✳ points sur ma carte.

23 Lassana a passé 33 jours de vacances chez sa grand-mère, au Mali, et 14 jours en centre de vacances. Au total, Lassana est resté ✳ jours en vacances.

24 Antonin montre à son ami Nicolas deux albums photo : l'un contient 24 photos, l'autre 36 photos. Combien de photos Antonin lui présente-t-il ?

Ajouter 18, 19, 28, 29...

Pour chaque exercice, calcule sans poser l'opération.

25 Nous étions 24 randonneurs lors de la précédente randonnée mais nous sommes 18 de plus aujourd'hui. Nous sommes donc ✷ randonneurs.

26 Ce téléviseur est vendu 29 € plus cher dans un autre magasin. Il y est donc vendu au prix de ✷ €.

27 Corentin a terminé son tour de piste en 2 min et 16 s. Camille a mis 19 s de plus. Camille a donc bouclé son tour de piste en 2 min et ✷ s.

28 De leur séjour en Croatie, Quentin et Anna ont rapporté respectivement 63 et 28 photos. À eux deux, ils ont fait ✷ photos.

Ajouter deux grands nombres multiples de 10

Pour chaque exercice, calcule sans poser l'opération.

29 Un fabricant de vélo a vendu ce mois-ci 1 300 exemplaires d'un modèle et 800 exemplaires d'un autre modèle. Au total, il a vendu ✷ vélos.

30 Ce soir, au stade, on dénombre 6 500 spectateurs payants et 700 enfants invités. Au total, il y a donc ✷ spectateurs.

31 Jusqu'à la semaine dernière, une exposition a attiré 38 000 visiteurs. Au cours de cette dernière semaine, 3 500 personnes l'ont encore visitée. En tout, cette exposition a attiré ✷ visiteurs.

32 28 000 coureurs ont participé au grand marathon de l'an dernier. On compte cette année 6 800 inscriptions de plus. Il y aura donc environ ✷ coureurs au départ de cette course à pied.

Décomposer une somme

33 **Décompose les additions suivantes afin de calculer chaque somme. Observe l'exemple.**

55 + 26 = (55 + 20) + 6 = 75 + 6 = 81

48 + 13 =	37 + 14 =	73 + 42 =
66 + 25 =	49 + 32 =	57 + 42 =

34 **Décompose les additions suivantes afin de calculer chaque somme.**

63 + 52 =	58 + 36 =	44 + 65 =
28 + 73 =	84 + 43 =	77 + 62 =

35 **Décompose les additions suivantes afin de calculer chaque somme.**

48 + 27 =	54 + 35 =	63 + 56 =
95 + 32 =	87 + 54 =	98 + 43 =

36 **Décompose les additions suivantes afin de calculer chaque somme. Observe l'exemple.**

324 + 114 = 324 + (100 + 10 + 4)
= 424 + 10 + 4
= 434 + 4 = 438

255 + 127 =	341 + 148 =	534 + 172 =
667 + 153 =	423 + 375 =	714 + 266 =

37 **Calcule en décomposant l'opération.**

Nous avons loué un gîte durant deux semaines. Le prix était de 335 € la première semaine et de 285 € la deuxième semaine. Au total, nous avons donc dépensé ✷ €.

Déterminer l'ordre de grandeur d'une somme

38 **Pour chaque addition, indique l'ordre de grandeur du résultat avec un multiple de 10. Observe l'exemple.**

62 + 49 → 110 (car 60 + 50 = 110)

a) 48 + 63 82 + 51 86 + 47
b) 38 + 64 43 + 48 73 + 59
c) 23 + 18 81 + 57 99 + 76

39 **Pour chaque addition, indique l'ordre de grandeur du résultat avec un multiple de 10.**

a) 544 + 46 163 + 31 414 + 58
b) 902 + 57 657 + 41 804 + 91
c) 267 + 37 739 + 23 359 + 34

40 **Pour chaque addition, indique l'ordre de grandeur du résultat avec un multiple de 100.**

a) 413 + 391 515 + 594
b) 2 487 + 616 7 041 + 479
c) 2 036 + 863 3 595 + 707
d) 6 024 + 703 + 199
e) 517 + 288 + 2 012

41 **Pour chaque addition, indique l'ordre de grandeur du résultat avec un multiple de 1 000.**

a) 3 478 + 2 365 5 681 + 1 298
b) 5 891 + 2 787 7 936 + 9 915
c) 12 900 + 5 015 17 017 + 4 103
d) 8 878 + 6 796 15 903 + 1 982

42 **Indique l'ordre de grandeur du résultat avec un multiple de 10.**

Valia achète un pantalon à 59 €, un blouson valant 72 € et un tee-shirt au prix de 19 €. Valia dépense environ ✷ €.

43 **Indique l'ordre de grandeur du résultat avec un multiple de 10.**

Des retraités se rendent en bus au Mémorial de Caen. Les trois bus contiennent respectivement 53 passagers, 59 passagers et 48 passagers. Au total, le groupe est donc composé d'environ ✷ personnes.

44 **Indique l'ordre de grandeur du résultat avec un multiple de 100.**

Pour gravir un sommet, des alpinistes se sont élevés de 615 mètres le matin et 395 mètres l'après-midi du premier jour puis de 302 mètres le matin et 97 mètres l'après-midi du second jour. Au total, ils se sont élevés d'environ ✷ mètres.

45 **Indique l'ordre de grandeur du résultat avec un multiple de 1 000.**

Les deux stades qui ont accueilli les demi-finales de la coupe d'Europe de rugby ont accueilli respectivement 23 456 spectateurs et 36 915 spectateurs. Au total, environ ✷ spectateurs ont assisté à ces deux rencontres.

3 Soustraire

Produire une suite orale en retranchant 10

1 **Compte de 10 en 10 :**
a) de 280 à 90.
b) de 421 à 281.

2 **Retranche 10, dix fois de suite :**
a) à partir de 522.
b) à partir de 914.

Retrancher deux multiples de 10

Pour chaque exercice, calcule sans poser l'opération. Écris ta réponse.

3
a) 280 − 40 | 360 − 50 | 570 − 80
b) 430 − 20 | 460 − 50 | 900 − 70
c) 610 − 40 | 180 − 30 | 840 − 50

4 Notre piste de rollers qui mesurait 340 m a été raccourcie de 70 m. La piste mesure maintenant ★ m.

5 Il y avait 210 livres dans la bibliothèque de la classe. Le dernier inventaire en a dénombré 20 de moins. Il y a maintenant ★ livres dans notre bibliothèque.

Retrancher un multiple de 10 d'un nombre à deux chiffres

Pour chaque exercice, calcule sans poser l'opération.

6
a) 68 − 40 | 77 − 20 | 95 − 40
b) 72 − 40 | 83 − 40 | 45 − 30
c) 93 − 50 | 59 − 20 | 76 − 60

7 Un livreur charge 97 paquets dans sa camionnette. Il en dépose 40 à son premier arrêt. Il lui reste donc ★ paquets à livrer.

8 Erwann règle sa cotisation de 46 € au club de football en deux fois. Il a déjà versé 20 € ; il lui reste encore ★ € à régler.

Retrancher 9, retrancher 11

9 À la braderie, monsieur Thomas n'a vendu que 9 des 40 voitures miniatures qu'il proposait. Il lui reste encore ★ voitures à vendre.

10 Des coureurs cyclistes ne sont plus qu'à 11 km de l'arrivée d'une étape totalisant 176 km. Ils ont donc déjà parcouru ★ km.

11 Le vendeur accepte de me faire une réduction de 9 € sur cet appareil. Je vais donc le payer ★ €.

Retrancher 18, 19, 28...

12 Un centre de vacances accueille 150 enfants au mois de juillet. Il y aura 18 enfants de moins au mois d'août. Combien d'enfants seront en vacances dans ce centre au mois d'août ?

13 Quel est le nouveau prix de ce manteau ?

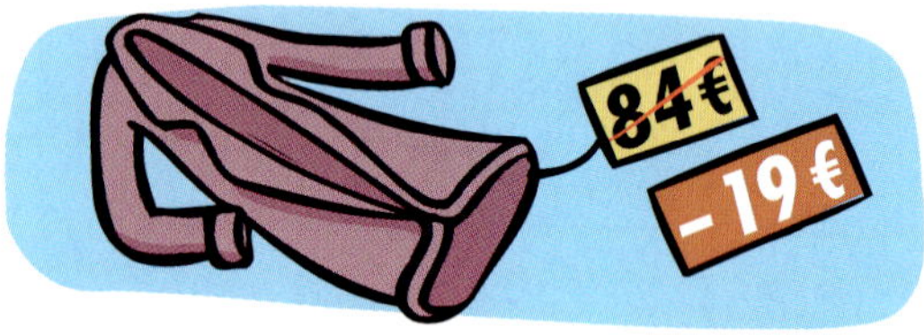

14 Sur les 42 km à parcourir, un groupe de marathoniens en a déjà effectué 28. Il leur reste donc ★ km à parcourir.

Retrancher deux nombres à deux chiffres

15 Monsieur Nestor doit photocopier un document en 57 exemplaires. Il en a déjà 14 exemplaires. Il lui reste donc ★ photocopies à faire.

16 Un livreur a 46 colis à déposer. À midi, il en a livré 24. Il lui reste donc ★ colis dans son camion.

17 Une bonbonne contient 72 litres d'huile. On en soutire 31 litres. Il reste alors ★ litres dans la bonbonne.

Compléter à 100

18 **Donne le complément à 100 de chacun de ces nombres.**

a) 50 – 25 – 75 – 30 – 60

b) 20 – 85 – 46 – 28 – 57

c) 33 – 16 – 88 – 69 – 83

19 Je possédais 100 €. J'ai dépensé 22 €. Il ne me reste plus que ★ €.

20 Mme Nouba a déjà rédigé les adresses de 43 invitations sur les 100 qu'elle a prévu d'envoyer. Il ne lui reste plus que ★ adresses à écrire.

Soustraire deux grands nombres multiples de 10

21 Dans une réserve naturelle, on estimait l'an dernier le nombre d'oiseaux à 12 000. On pense qu'ils sont 2 500 de moins cette année. La réserve compte actuellement environ ★ oiseaux.

22 Lors d'un immense concert en plein air, l'estimation du nombre de spectateurs varie entre 43 000 et 50 000. L'écart entre les deux estimations est donc de ★ spectateurs.

23 Une société d'embouteillage doit annuler la livraison de 6 500 des 15 000 bouteilles d'eau qu'elle prévoyait d'expédier. Elle n'expédie donc que ★ bouteilles.

Décomposer une différence

24 **Décompose chaque soustraction afin de calculer la différence. Observe l'exemple.**

134 – 25 = (134 – 20) – 5 = 114 – 5 = 109

a) 63 – 16 = 44 – 15 = 47 – 19 =

b) 74 – 17 = 83 – 18 = 95 – 62 =

c) 142 – 13 = 163 – 25 = 143 – 35 =

d) 231 – 24 = 154 – 16 = 359 – 32 =

25 **Décompose chaque soustraction afin de calculer la différence.**

a) 254 – 32 = 648 – 36 = 294 – 62 =

b) 359 – 44 = 765 – 51 = 574 – 53 =

26 Un club de sport comptait 66 adhérents l'an dernier contre 84 cette année. Le nombre d'adhérents a donc augmenté de ★.

27 Aurore classe ses livres sur ses étagères. Elle n'a encore rangé que 36 de ses 148 ouvrages. Il lui en reste donc ★ à ranger.

Déterminer l'ordre de grandeur d'une différence

28 **Pour chaque soustraction, indique l'ordre de grandeur du résultat avec un multiple de 10. Observe l'exemple.**

88 – 63 → 30 (car 90 – 60 = 30)

a) 57 – 44 43 – 31 34 – 22

b) 67 – 34 76 – 52 98 – 63

c) 84 – 42 94 – 12 83 – 72

d) 97 – 24 138 – 33 262 – 41

29 **Pour chaque soustraction, indique l'ordre de grandeur du résultat avec un multiple de 10.**

a) 158 – 23 789 – 43 369 – 56

b) 259 – 56 452 – 26 563 – 59

30 J'ai posé 38 m de grillage sur les 172 m que j'ai à installer. Il me reste environ ★ m de grillage à poser.

31 Madame Lalane disperse sa collection de poupées de porcelaine. Elle vient d'en céder 52 sur les 129 qu'elle possédait. Il lui en reste maintenant environ ★.

CALCUL RAPIDE
CONNAISSANCE DES NOMBRES
COMPRENDRE ET RÉSOUDRE
CALCUL
GRANDEURS ET MESURE
ESPACE ET GÉOMÉTRIE

4 Multiplier et diviser

Multiplier par 2, 3... 9

Pour chaque exercice, calcule sans poser l'opération.

1 Pour sa classe, une enseignante commande 9 romans à 6 € chacun. La facture s'élève à ✳ €.

2 Dans un laboratoire, on dispose de 7 cages contenant chacune 8 souris. Au total, le laboratoire dispose de ✳ souris.

3 Martin range ses CD dans un meuble à étagères. Il remplit 4 étagères ; sur chacune, il y a 8 CD. Martin possède donc ✳ CD.

4 Raphaël et ses deux sœurs ont mangé 9 fois à la cantine ce mois-ci. Leurs parents vont donc payer ✳ repas.

Calculer le double

5 **Donne le double de chacun des nombres suivants.**

14 – 45 – 27 – 63 – 109 – 214 – 444

6 **Donne le double de chacun des nombres suivants.**

114 – 253 – 162 – 216 – 409 – 631 – 312 – 351 – 508 – 76 – 49 – 119

7 Un restaurant a servi 42 couverts vendredi soir et le double samedi soir. Samedi soir, il y a donc eu ✳ convives dans ce restaurant.

8 Un artisan a pris 17 jours de congés l'an dernier. Il en a pris le double cette année, soit ✳ jours.

9 **Pourras-tu trouver dans laquelle de ces suites s'est glissée une erreur ?**

a) 6 – 12 – 24 – 48 – 96 – 192

b) 9 – 18 – 36 – 62 – 124 – 248

c) 14 – 28 – 56 – 112 – 224 – 448

Calculer le triple

10 **Donne le triple de chacun des nombres suivants.**

23 – 62 – 2 210 – 508 – 415 – 933

11 Nelson a réussi un score de 130 points au jeu *Triple Dragon*. Pour battre le record de son frère, il lui aurait fallu faire trois fois mieux, c'est-à-dire ✳ points.

12 Monsieur Sylvain, cyclotouriste, parcourt à vélo 140 km par semaine. Son fils, coureur amateur, en parcourt le triple au cours de ses entraînements hebdomadaires, soit ✳ km.

13 **Retrouve, dans le sac, le triple de chacun de ces nombres.**

64 233 324

Multiplier par 10, 100, 1 000

14 Calcule sans poser l'opération.

a) 10 × 6 — 13 × 10 — 11 × 1 000
b) 60 × 100 — 150 × 10 — 67 × 100
c) 100 × 56 — 55 × 10 — 1 000 × 72

15 Calcule sans poser l'opération.

a) 17 × 100 — 10 × 82 — 1 000 × 4
b) 10 × 143 — 9 × 10 — 21 × 100
c) 10 × 347 — 13 × 100 — 96 × 1 000

16 Multiplie ces nombres par 10.

17 – 36 – 29 – 126 – 359 – 475 – 210 – 630 – 104 – 137 – 412 – 96 – 1 415

17 Multiplie ces nombres par 100.

30 – 98 – 47 – 15 – 66 – 50 – 38 – 41 – 91 – 40 – 79 – 37 – 121 – 408 – 234

18 Multiplie ces nombres par 1 000.

64 – 212 – 9 – 1 492 – 36 – 475 – 2 631 – 854 – 4 563 – 18 – 227 – 1 365 – 2 015

19 Un *Airbus A 380* pèse 420 tonnes. Quelle masse totale représentent dix de ces avions ?

20 Un cierge, espèce de cactus, mesure 15 mètres de haut et peut contenir 3 000 litres d'eau. Quelle quantité totale d'eau peuvent contenir 100 de ces plantes ?

Multiplier par 11, multiplier par 9

21 Calcule comme dans l'exemple.

23 × 11 = (23 × 10) + 23
= 230 + 23 = 253

23 × 9 = (23 × 10) – 23
= 230 – 23 = 207

a) 36 × 11 — 45 × 11 — 17 × 11
b) 12 × 9 — 22 × 9 — 53 × 9

22 Calcule sans poser l'opération.

56 × 9	39 × 9	25 × 9
56 × 11	39 × 11	25 × 11

23 11 amis vont ensemble au restaurant et prennent tous un menu à 19 euros. La note du restaurant s'élève donc à ✳ euros.

24 Le responsable du rayon informatique d'un grand magasin commande 9 imprimantes au prix unitaire de 75 euros. Le montant total de sa commande s'élève à ✳ euros.

Multiplier par des multiples de 10

25 Calcule sans poser l'opération.

a) 4 × 40 — 8 × 50 — 60 × 3
b) 80 × 3 — 5 × 90 — 7 × 70
c) 70 × 3 — 3 × 90 — 9 × 60

26 Calcule sans poser l'opération.

a) 5 × 70 — 2 × 90 — 6 × 80
b) 3 × 30 — 12 × 30 — 16 × 20
c) 40 × 13 — 50 × 50 — 64 × 20

27 Multiplie ces nombres par 20.

120 – 36 – 14 – 45 – 63 – 17 – 24

28 Multiplie ces nombres par 30.

130 – 22 – 16 – 62 – 71 – 31 – 53

29 Multiplie ces nombres par 40.

12 – 31 – 70 – 40 – 9 – 104 – 52

30 Un couple a descendu en canoë le Yukon, fleuve qui traverse l'Alaska, en parcourant en moyenne près de 40 km par jour durant 80 jours. Ils ont ainsi parcouru environ ✴ km.

31 À l'occasion d'un défi sportif au profit d'une association humanitaire, 30 coureurs à pied ont parcouru chacun 42 km. La distance totale parcourue a donc été de ✴ km.

Déterminer le quotient entier

32 **Calcule sans poser l'opération.**

a) 36 : 6 | 24 : 8 | 63 : 7
b) 81 : 9 | 42 : 6 | 18 : 2
c) 45 : 5 | 27 : 3 | 49 : 7

33 **Calcule sans poser l'opération.**

a) 36 : 4 | 35 : 7 | 72 : 9
b) 64 : 8 | 66 : 6 | 100 : 10
c) 24 : 12 | 36 : 3 | 56 : 8

34 Les 48 joueurs d'un tournoi de handball sont répartis en 6 équipes. Combien de joueurs a-t-on prévus dans chaque équipe ?

35 Pour l'anniversaire de Sonia, 8 camarades ont fait en commun un cadeau d'une valeur de 32 €. Afin de partager équitablement la dépense, chacun va donc donner ✴ €.

Diviser par 10, 100

36 **Calcule sans poser l'opération.**

a) 360 : 10 | 540 : 10 | 280 : 10
b) 2 000 : 100 | 1 400 : 100 | 1 670 : 10
c) 4 900 : 100 | 7 200 : 10 | 6 800 : 100

37 **Calcule sans poser l'opération.**

a) 365 : 10 | 424 : 10 | 845 : 100
b) 306 : 100 | 830 : 100 | 45 : 10
c) 9 : 10 | 77 : 100 | 60 : 100

38 Un arboriculteur a récolté 880 kg de pommes qu'il compte vendre en sacs de 10 kg. Combien de sacs pourra-t-il mettre en vente ?

39 Un vigneron a produit 25 000 litres de vin. Il pourrait, avec sa récolte, remplir ✴ fûts de 100 litres.

40 10 amis se partagent équitablement la facture du véhicule qu'ils ont loué pour le week-end. La facture s'élevant à 290 euros, chacun réglera donc la somme de ✴ euros.

41 Un grossiste en textile emballe 12 400 tee-shirts dans des cartons contenant chacun 100 tee-shirts. Il va donc pouvoir expédier ✴ cartons de tee-shirts.

Calculer la moitié

42 **Indique la moitié de chacun des nombres suivants.**

a) 64 – 72 – 186 – 70 – 4 700 – 8 640

b) 960 – 2 320 – 1 690 – 5 080 – 9 000

43 Pour un voyage scolaire, les 54 élèves de deux classes de CM1 sont équitablement répartis dans deux bus. Dans chaque bus, il y a donc ✳ élèves.

44 Deux amis ont joué ensemble au Loto et ont gagné 1 036 €. Chacun va donc recevoir ✳ €.

45 Un appareil ménager affiché 514 euros est soldé à moitié prix. On peut donc désormais l'acquérir au prix de ✳ euros.

Déterminer l'ordre de grandeur d'un produit

46 **Indique l'ordre de grandeur de chaque produit par un multiple de 10. Observe les exemples.**

72 × 7 ➔ 490 (70 × 7)

78 × 7 ➔ 560 (80 × 7)

a) 51 × 9 — 63 × 6 — 47 × 4

b) 38 × 5 — 22 × 9 — 88 × 6

c) 39 × 4 — 57 × 8 — 44 × 7

47 **Indique l'ordre de grandeur de chaque produit. Observe l'exemple.**

36 × 22 ➔ 800 car 40 × 20 = 800

a) 66 × 71 — 83 × 52 — 78 × 67

b) 49 × 38 — 91 × 62 — 58 × 52

48 **Indique l'ordre de grandeur de chaque produit. Observe l'exemple.**

124 × 21 ➔ 2 400 car 120 × 20 = 2 400

a) 139 × 22 — 108 × 43 — 212 × 39

b) 111 × 33 — 305 × 29 — 108 × 51

49 Un enseignant dispose pour chacun des 23 élèves de sa classe d'un crédit de 39 euros. Il dispose donc au total d'environ ✳ euros pour faire ses commandes.

50 Un pépiniériste livre une commande de 38 pins sylvestres au prix unitaire de 42 euros. Cette commande lui rapportera donc environ ✳ euros.

Connaissance des nombres

Les chiffres romains

Tu as peut-être déjà vu ces symboles sur un monument, sur une horloge ou dans un livre d'histoire. Ce sont des chiffres romains, représentés par des lettres. À l'époque antique, les Romains avaient imposé ces représentations d'origine étrusque à tout leur empire.*

* d'origine étrusque : qui concerne l'Étrurie, ancienne région d'Italie située à l'emplacement de la Toscane actuelle.

Stèle romaine.

Le Gros Horloge, Rouen, Seine-Maritime.

1 Les symboles

Les chiffres romains ont évolué au fil du temps. Voici les **premiers symboles** qui ont existé :

1	5	10	50	100	500	1 000	5 000

Voici les **sept symboles** que nous connaissons aujourd'hui :

I	V	X	L	C	D	M
1	5	10	50	100	500	1 000

2 L'écriture des nombres

La **numération romaine est additive** (les chiffres s'additionnent). La règle de composition d'un nombre est la suivante :

– Les symboles se placent de gauche à droite par ordre de grandeur décroissante (du plus grand au plus petit) et s'ajoutent pour former le nombre.

Exemples : LXVI = 50 + 10 + 5 + 1 = 66 ;
MDCCLIII = 1 753.

– Quand un chiffre plus petit est placé avant un autre plus grand, il se soustrait.

Exemples : IX = 10 – 1 = 9 ;
XIV = 10 + (5 – 1) = 14.

Attention ! On ne peut retrancher qu'un seul chiffre.

Exemple : 8 s'écrit VIII mais ne peut jamais s'écrire IIX.

Avec cette règle de composition, un même nombre peut s'écrire de différentes manières.

Exemple : 999 peut s'écrire CMLXXXXIX, DCCCCXCIX, CMXCIX ou IM.

Une petite barre placée sur un chiffre multiplie le chiffre par 1 000.

Exemples :

$\overline{X}$ = 10 × 1 000 = 10 000 ;
$\overline{C}$ = 100 × 1 000 = 100 000 ;
$\overline{M}$ = 1 000 × 1 000 = 1 000 000.

Le zéro n'existe pas dans la numération romaine.

3 Chiffres romains et calcul

Contrairement au système positionnel que nous utilisons aujourd'hui, la **longueur d'un nombre romain ne renseigne pas sur sa grandeur**.

Exemples : MD = 1 500 ;
CCCXXVIII = 328.

Cela ne facilite pas les opérations ! En fait, les chiffres romains n'étaient pas appropriés au calcul. Ils étaient essentiellement destinés à noter et à retenir les nombres. Les comptables romains (mais également ceux du Moyen Âge) se sont toujours servis des abaques à jetons pour effectuer leurs calculs.

Détail d'un bas relief romain, Ier siècle.

4

Aujourd'hui, on utilise encore les chiffres romains pour écrire, par exemple :

– les actes et les scènes d'une pièce de théâtre ;
– les dynasties et les régimes politiques (la Ve République) ;
– les numéraux après un nom propre (Georges V, Louis XIV) ;
– les siècles (le XXIe siècle) ;
– les heures de montres ou de pendules...

Plaque de rue.

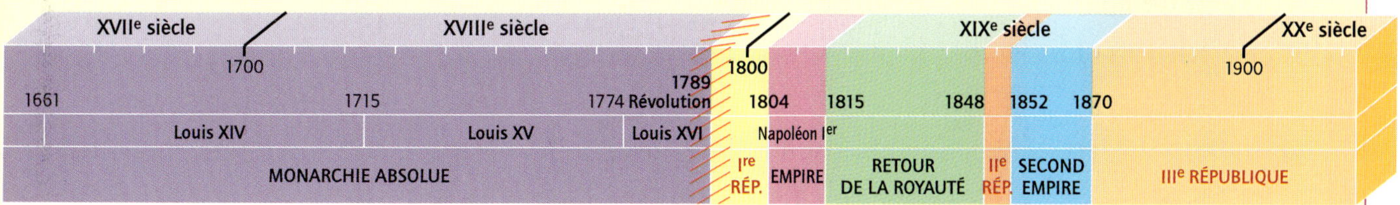

1 Les nombres jusqu'à 9 999

CHERCHONS ENSEMBLE

a) Classe ces pays selon l'ordre croissant de leurs dépenses de santé.

b) Encadre les dépenses de santé de la Norvège entre deux centaines consécutives.

c) Arrondis les dépenses de santé de la France à la dizaine d'euros la plus proche.

d) Écris, en lettres, le montant des dépenses de santé du Luxembourg.

Dépenses de santé par habitant en 2002 (en euros)	
Norvège	$4 \times 1000 + (1 \times 100) + (8 \times 10) + 5$
Grèce	12 centaines et 43 unités
France	2 437
Ukraine	$(10 \times 4) + 2$
Luxembourg	306 dizaines et 2 unités

Le **nombre 7 436** est composé de **4 chiffres** (7, 4, 3 et 6).

m	c	d	u
7	4	3	6

$7\ 436 = (7 \times 1\ 000) + (4 \times 100) + (3 \times 10) + 6.$

Dans 7 436, il y a **7 milliers et 436 unités** ou **74 centaines et 36 unités** ou **743 dizaines et 6 unités**.

1 **Décompose chaque nombre. Observe l'exemple.**

$3\ 526 = (3 \times 1\ 000) + (5 \times 100) + (2 \times 10) + 6$

a) 6 471 – 8 320 – 4 068 – 9 302

b) 2 834 – 5 725 – 6 084 – 7 916

2 **Retrouve chaque nombre décomposé.**

a) $(9 \times 1\ 000) + (4 \times 100) + (2 \times 10) + 3$

b) $(9 \times 100) + (2 \times 1\ 000) + 4$

c) $(8 \times 1\ 000) + (8 \times 10) + 8$

3 **Écris les nombres de 100 en 100 de 8 609 à 9 709.**

4 **Écris, en chiffres, les nombres suivants.**

a) trois mille quatorze

b) cinq mille cent deux

c) trois mille soixante-dix-neuf

d) neuf mille neuf

e) deux mille cinq cent quatre-vingt-quatorze

f) huit mille soixante-treize

g) quatre mille vingt

h) six mille six cents

5 **Écris, en lettres, les nombres suivants.**

7 096 – 2 309 – 4 007 – 6 400 – 8 010

6 **Recopie en complétant avec le signe qui convient (< ou >).**

3 916 ... 3 895	6 514 ... 6 531
7 560 ... 7 650	2 909 ... 2 899
5 052 ... 4 998	9 910 ... 9 099

7 **Reproduis et complète ce tableau.**

Nombre précédent	Nombre donné	Nombre suivant
	8 010	
	7 999	
	6 099	
	5 000	

8 **Range ces nombres en ordre croissant.**

5 099 – 6 009 – 5 900 – 6 100 – 4 999 – 5 010 – 5 109 – 6 090

9 **Calcule sans poser l'opération.**

2 099 + 10	8 000 – 100	3 009 + 1
8 999 + 1	4 900 + 10	5 990 + 10
2 980 + 10	6 390 + 10	9 000 – 10

10 **Recopie et complète. Observe l'exemple.**

56 dizaines et 4 unités ➜ 564

a) 32 centaines et 5 dizaines ➜ ...

b) 19 centaines et 2 unités ➜ ...

c) 9 mille et 1 dizaine ➜ ...

d) 5 mille et 76 dizaines ➜ ...

e) 4 mille et 8 unités ➜ ...

11 **Reproduis et complète ce tableau.**

Nombre donné	Nombre arrondi à la centaine la plus proche	Nombre arrondi au millier le plus proche
3 396	3 400	3 000
6 666		
4 817		
2 554		
7 097		

PROBLÈMES

12 a) **Avec les quatre cartes suivantes :**

, écris tous les nombres de quatre chiffres que tu peux trouver. Combien y en a-t-il ? Pour chaque nombre, tu n'utilises qu'une seule fois chaque carte.

b) **Écris, en lettres, le plus petit nombre et le plus grand nombre.**

13 a) **Classe ces communes du Finistère par ordre croissant de population (2004).**

b) **Décompose les deux nombres les plus grands.**

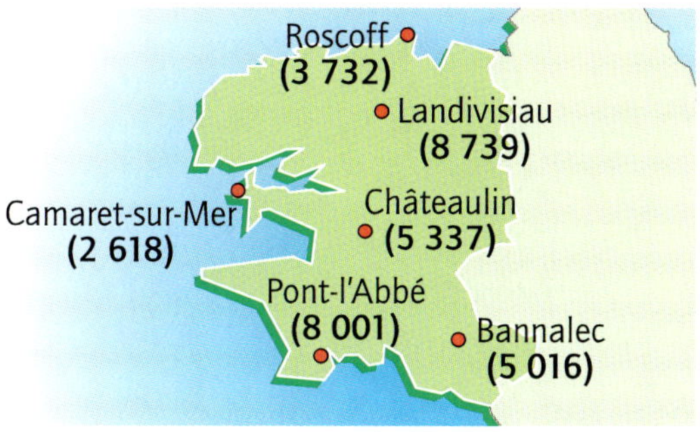

JE TRAVAILLE SEUL(E)

Écris chaque nombre d'animaux en chiffres.

Nombre d'espèces d'animaux sauvages en danger d'extinction :

$(5 \times 1\ 000) + (100 \times 3) + (6 \times 10)$

Parmi ceux-ci, il y a :

– les oiseaux : 11 centaines et 83 unités ;
– les mammifères : mille cent trente ;
– les poissons : 699 + 10.

Aigle royal

Okapi

Pélican blanc

À TOI DE JOUER...

Sauras-tu retrouver le nombre qui t'indique l'altitude de l'hôtel situé à la plus haute altitude au monde ?

Le nombre de centaines est 39.

Le chiffre des dizaines est 6.

Le chiffre des unités est le double de 1.

Au Népal, l'hôtel *Everest View*, près du village le plus proche du camp de base de l'Everest, a été construit à l'altitude de ? m.

2 Les nombres jusqu'à 999 999 (1)

CHERCHONS ENSEMBLE

Saurais-tu recopier ce texte en écrivant les nombres en chiffres ?

Le diamètre de la Terre est de douze mille sept cent treize kilomètres. Celui de la Lune n'est que de trois mille quatre cent quatre-vingts kilomètres.

La Terre, à l'équateur, a une circonférence égale à (en km) : (40 × 1 000) + (7 × 10) + 5.

La Lune est située à une distance moyenne de trois cent quatre-vingt-quatre mille kilomètres de la Terre.

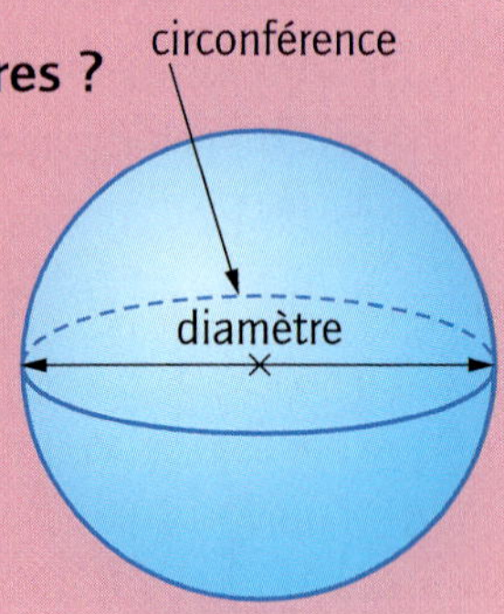

Quand on écrit un nombre de milliers, on sépare la classe des unités simples de celle des mille par un espace.

Classe des mille			Classe des unités simples		
c	d	u	c	d	u
	1	2	1	0	4

Pour lire le nombre, il faut annoncer le nombre de mille puis le nombre d'unités simples.

Exemple : La planète Vénus a un diamètre de 12 104 km (douze **mille** cent quatre).

Mille est invariable ; **cent** ne prend un « s » au pluriel que s'il est le dernier mot du nombre écrit en lettres.

Exemple : vingt mille cinq cent**s**.

1 **Recopie ces nombres en séparant la classe des mille de celle des unités simples. Écris ensuite chaque nombre en lettres.**

325896 – 11459 – 698012 – 69007 – 902045 – 33627 – 124214 – 81348

2 **Décompose chaque nombre. Observe l'exemple.**

23 567 = (2 × 10 000) + (3 × 1 000) + (5 × 100) × (6 × 10) + 7

a) 15 932 – 148 548 – 33 024

b) 200 105 – 31 416 – 214 009

3 **Recopie et complète.**

a) 62 345 = ... + 2 000 + ... + 45
33 120 = ... + 3 000 + 100 + ...

b) 458 368 = 450 000 + ... + 300 + ... + 8
407 015 = 400 000 + ... + ... + 5

c) 500 510 = ... + 500 + 10
18 900 = ... + 8 000 + ...

d) 71 063 = ... + 1 000 + ... + 3
151 087 = 150 000 + ... + ...

4 **Retrouve chaque nombre décomposé.**

a) 50 000 + 6 000 + 100 + 20 + 3
b) 80 000 + 1 000 + 50 + 2
c) 4 000 + 10 000 + 700
d) 9 000 + 8
e) 9 + 60 000 + 400

5 **Écris, en chiffres, les nombres suivants.**

a) sept cent deux mille cent treize
b) vingt-trois mille quatre cents
c) onze mille sept
d) quatre cent un mille vingt
e) trois cent huit mille quatre

6 **Ajoute 1 000, cinq fois de suite, à chacun des nombres proposés.**

a) 108 909 b) 37 999 c) 98 700

7 **Recopie, en lettres, la population de chacun des départements français d'outre-mer.**

Population en 2004	
Guadeloupe	444 515
Guyane	180 434
Martinique	392 844
Réunion	766 248

8 **Recopie ce texte en remplaçant les nombres en lettres par des nombres en chiffres.**

Les livres se portent bien… grâce à leurs lecteurs ! En France, en 2003, par exemple, cinq mille soixante-huit titres de manuels scolaires ont été édités et le livre *Harry Potter à l'école des sorciers* s'est vendu à huit cent vingt mille exemplaires. À titre de comparaison, à l'époque de sa parution, à la fin du XIXe siècle, le livre *Les Misérables*, de Victor Hugo, s'était vendu à cent trente mille exemplaires en 8 ans.

Mais les livres sont fragiles ! Le 2 septembre 2004, ce sont trente mille livres qui ont brûlé dans l'incendie de la bibliothèque tricentenaire de Weimar, en Allemagne.

PROBLÈMES

9 **Écris le plus possible de nombres en utilisant uniquement les mots suivants. Tu peux utiliser plusieurs fois le même mot dans un nombre.**

10 Cette année, monsieur Justin Coudchance est heureux au jeu ! Dans l'année, il a gagné une fois 200 000 € et deux fois 10 000 €. Quelle somme totale monsieur Coudchance a-t-il gagnée ?
Au début de l'année, le montant total de ses dettes de jeu s'élevait à deux cent dix-neuf mille neuf cent quatre-vingt-dix euros. Après avoir remboursé ses dettes, quelle somme lui reste-t-il ?

JE TRAVAILLE SEUL(E)

Recopie le texte en écrivant, en chiffres, les nombres en lettres et, en lettres, les nombres en chiffres.

En 2005, la Fédération française de tennis comptabilisait 382 000 compétiteurs dont deux cent quatre-vingt mille joueurs classés. Ces joueurs ont à leur disposition 33 400 courts de tennis utilisés par les huit mille huit cent soixante et un clubs affiliés à la fédération.

Et si tu veux jouer au tennis, tu pourras compter sur l'un des 3 500 enseignants professionnels ou l'un des quatorze mille initiateurs de clubs !

À TOI DE JOUER…

Dahlia a lancé six dés. Forme le plus grand nombre possible à partir des chiffres sortis. Écris-le en chiffres, puis en lettres.

3 Les nombres jusqu'à 999 999 (2)

CHERCHONS ENSEMBLE

a) Classe les plus grandes villes suisses de la plus peuplée à la moins peuplée.
b) Arrondis, pour chaque ville, sa population :
– à la dizaine de milliers la plus proche ;
– à la centaine de milliers la plus proche quand c'est possible.

Pour comparer deux nombres de milliers, on compare d'abord la classe des mille puis, en cas d'égalité, la classe des unités simples.

Exemples : 132 045 > 104 596 car **132 > 104**
241 509 < 241 721 car **509 < 721**

Classe des mille			Classe des unités simples		
c	d	u	c	d	u
1	3	2	0	4	5

Dans 132 045, **132** est le **nombre de milliers**, **2** est le **chiffre des unités de mille**, **3** est le **chiffre des dizaines de mille** et **1** est le **chiffre des centaines de mille**.

1 Recopie et mets le signe qui convient (< ou >).

123 215 ... 204 000
56 112 ... 401 028
458 120 ... 460 119
844 186 ... 805 637
612 016 ... 612 060
75 480 ... 174 001

2 Recopie et complète avec un nombre qui convient.

104 512 < ... < 105 000
215 233 < ... < 215 300
12 891 < ... < 12 900
33 303 < ... < 33 333
600 655 < ... < 605 560

3 Range ces nombres en ordre croissant.

14 140 – 10 404 – 14 410 –140 000 – 14 044 – 10 044

4 Reproduis et complète ce tableau.

Nombre précédent	Nombre donné	Nombre suivant
	850 000	
	79 999	
	149 989	
	400 000	
	274 999	

5 Arrondis chaque nombre à la dizaine de milliers la plus proche. Observe l'exemple.

321 896 ➜ 320 000

149 236 – 631 450 – 777 630 – 63 258 – 164 838 – 18 121 – 197 350 – 214 515

6 Arrondis chaque nombre au millier le plus proche. Observe l'exemple.

321 896 ➜ 322 000

149 236 – 631 450 – 777 630 – 63 258 – 164 838

7 **Classe ces académies en ordre croissant par rapport au nombre d'élèves accueillis.**

Académies	Nombre d'élèves en primaire en 2000
Aix-Marseille	255 997
Caen	126 643
Grenoble	271 578
Lyon	263 941
Nancy-Metz	229 985
Nantes	229 117
Toulouse	214 762
Versailles	552 850

8 **Observe ces nombres, puis réponds aux questions.**

632 174 – 73 124 – 730 221 – 676 538 – 703 257 – 307 268 – 36 271

a) Quels nombres ont 3 pour chiffre des dizaines de mille ?

b) Quels nombres ont 7 pour chiffre des centaines de mille ?

9 **Encadre chacun de ces nombres entre deux dizaines de milliers consécutives. Observe l'exemple.**

120 000 < **124 698** < 130 000

359 421 – 465 410 – 812 017 – 678 415 – 748 963 – 526 310 – 194 563

PROBLÈMES

10 En 2002, en France, la pêche fraîche représentait quatre cent six mille tonnes, la pêche congelée ou transformée deux cent vingt-quatre mille tonnes et l'aquaculture deux cent cinquante mille tonnes de poisson.

Exprime, par un nombre en chiffres, la production totale de la pêche française, en milliers de tonnes.

11 **Reproduis le tableau ci-dessous. Complète-le avec le montant des primes que se sont réparties les participants du tournoi messieurs.** Évidemment, plus on va loin dans la compétition, plus le montant de la prime est élevé.

Montant des primes (en €) :
62 020 – 440 000 – 13 100 – 116 180 – 880 000 – 36 140 – 220 000 – 21 795

Tournoi de Roland-Garros 2005 : primes du simple messieurs (en €)	
vainqueur	
finaliste	
demi-finaliste	
quart de finaliste	
huitième de finaliste	
troisième tour	
deuxième tour	
premier tour	

JE TRAVAILLE SEUL(E)

a) **Range ces nombres en ordre décroissant.**

85 600 – 805 060 – 860 500 – 86 050 – 800 560 – 86 500

b) **Arrondis chaque nombre à la centaine de milliers la plus proche.**

687 123 – 512 300 – 644 632 – 496 274 – 381 447 – 129 388

À TOI DE JOUER...

Lis ces deux phrases après avoir ajouté 1 unité à chaque nombre en rouge.

La superficie du lac Tchad, en Afrique, est passée de 24 999 km² en 1963 à 8 999 km² actuellement.

Chaque année, 36 999 km² de banquise fondent au Groenland, soit l'équivalent de la superficie de la Belgique et du Luxembourg.

CONNAISSANCE DES NOMBRES
COMPRENDRE ET RÉSOUDRE
CALCUL
GRANDEURS ET MESURE
ESPACE ET GÉOMÉTRIE

4 Les millions

CHERCHONS ENSEMBLE

Observe ce tableau de la population française en 2005, puis réponds aux questions.

a) Quels nombres sais-tu lire ?

b) Comment les chiffres sont-ils groupés dans chaque nombre ?

c) Quelle est la classe qui se trouve à gauche de celle des mille ?

	Hommes	Femmes
De 0 à 24 ans	9 688 907	9 243 976
De 25 à 50 ans	10 522 443	10 500 394
De 50 à 75 ans	7 512 037	8 135 702
De 75 à 100 ans	1 746 882	3 060 695
Plus de 100 ans	2 383	10 794
Total	29 472 652	30 951 561
TOTAL	**60 424 213**	

Pour lire ces nombres, il faut d'abord annoncer le nombre de millions, puis le nombre de mille, enfin le nombre d'unités simples.

Millions			Mille			Unités		
c	d	u	c	d	u	c	d	u
		3	0	6	0	6	9	5
	6	0	4	2	4	2	1	3

Exemples : trois **millions** soixante **mille** six cent quatre-vingt-quinze → 3 060 695
soixante **millions** quatre cent vingt-quatre **mille** deux cent treize → 60 424 213

Attention ! On regroupe les chiffres par trois en partant de la droite (avec un espace entre chaque classe) et on n'oublie pas les zéros intercalés !

1 **Recopie chaque nombre en séparant les classes des unités, des mille et des millions.**
12568748 – 3600417 – 6987456 – 45693245 – 634125854 – 52163400

2 **Recopie ces informations en écrivant les nombres en chiffres.**

a) En 2005, plus de sept millions de Français utilisaient Internet à grande vitesse.
b) Cent quinze millions d'enfants indiens travaillent pour aider leur famille.
c) Deux millions trois cent mille Français éprouvent des difficultés à parler, lire ou écrire.
d) Douze millions de visiteurs se sont rendus aux journées du patrimoine en 2004.
e) Dans le monde, quatre-vingts millions de personnes jouent au golf.

3 **Recopie et complète. Observe l'exemple.**

(1 000 000 × 5) + (100 000 × 2) + (10 000 × 8) + (1 000 × 3) + (100 × 5) + (10 × 8) + 1 =
5 000 000 + 200 000 + 80 000 + 3 000 + 500 + 80 + 1 = 5 283 581

a) (1 000 000 × 7) + (100 000 × 4) + (10 000 × 3) + (1 000 × 9) + (100 × 2) + (10 × 2) + 2 =
b) (1 000 000 × 4) + (100 000 × 9) + (10 000 × 5) + (100 × 9) + (10 × 2) + 6 =
c) (1 000 000 × 2) + (100 000 × 6) + (1 000 × 9) + (10 × 9) + 8 =

4 **Écris, en chiffres, les nombres suivants. N'oublie pas les espaces !**

a) treize millions quatre cent mille
b) cinq millions deux cent dix-huit mille trois cent quatre
c) un million trois mille deux cents
d) quatre millions trois mille cent douze
e) dix millions cent vingt mille cinq cents

5 **Reproduis et complète ce tableau. Regarde l'exemple.**

trois millions cinq cent mille quatre cent huit	3 millions 500 mille 408	3 500 408
six millions vingt-quatre mille cent neuf		
	12 millions 340 mille 130	
neuf millions cinq cent quarante-sept mille		

6 **Écris, en lettres, les nombres suivants.**
6 542 000 – 3 100 124 – 12 500 000 – 9 075 125 – 5 500 050 – 83 000 500

7 **Range ces nombres en ordre décroissant.**
5 600 600 – 55 000 000 – 5 066 000 – 50 500 000 – 5 600 066 – 4 665 600

8 **Reproduis et complète ce tableau.**

Nombre précédent	Nombre donné	Nombre suivant
	2 000 000	
	1 399 999	
	4 440 000	
	3 700 000	
	5 199 999	

9 **Recopie et complète ces additions sans les poser.**

6 540 000 + 200 000 =
2 561 300 + 700 =
3 658 000 + 2 000 000 =
2 300 000 + 700 000 =
5 644 500 + 20 000 =
2 030 500 + 70 000 =

JE TRAVAILLE SEUL(E)

Recopie ce texte en écrivant les nombres en chiffres.

En 2002, les constructeurs automobiles ont vendu trois millions deux cent cinquante-deux mille neuf cents voitures en Allemagne, deux millions cent quarante-cinq mille soixante et onze en France, huit millions six cent mille aux États-Unis, un million trente-deux mille en Russie et trente et un mille au Maroc.

À la fin de l'année 2002, le parc automobile français totalisait vingt-neuf millions deux cent mille voitures.

PROBLÈMES

10 En France, pour l'année scolaire 2003/2004, on comptait six millions cinq cent cinquante-deux mille élèves dans les écoles maternelles et primaires. Les collégiens étaient au nombre de trois millions neuf cent mille.

a) Combien y avait-il d'élèves dans les écoles pour l'année scolaire 2003/2004 ? Écris ce nombre en chiffres.

b) Combien y avait-il de collégiens ? Écris ce nombre en chiffres.

c) Décompose le plus petit des deux nombres donnés dans le texte.

d) L'effectif des élèves en école maternelle était de 2 598 700. Quel était l'effectif des élèves de l'école primaire ? Utilise ta calculatrice.

À TOI DE JOUER...

Si tu parviens à décoder ce message, tu trouveras la distance moyenne qui sépare la Terre du Soleil (en km).

Mon chiffre des centaines est 8.
Mon nombre de millions est 149.
Mon chiffre des dizaines est immédiatement inférieur au chiffre des centaines.
Mon chiffre des centaines de mille est 5.
Mon chiffre des unités de mille est identique au chiffre des dizaines.
Mon chiffre des dizaines de mille est immédiatement supérieur au chiffre des centaines.
Place un zéro là où il te manque un chiffre.

RÉCAPITULONS 1

1 Écris, en chiffres, les nombres suivants.
a) vingt-sept mille trois cent soixante-quinze
b) neuf millions cent cinquante mille huit cent treize
c) quatre-vingt-quatorze mille six cent trente-huit
d) trois millions cent sept mille dix-neuf
e) huit cents millions trois mille six cent quatre-vingt-dix-neuf

2 Écris, en lettres, les nombres suivants.
2 600 789 – 453 785 – 7 000 672 – 1 050 890 – 500 234

3 Décompose chaque nombre. Observe l'exemple.
345 785 = (3 × 100 000) + (4 × 10 000) + (5 × 1 000) + (7 × 100) + (8 × 10) + 5
521 890 – 76 435 – 800 060 – 400 762 – 78 098 – 626 003 – 909 303

4 Retrouve chaque nombre.
a) 20 000 + 6 000 + 500 + 40 + 9
b) 7 000 + 10 000 + 50
c) 3 000 + 300 000 + 700 + 60
d) 50 000 + 200 + 8 000
e) 70 000 + 400 000 + 80
f) 100 000 + 700 + 5 000 + 20

5 Que représente le chiffre 7 dans chaque nombre ?
345 207 – 78 256 – 17 400 215 – 156 700 – 74 169 320 – 171 000 – 27 504

6 Que représente 258 dans chaque nombre ?
258 146 – 258 – 25 807 – 2 584 – 258 236 140 – 2 580 107 – 25 811 007

7 Range ces nombres en ordre croissant.
45 674 – 456 789 – 54 321 – 675 900 – 457 897 – 49 067 – 43 564 – 435 064

8 Décompose chaque nombre. Observe l'exemple.
2 573 482 = (2 × 1 000 000) + (5 × 100 000) + (7 × 10 000) + (3 × 1 000) + (4 × 100) + (8 × 10) + 2
7 004 923 – 5 906 372 – 14 172 604 – 63 409 571 – 75 400 100 – 104 207 120

9 Retrouve les nombres décomposés. Observe l'exemple.
(5 × 100 000) + (3 × 10 000) + (4 × 1 000) + (2 × 100) + (7 × 10) + 2 = 534 272
a) (9 × 100 000) + (7 × 10 000) + (1 × 1 000) + (4 × 100) + (3 × 10) + 5
b) (4 × 100 000) + (6 × 1 000) + (6 ×10) + 1
c) (2 × 100 000) + (7 × 1 000 000) + (4 × 10 000) + (6 × 100) + (3 × 10) + 5
d) (5 × 10 000 000) + (2 × 1 000 000) + (4 × 100 000) + (3 × 1 000) + (8 ×100) + 2

10 Recopie et complète.
58 963 = ... + 8 000 + 900 + ... + 3
263 718 = 260 000 + ... + 700 + ... + 8
459 126 = ... + 50 000 + ... + 100 + ... + 6
824 319 = 800 000 + ... + 4 000 + ... + 19

11 **Recopie et complète avec un nombre qui convient.**

317 000 < … < 318 000
618 316 < … < 630 000
707 684 < … < 708 000
813 491 < … < 815 000

12 **Arrondis chaque nombre d'habitants à la centaine la plus proche.**

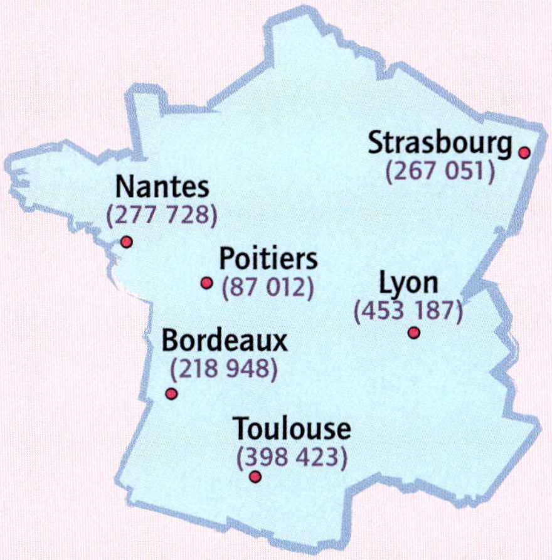

13 **Recopie et calcule ces additions sans les poser.**

a) 7 000 000 + 400 000 + 3 000 + 20 =
b) 10 000 000 + 700 000 =
c) 12 000 000 + 20 000 + 800 =
d) 15 200 000 + 150 000 =
e) 6 300 000 + 400 000 + 500 =

14 **Range ces nombres en ordre décroissant.**

1 200 345 – 126 457 – 1 030 098 – 130 567 – 12 077 000 – 133 045

15 **Recopie et mets le signe qui convient (< ou >).**

53 789 … 55 890
89 765 … 897 653
89 564 … 88 678
67 456 … 67 487
345 908 … 345 098

16 **Arrondis le nombre d'habitants de chaque région française au millier le plus proche.**

Région française	Nombre d'habitants
Alsace	1 775 390
Auvergne	1 314 476
Bretagne	2 977 932
Île-de-France	11 131 412
Rhône-Alpes	5 813 733

17 **Reproduis et complète ce tableau.**

Nombre précédent	Nombre donné	Nombre suivant
	10 000	
	234 099	
	1 057 999	
	100 000	
	9 989 200	

18 **Classe ces pays en ordre décroissant par rapport au nombre de voitures vendues en 2002.**

Pays	Ventes de voitures en 2002
Afrique du Sud	231 615
Allemagne	3 252 900
Brésil	1 295 000
Canada	874 000
Corée du Sud	1 040 000
Espagne	1 331 855
États-Unis	8 600 000
France	2 145 071
Grande-Bretagne	2 563 631
Italie	2 270 900

19 **Recopie ce texte en écrivant les nombres en chiffres.**

Dans le monde, le tabagisme provoque la mort d'environ cinq millions de personnes chaque année, ce qui correspond à treize mille sept cents décès par jour. En France, il est responsable de soixante mille morts chaque année. De plus, tous les ans, trois mille Français meurent en raison du tabagisme passif.

20 **Écris, en lettres, la population des six plus grandes villes du monde.**

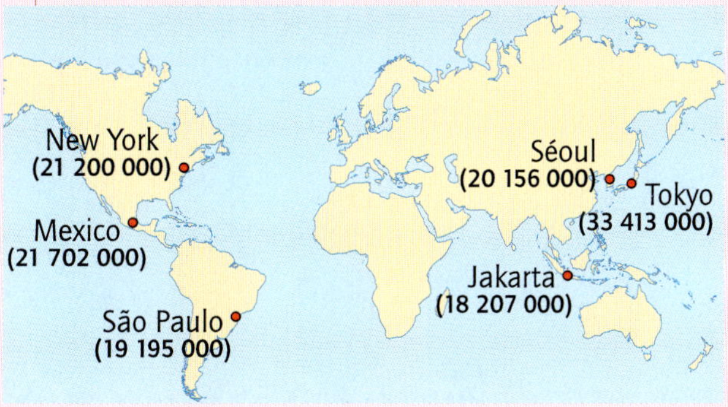

5 Les fractions (1)

CHERCHONS ENSEMBLE

Mamie a préparé une tarte. Indique ce que chacun a mangé en observant le dessin.

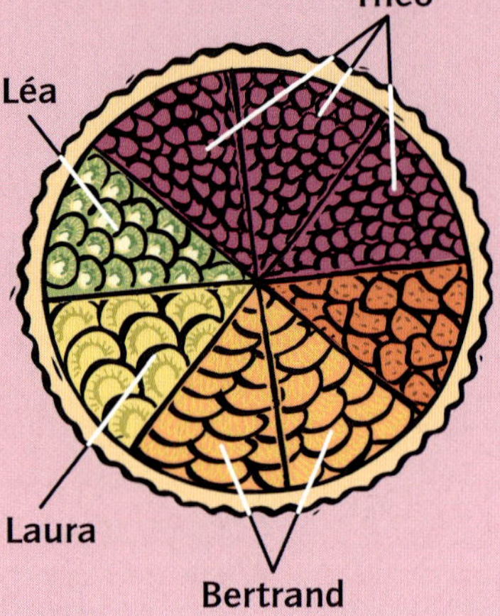

Quand on partage une unité en plusieurs parties égales, **chaque partie** représente **une fraction de cette unité**.

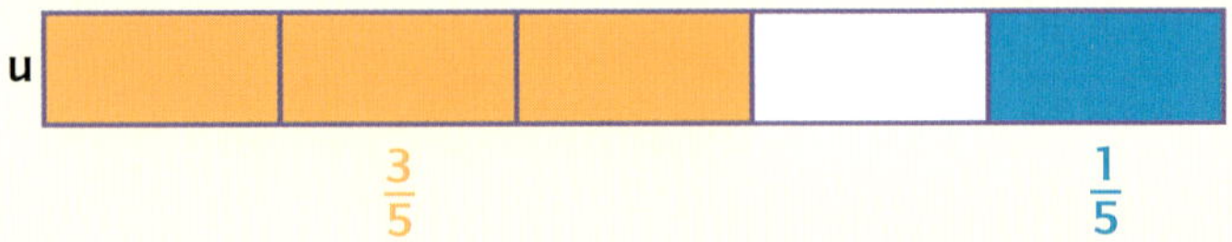

Chaque partie représente un cinquième $\left(\frac{1}{5}\right)$ de l'unité : $\frac{1}{5}+\frac{1}{5}+\frac{1}{5}+\frac{1}{5}+\frac{1}{5}=\frac{5}{5}=1$.

Quelques fractions usuelles :

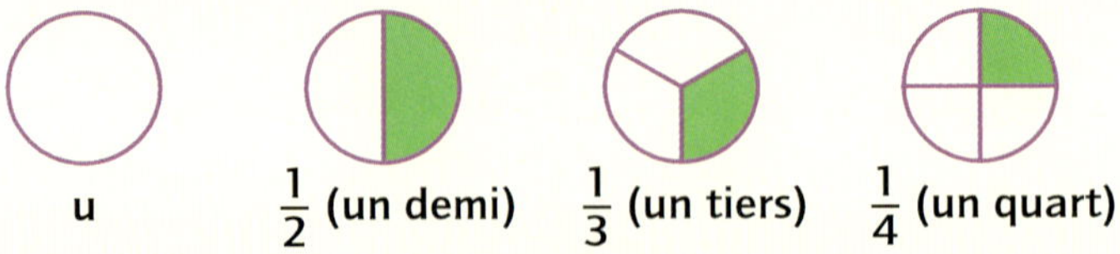

1 **Écris les fractions représentées par les parties colorées.**

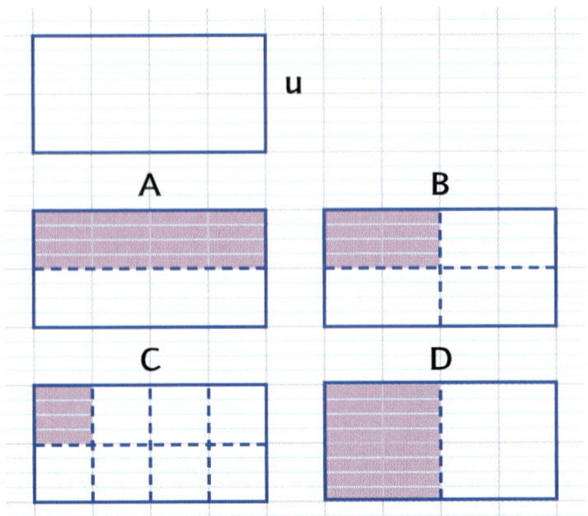

2 **Écris, sous forme de fraction, la quantité d'eau représentée par chaque partie colorée.**

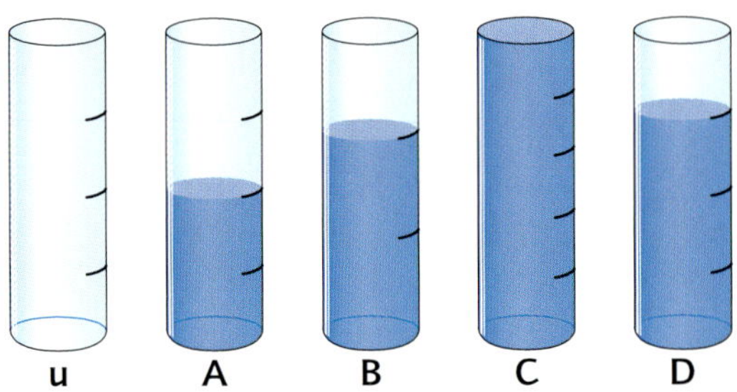

3 **Dessine, sur ton cahier, une bande formée de 7 carreaux.**

a) Colorie en rouge $\frac{2}{7}$.

b) Colorie en bleu $\frac{3}{7}$.

c) Quelle fraction représente la partie non coloriée ?

4 **Reproduis quatre fois le carré ci-dessous.**

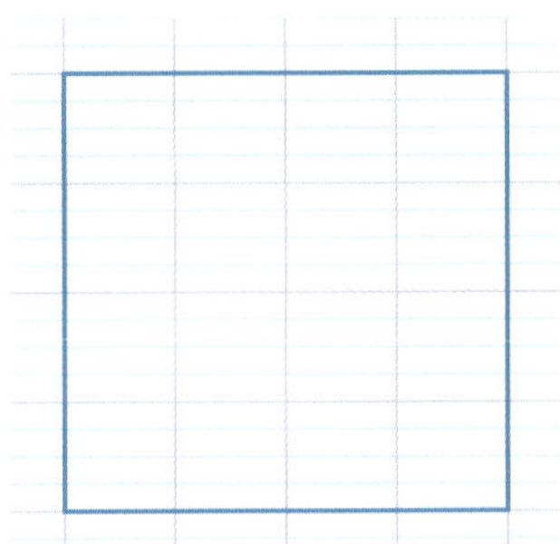

a) Colorie un seizième du premier, un huitième du deuxième, un quart du troisième, un demi du dernier.

b) Écris sous chaque carré la fraction qui correspond.

5 a) Fabrique une bande **u** identique à celle représentée ici. Plie-la en 8, c'est-à-dire d'abord en 2, puis encore en 2, enfin encore en 2. Redéplie-la et marque bien les plis.

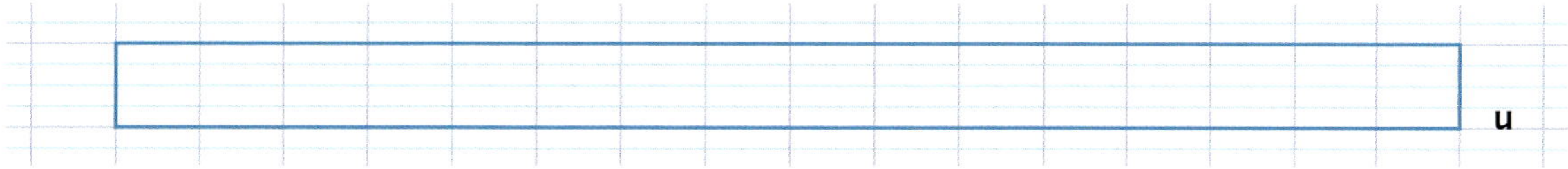

b) Avec cette bande, mesure les segments CD et GH.

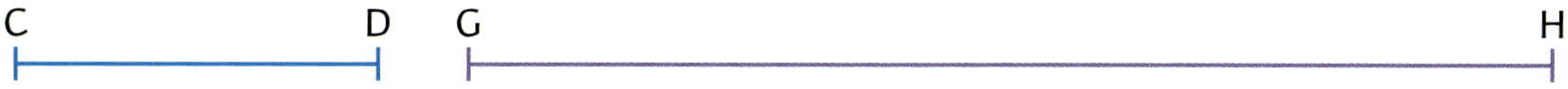

Recopie et complète avec une fraction : CD mesure ... de **u** ; GH mesure ... de **u**.

6 **Observe les deux figures ci-dessous.**
Sur chacune de ces figures, quelle fraction n'est pas colorée ?

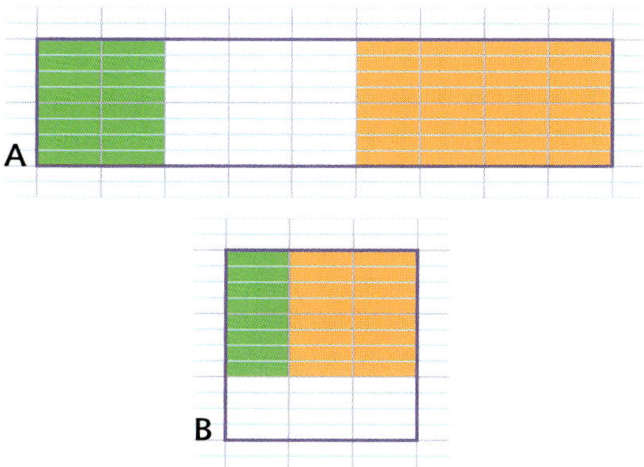

JE TRAVAILLE SEUL(E)

Reproduis quatre fois le chronomètre ci-dessous (60 min = 1 heure).

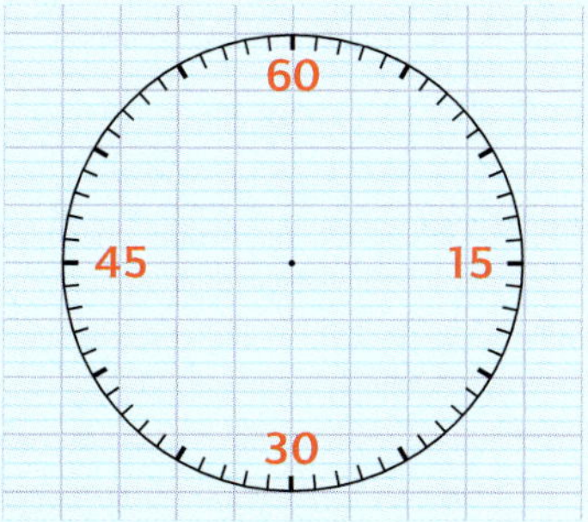

a) Sur le premier chronomètre, colorie $\frac{1}{4}$ d'heure.

b) Sur le deuxième, colorie $\frac{1}{2}$ heure.

c) Sur le troisième, colorie $\frac{2}{4}$ d'heure.

d) Sur le quatrième, colorie $\frac{2}{2}$ heure.

e) Que remarques-tu ?

À TOI DE JOUER...

Voici trois figures partagées en cinq parties.
Indique dans laquelle la partie colorée représente $\frac{1}{5}$ de la figure.

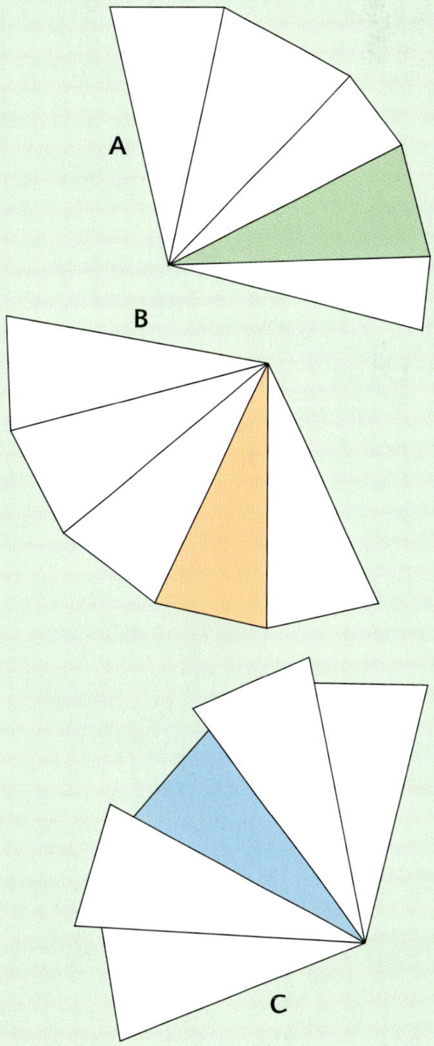

6 Les fractions (2)

CHERCHONS ENSEMBLE

Lors d'une course d'orientation, au bout d'une heure et demie, Jean a effectué les $\frac{7}{8}$ du parcours, Thibault, les $\frac{5}{8}$, Manon, les $\frac{3}{8}$ et Tiphaine les $\frac{8}{8}$.
Classe les quatre enfants selon leur position.
Peux-tu déjà dire qui a gagné ?

Dans une fraction, le **chiffre du haut** s'appelle le **numérateur** et **le chiffre du bas** le **dénominateur**.

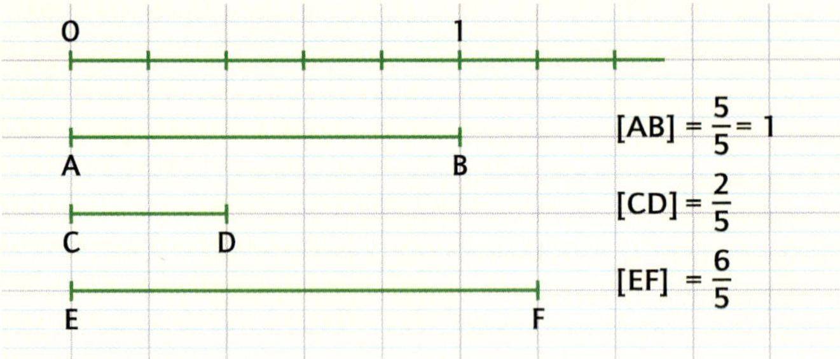

Une fraction peut représenter un nombre :
- **égal à 1.** Le numérateur est égal au dénominateur.
- **inférieur à 1.** Le numérateur est plus petit que le dénominateur.
- **supérieur à 1.** Le numérateur est plus grand que le dénominateur.

1 **En te servant du segment unité u, trouve la longueur des segments proposés.**
Recopie et complète chaque phrase avec une fraction.

[GH] mesure ... de **u**.

[IJ] mesure ... de **u**.

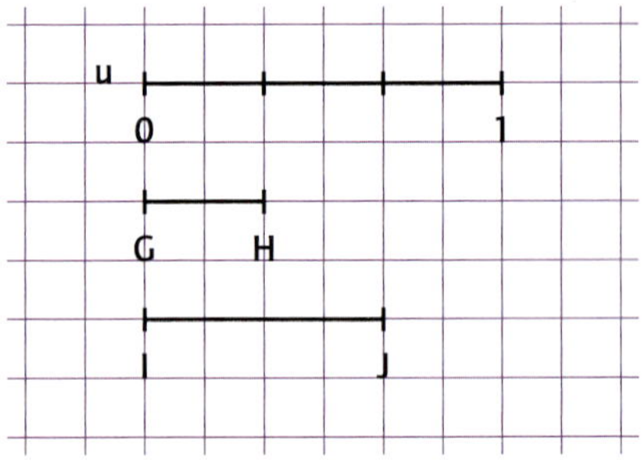

2 **En te servant du segment unité u, trouve la longueur des segments proposés.**
Recopie et complète chaque phrase avec une fraction.

[EF] mesure ... de **u**.

[KL] mesure ... de **u**.

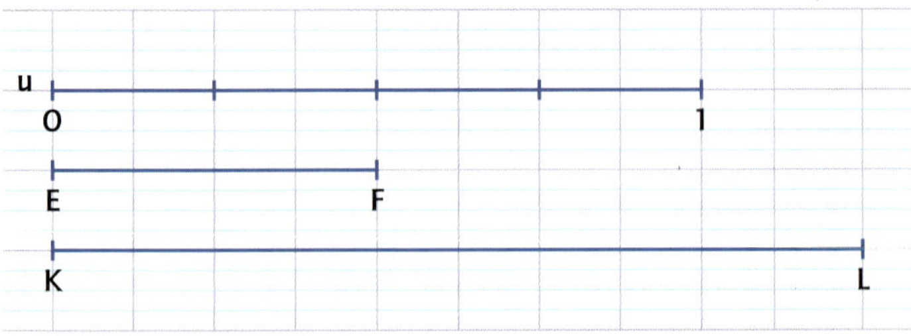

3 **Reproduis sur ton cahier le segment unité u. Trace ensuite les segments proposés.**

[OM] = $\frac{4}{6}$ **u** | [PS] = $\frac{7}{6}$ **u**

[RT] = $\frac{2}{6}$ **u** | [UV] = $\frac{9}{6}$ **u**

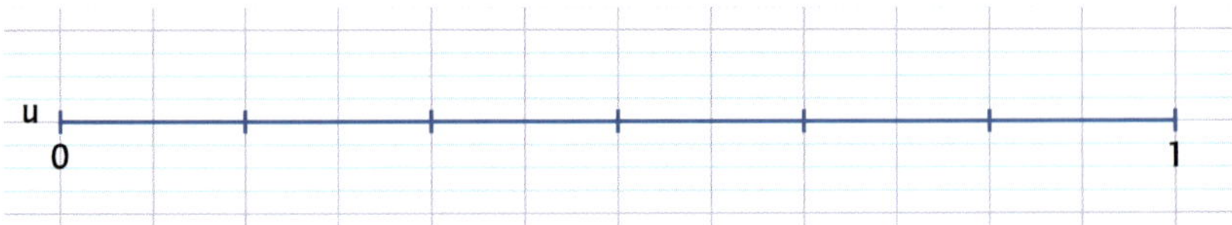

4 Reproduis sur ton cahier la demi-droite ci-dessous. Place ensuite, sur cette droite, les fractions proposées. $\frac{5}{7}$ – $\frac{2}{7}$ – $\frac{8}{7}$ – $\frac{3}{7}$ – $\frac{10}{7}$

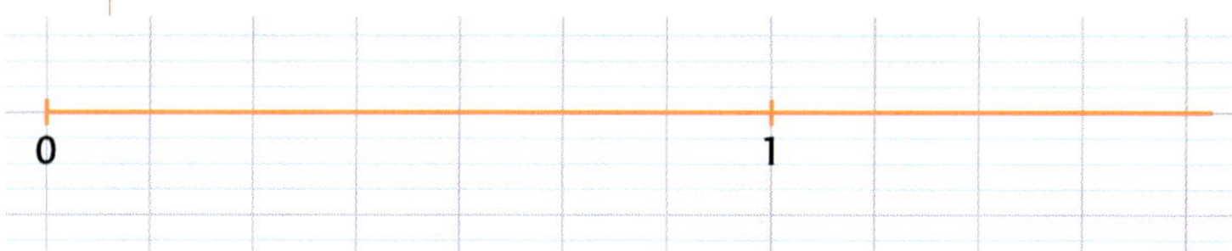

5 Observe la demi-droite graduée et écris les fractions qui correspondent aux lettres.

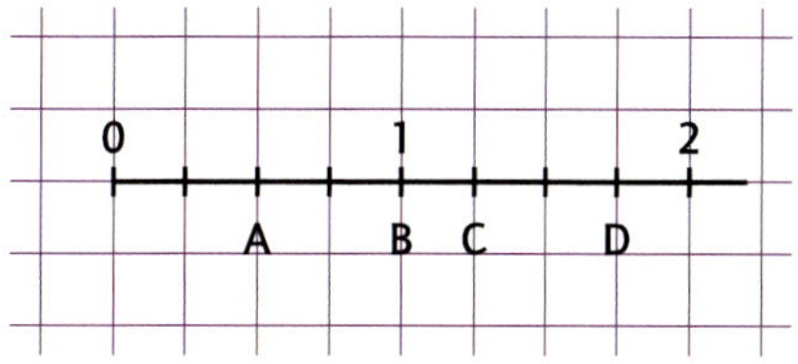

PROBLÈMES

6 Un cycliste a effectué le parcours suivant. Il s'est arrêté une première fois après avoir parcouru $\frac{1}{3}$ du trajet et une deuxième fois après avoir effectué $\frac{3}{4}$ de la distance totale.
Dans quelles villes s'est-il arrêté ?

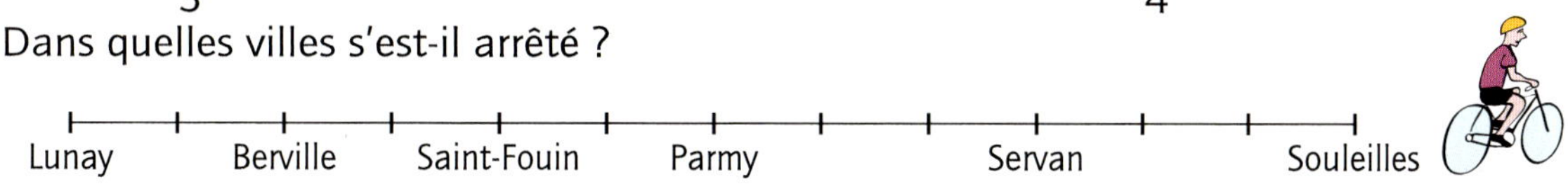

7 C'est la fête dans le zoo. Les animaux font une course autour de ce terrain rectangulaire.

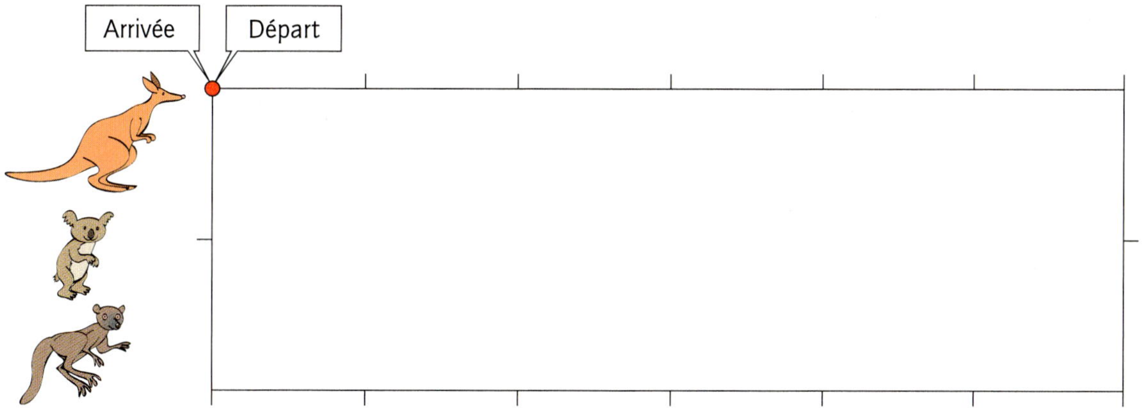

Au bout de 5 minutes, Souki le kangourou a parcouru $\frac{3}{4}$ du chemin. Coka, le koala, a parcouru $\frac{1}{2}$ du chemin. Maki, le singe, a effectué $\frac{5}{8}$ du parcours.
Qui est en tête ? Qui est dernier ?

JE TRAVAILLE SEUL(E)

Trace sur ton cahier un segment de longueur 8 carreaux.
Trace ensuite :
a) un segment MN qui mesure $\frac{2}{4}$ de ce segment.
b) un segment RS qui mesure $\frac{4}{4}$ de ce segment.
c) un segment XY qui mesure $\frac{6}{4}$ de ce segment.

À TOI DE JOUER...

Combien de récipients semblables faut-il pour représenter $\frac{6}{3}$? $\frac{9}{3}$? $\frac{15}{3}$?

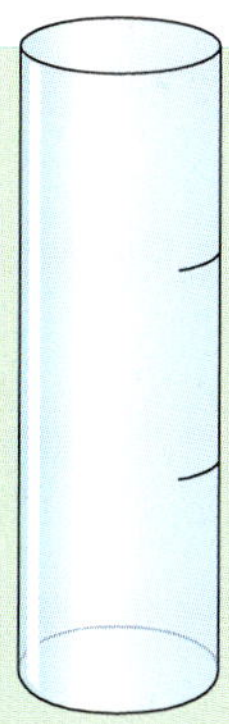

7 Les fractions (3)

CHERCHONS ENSEMBLE

Soizic, Luc et Morgane achètent chacun une tablette de chocolat. Ils la partagent en plusieurs morceaux.

Le soir, Soizic dit :

« J'ai mangé les $\frac{5}{5}$ de ma tablette. »

Luc dit : « Moi, j'ai mangé les $\frac{4}{4}$ de ma tablette. »

Morgane explique :

« J'ai mangé les $\frac{10}{10}$ de la mienne. »

Madame Ledu regarde ses enfants et fronce les sourcils d'un air mécontent. Pourquoi ?

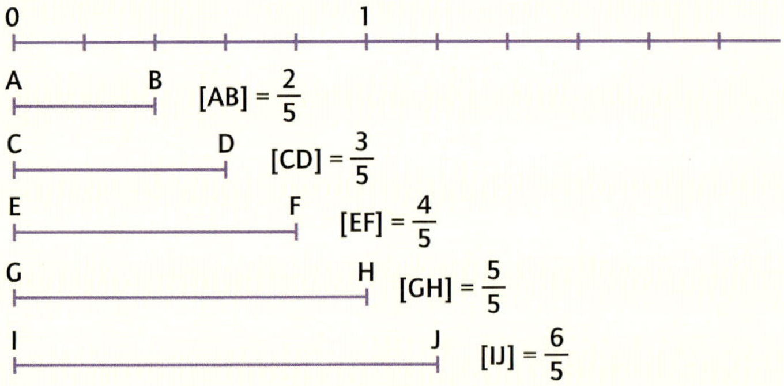

$$\frac{2}{5} < \frac{3}{5} < \frac{4}{5} < \frac{5}{5} < \frac{6}{5}$$

Quand les fractions ont le **même dénominateur**, la **plus grande** est celle dont le **numérateur est le plus grand**.

Quand le **numérateur** et le **dénominateur** sont **égaux**, la **fraction** est **égale** à l'**unité** entière, c'est-à-dire 1.

Exemples : $\frac{5}{5} = 1$ $\quad \frac{7}{5} = \frac{5}{5} + \frac{2}{5} = 1 + \frac{2}{5}$

1 **Observe, à chaque fois, les deux dessins. Écris les fractions qui représentent les parties colorées. Utilise les signes <, > et = pour les comparer.**

a)

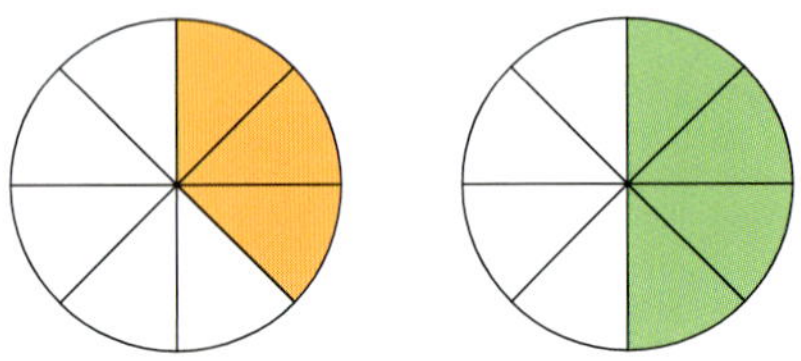

b)

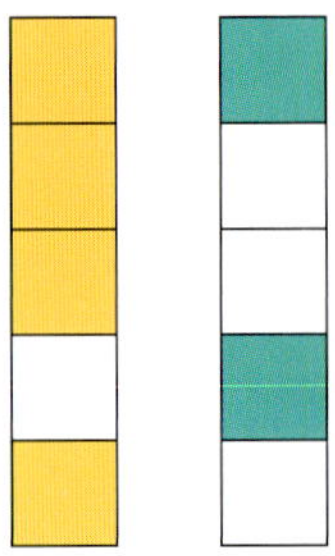

c)

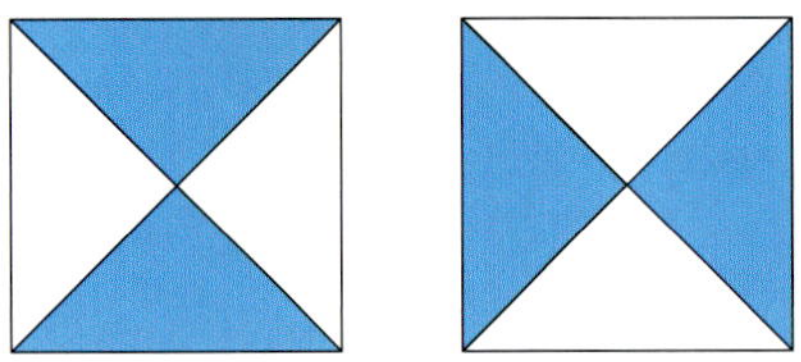

2 **Quel est l'intrus ? Justifie ta réponse.**

a) $\frac{2}{2}$ – $\frac{7}{7}$ – $\frac{5}{5}$ – $\frac{3}{4}$ – $\frac{9}{9}$

b) $\frac{5}{8}$ – $\frac{8}{10}$ – $\frac{3}{7}$ – $\frac{6}{6}$ – $\frac{12}{14}$

3 **Range ces fractions en ordre croissant.**

$\frac{12}{9}$ – $\frac{7}{9}$ – $\frac{10}{9}$ – $\frac{16}{9}$ – $\frac{9}{9}$ – $\frac{4}{9}$

4 **Recopie et complète.**

$1 = \frac{3}{3} = \frac{\dots}{5} = \frac{\dots}{8} = \frac{\dots}{11} = \frac{\dots}{\dots} = \frac{\dots}{\dots}$

5 **Complète comme dans l'exemple.**

$\frac{3}{2} = \frac{2}{2} + \frac{1}{2} = 1 + \frac{1}{2}$

$\frac{5}{4} = \dots$	$\frac{9}{6} = \dots$	$\frac{12}{10} = \dots$
$\frac{10}{7} = \dots$	$\frac{7}{5} = \dots$	$\frac{15}{12} = \dots$

6 **Relève les fractions inférieures à 1.**

$\frac{3}{2}$ – $\frac{5}{8}$ – $\frac{9}{4}$ – $\frac{4}{4}$ – $\frac{7}{12}$

7 **Relève les fractions supérieures à 1.**

$\frac{10}{4}$ – $\frac{7}{7}$ – $\frac{8}{15}$ – $\frac{14}{5}$ – $\frac{6}{8}$

8 **a) Écris cinq fractions inférieures à 1.**

b) Écris cinq fractions supérieures à 1.

PROBLÈMES

9 Le chemin qui serpente dans le Parc floral mesure 7 km. Vic en a parcouru les $\frac{4}{7}$.

a) Combien de kilomètres a-t-elle parcourus ?

b) Combien de kilomètres lui reste-t-il à effectuer ?

c) Quelle fraction représente ce qui lui reste ?

10 Après 4 heures de course, voici la fraction de distance franchie par les cinq skippers du *Trophée des 3 caps*.

Jo Ladrisse : $\frac{6}{9}$; Pierre Tifoc : $\frac{3}{9}$;

Jean Grandvoile : $\frac{9}{9}$; Marie Laquille : $\frac{7}{9}$;

Elsa Safran : $\frac{5}{9}$.

a) Saurais-tu déjà donner le nom du vainqueur de l'épreuve ?

b) Qui est le moins bien parti pour finir sur le podium ?

11 Lors du concours de lever de carottes, Kip le lapin a réussi un total de 8 kg.

Kap a réussi les $\frac{7}{8}$ de cette performance et Knut les $\frac{18}{16}$.

Sauras-tu retrouver, en t'aidant du schéma, la masse levée par Kap et celle levée par Knut ?

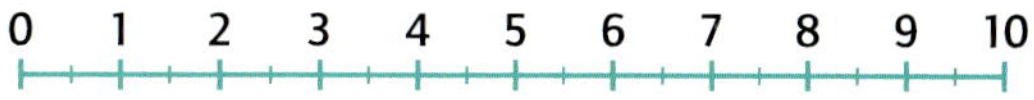

JE TRAVAILLE SEUL(E)

Recopie et complète par une fraction.

$1 + \frac{1}{5} = \frac{\dots}{\dots}$

$1 + \frac{2}{4} = \frac{\dots}{\dots}$

$1 + \frac{1}{2} = \frac{\dots}{\dots}$

$2 + \frac{1}{3} = \frac{\dots}{\dots}$

À TOI DE JOUER...

Comment s'appelle le gâteau préparé avec :
150 g de farine, 150 g de sucre, 150 g d'œufs et 150 g de beurre ?

le millefeuille – le paris-brest – le quatre-quarts – le flan

Explique ton choix.

CONNAISSANCE DES NOMBRES
COMPRENDRE ET RÉSOUDRE
CALCUL
GRANDEURS ET MESURE
ESPACE ET GÉOMÉTRIE

8 Les fractions décimales

CHERCHONS ENSEMBLE

Bertille et Hugo vont à la foire sur la place de leur village avec la même somme d'argent.
Bertille dépense les $\frac{5}{10}$ de son porte-monnaie et Hugo les $\frac{50}{100}$ du sien.
Qui a dépensé le plus ?

Les fractions qui ont 10, 100 ou 1 000 pour **dénominateur** sont des **fractions décimales**.

Exemples : $\frac{4}{10}$ (4 dixièmes) ;
$\frac{13}{100}$ (13 centièmes) ; $\frac{80}{1\,000}$ (80 millièmes).

Quand on divise l'unité par 10, 100 ou 1 000, on obtient des nombres 10 fois, 100 fois, **1 000 fois plus petits que l'unité**.

Exemples : 1 divisé par 10 → $\frac{1}{10}$ (un dixième) ;
1 divisé par 100 → $\frac{1}{100}$ (un centième) ;
1 divisé par 1 000 → $\frac{1}{1\,000}$ (un millième).

1

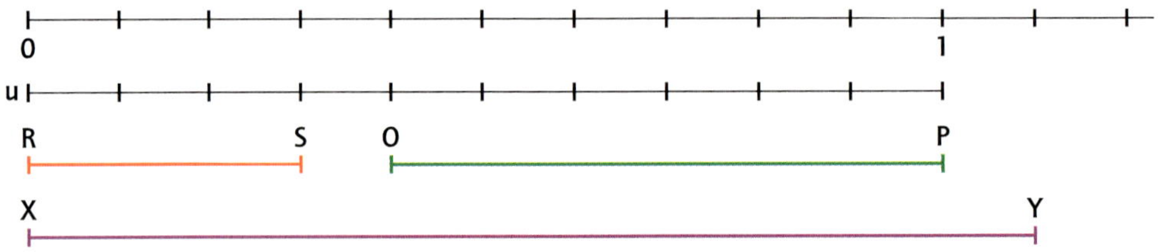

a) Quelle fraction représente chaque partie de l'unité **u** ?
b) Quelle fraction représente chacun des segments RS, OP et XY ?

2

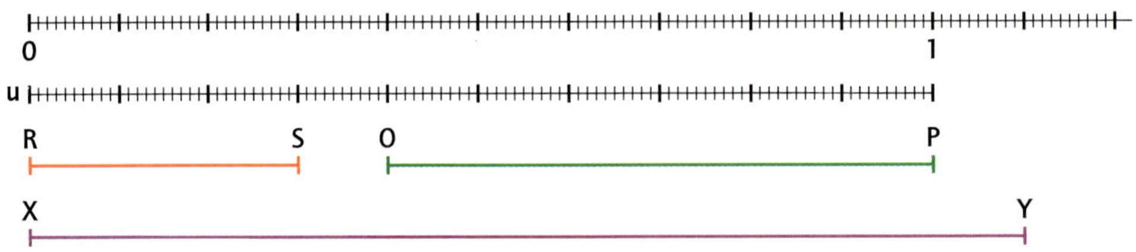

a) Quelle fraction représente chaque partie de l'unité **u** ?
b) Quelle fraction représente chacun des segments RS, OP et XY ?
c) Que remarques-tu par rapport à l'exercice **1** ?

3 **Écris chaque nombre sous la forme d'une fraction décimale.**

a) huit dixièmes
b) quinze dixièmes
c) vingt-quatre centièmes
d) seize centièmes
e) cent cinquante millièmes
f) cinq cents millièmes

4 **Indique la position des points de plusieurs manières si tu le peux. Observe l'exemple.**

A : $\frac{3}{10} + \frac{4}{100}$ ou $\frac{34}{100}$

5 **Utilise du papier millimétré. Trace un segment unité de 10 cm. Marque O et 1 à chaque extrémité. Place sur la droite les points A, B, C, D, E et F tels que :**

[OA] : $\frac{9}{10}$ | [OB] : $\frac{7}{10}$ | [OC] : $\frac{40}{100}$ | [OD] : $\frac{70}{100}$ | [OE] : $\frac{90}{100}$ | [OF] : $\frac{4}{10}$

Que remarques-tu ?

6 **Observe la demi-droite graduée. Complète ensuite la mesure de chaque segment par une fraction décimale.**

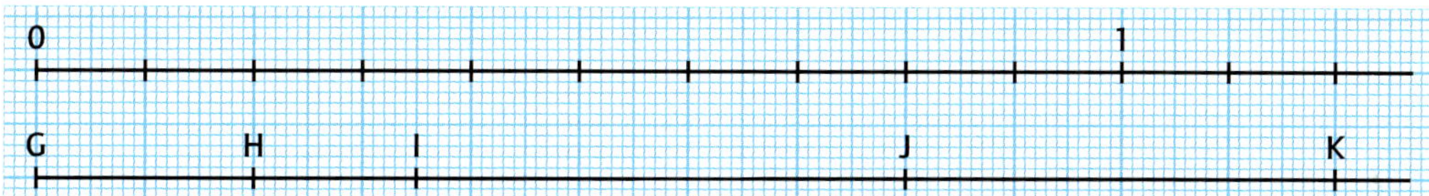

[GH] = $\frac{\dots}{10}$ [GI] = $\frac{\dots}{100}$ [GJ] = $\frac{\dots}{100}$

[JK] = $\frac{\dots}{10}$ [HJ] = $\frac{\dots}{100}$ [HK] = $\frac{\dots}{10}$

7 **Recopie et complète.**

$\frac{5}{10} = \frac{\dots}{100}$ | $\frac{80}{100} = \frac{\dots}{10}$ | $\frac{18}{10} = \frac{\dots}{100}$ | $\frac{25}{100} = \frac{\dots}{1\,000}$ | $\frac{\dots}{1\,000} = \frac{7}{10}$ | $\frac{30}{10} = \frac{\dots}{100}$

8 **Recopie et complète.**

$1 = \frac{\dots}{10}$ | $2 = \frac{\dots}{100}$ | $3 = \frac{\dots}{1\,000}$

$7 = \frac{\dots}{10}$ | $9 = \frac{\dots}{100}$ | $16 = \frac{\dots}{10}$

JE TRAVAILLE SEUL(E)

Recopie et complète avec les signes <, > ou =.

$\frac{2}{10} \dots \frac{20}{10}$ | $\frac{13}{10} \dots \frac{10}{10}$

$\frac{4}{100} \dots \frac{4}{10}$ | $\frac{60}{1\,000} \dots \frac{6}{100}$

$\frac{50}{1\,000} \dots \frac{60}{1\,000}$ | $\frac{7}{10} \dots \frac{70}{100}$

À TOI DE JOUER...

Monsieur Lassue répartit quotidiennement son temps ainsi : $\frac{35}{100}$ de son temps à dormir, $\frac{3}{10}$ à travailler, $\frac{19}{100}$ à jouer du piano, $\frac{1}{10}$ à manger et le reste à faire du sport.

Quelle fraction de son temps, en centièmes, consacre-t-il au sport ?

9 Les nombres décimaux (1)

CHERCHONS ENSEMBLE

Dans la pâtisserie *La tarte d'or*, maman a relevé le prix d'une tarte aux fruits et l'annonce ainsi :
Quel est le prix de cette tarte aux fruits ?

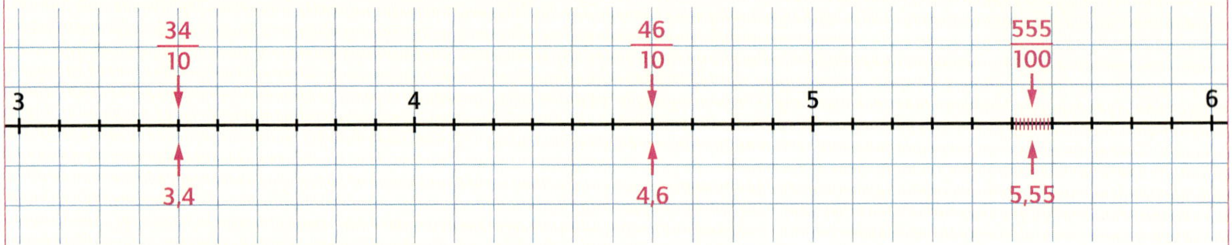

$$\frac{34}{10} = 3 + \frac{4}{10} = 3{,}4 \qquad \frac{555}{100} = 5 + \frac{55}{100} = 5{,}55$$

Une fraction ou un nombre à virgule sont deux façons d'exprimer un nombre décimal.

$26 + \frac{145}{1\,000}$ ↔

partie entière		**partie décimale**
2 6	,	1 4 5
dizaines – unités		dixièmes – centièmes – millièmes

1 **Recopie ces nombres en écrivant en bleu la partie entière et en rouge la partie décimale.**

0,63	1,395	12,26
67,2	169,50	83,01

2 **Indique, pour chaque lettre, la fraction décimale et le nombre à virgule qui lui correspond.**
Observe l'exemple.

F : $\frac{42}{10}$ et 4,2

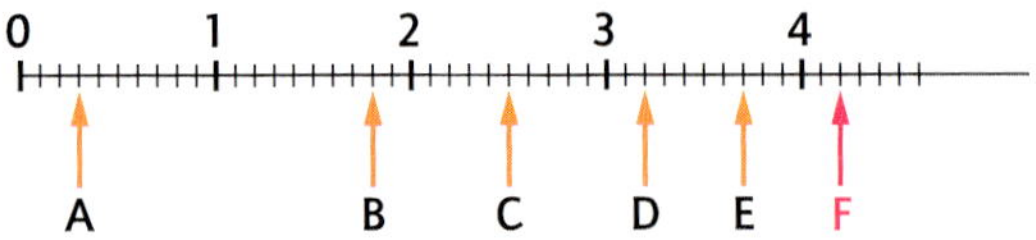

3 **Écris chaque nombre sous la forme d'une fraction décimale et d'un nombre à virgule. Observe l'exemple.**

2 unités et 7 dixièmes → $\frac{27}{10}$ et 2,7

a) 3 unités et 45 centièmes
b) 15 unités et 50 centièmes
c) 1 unité et 6 dixièmes
d) 2 unités et 5 centièmes
e) 7 unités et 16 centièmes
f) 9 dixièmes

4 **Forme des couples en associant la fraction et le nombre à virgule de même valeur.**

$4{,}5 - \frac{45}{100} - \frac{405}{100} - 0{,}45 - 4{,}05 - \frac{15}{10} -$

$1{,}55 - \frac{155}{100} - \frac{45}{10} - 1{,}5$

5 **Reproduis et complète ce tableau. Observe l'exemple.**

$\frac{540}{100}$	$5 + \frac{40}{100}$	5,40
	$8 + \frac{4}{10}$	
		5,62

6 **Vrai ou faux ?**

a) $6 + \frac{5}{10} = 6{,}5$ b) $\frac{21}{100} = 2{,}1$

c) $16 + \frac{3}{100} = 16{,}03$ d) $\frac{59}{10} = 5{,}90$

7 **Reproduis et complète ce tableau. Observe l'exemple.**

4,65	4 unités et 65 centièmes
6,2	
	7 unités et 125 millièmes
3,08	
	2 unités, 1 dixième et 4 millièmes
	9 centièmes

8 **Indique ce que représente le chiffre 8 dans chaque nombre. Observe l'exemple.**

800,45 ➜ 8 est le chiffre des centaines.

8,305 – 0,82 – 5,408 – 82,6 – 1,080

PROBLÈMES

9 **Voici des façons différentes d'exprimer les temps réalisés par des coureurs de 100 m. Indique quels sont, dans l'ordre, les trois premiers.**

Linford	10 secondes et 8 centièmes
Donovan	9 secondes et 84/100
Carl	10,1 secondes
Maurice	9 secondes et 9 dixièmes
Ben	10 secondes et 375 millièmes
Tim	10 secondes et 4/10

10 Basile achète chaque jour un quotidien valant 85 centimes d'euro et chaque semaine un magazine valant 2 euros et 20 centimes. Exprime le prix de chaque publication par un nombre décimal.

JE TRAVAILLE SEUL(E)

Indique par une fraction et par un nombre décimal la valeur des nombres décimaux correspondant aux points suivants.

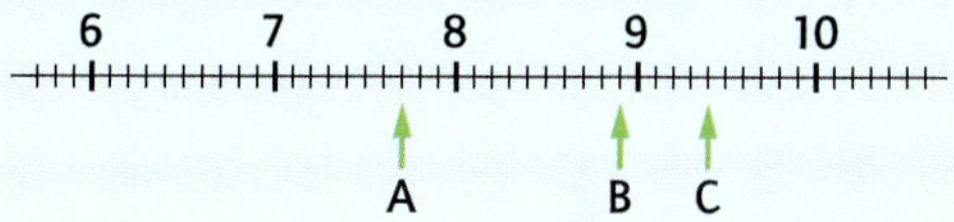

À TOI DE JOUER...

Exprime les records de natation (2004) par des nombres à virgules.

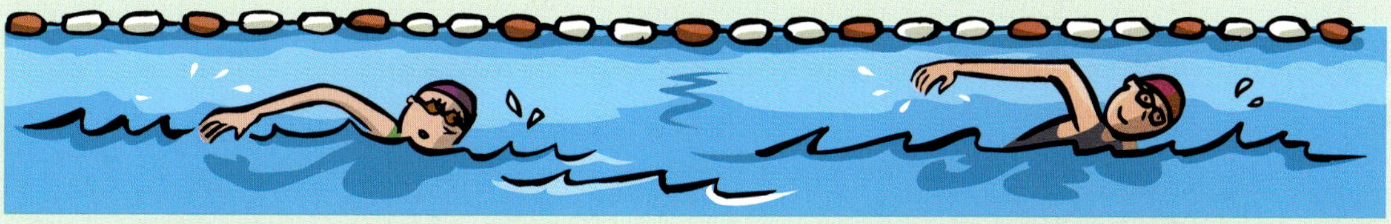

50 mètres nage libre dame
24 secondes et 13 centièmes

100 mètres nage libre dame
53 secondes et 77 centièmes

50 mètres nage libre homme
21 secondes et 64 centièmes

100 mètres nage libre homme
47 secondes et 84 centièmes

10 Les nombres décimaux (2)

CHERCHONS ENSEMBLE

Lequel de ces films a été vu par le plus grand nombre de spectateurs en France ?

9,09 millions — 9,2 millions — 9,14 millions — 8,94 millions

Pour **comparer deux nombres décimaux** :
- on **compare** d'abord les **parties entières** ;
- on **compare** ensuite, **si nécessaire**, les **parties décimales** : d'abord les dixièmes, puis les centièmes, puis les millièmes.

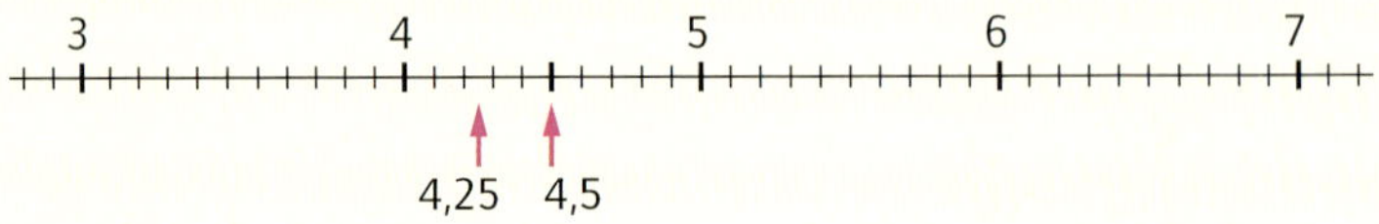

Exemples :

4,5 < 5
car **4** < **5**

4,25 < 4,5
car **2 dixièmes** < **5 dixièmes**
ou **25 centièmes** < **50 centièmes**

1 **Recopie uniquement les nombres égaux à cinq unités et deux centièmes.**

520 – 5,200 – 5,02 – 5,20 – 5,020 – 5,002 – 52 – 50,20

2 **Recopie et complète avec les signes <, > ou =.** Si tu hésites, utilise la droite numérique ci-dessus.

3,8 ... 4
4,35 ... 4,350
6,1 ... 5,9
5,3 ... 5,30
4,7 ... 4,60

4,25 ... 4,09
4,10 ... 4,3
6,3 ... 5,95
5,4 ... 5,41
7 ... 6,27

3 **Recopie et complète avec les signes <, > ou =.**

7,02 ... 7,20
7,2 ... 7,200
8,4 ... 8,040

10,8 ... 10,76
14,6 ... 14,60
13,1 ... 13,15

4 **Classe chaque liste de nombres en ordre croissant.**

a) 4,12 – 5,03 – 4,6 – 4,43 – 3,790
b) 8,46 – 8,053 – 7,94 – 8,8 – 8,406

5 **Recopie et complète avec un nombre qui convient.**

5,4 < ... < 5,7
7,56 < ... < 7,6

9,8 < ... < 10,4
14,101 < ... < 14,32

6 **Encadre chaque nombre décimal par deux nombres entiers consécutifs. Souligne le nombre entier le plus proche du nombre décimal. Observe l'exemple.**

6 < 6,75 < <u>7</u>

... < 9,23 < ...
... < 2,6 < ...
... < 162,7 < ...

... < 12,07 < ...
... < 68,92 < ...
... < 1,18 < ...

7 **Classe chaque liste de nombres en ordre décroissant.**

a) 11,5 – 1,510 – 11,05 – 15,01 – 11,51

b) 23,4 – 34,2 – 23,92 – 24,3 – 23,04

PROBLÈMES

8 **Classe ces régions françaises de la moins peuplée à la plus peuplée.**

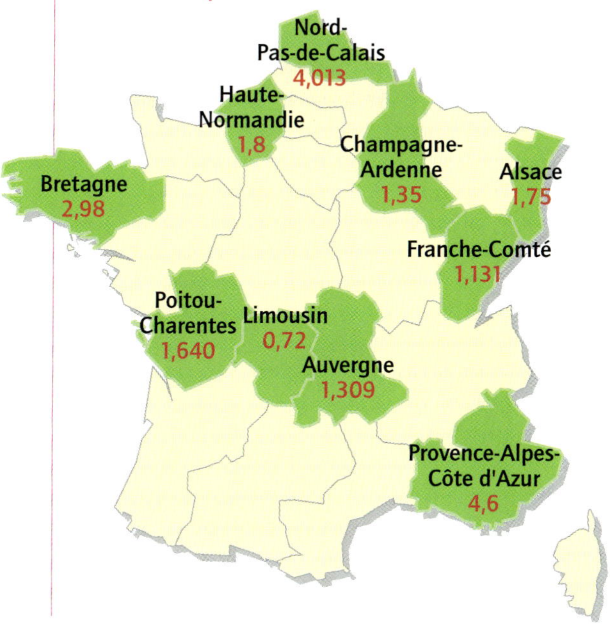

9 **Classe ces chiens du plus léger au plus lourd.**

Bill
le caniche
7,25 kg

Jos
le teckel
4,7 kg

Clean
le westie
7,085 kg

Zou
le chien chinois à crête
4,25 kg

Chott
le fox-terrier
7,8 kg

Boule
le bouledogue français
9,15 kg

10 Voici les quantités d'eau (en L) absorbées par cinq dromadaires à la terrasse du *Bar du Désert*. **Classe-les du moins assoiffé au plus assoiffé !**

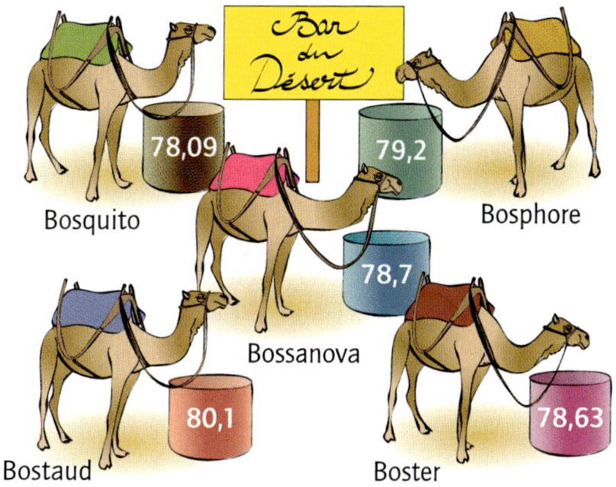

JE TRAVAILLE SEUL(E)

a) **Recopie ces nombres en supprimant les zéros inutiles.**

07,07 – 120,9 – 0,700 – 00,602 – 30,09 – 42,009 – 36,800 – 0,5030

b) **Arrondis ensuite chaque nombre à l'entier le plus proche.**

c) **Classe ces nombres en ordre croissant.**

13,6 – 13,048 – 1,365 – 13,34 – 14,005 – 15 – 14,1

À TOI DE JOUER...

a) **Écris tous les nombres possibles en n'utilisant, dans chaque nombre, qu'une seule fois chacune de ces cartes.**

b) **Range les nombres que tu as trouvés en ordre croissant.**

c) **Arrondis chaque nombre au nombre entier le plus proche.**

11 Les nombres décimaux (3)

CHERCHONS ENSEMBLE

a) Il faut une heure à une machine artisanale pour tisser un tapis de 2,25 mètres de longueur.
Quelle longueur de tapis peut-elle tisser en 10 heures ? en 100 heures ?

b) Une autre machine tisse 15,40 mètres de tapis en 10 heures.
Combien cette autre machine tisse-t-elle de mètres en une heure ?

Pour multiplier un nombre décimal par 10, on déplace la virgule d'un rang vers la droite ; pour le multiplier par 100, de deux rangs...

Exemples : 7,38 × 10 = 73,8
7,38 × 100 = 738
7,38 × 1 000 = 7 380

Pour diviser un nombre décimal par 10, on déplace la virgule d'un rang vers la gauche ; pour le diviser par 100, de deux rangs...

Exemples :

$\frac{184,5}{10} = 18,45$ $\frac{184,5}{100} = 1,845$ $\frac{184,5}{1\,000} = 0,1845$

1 **Recopie et complète.**

4,61 × 10 =
4,61 × 1 000 =
4,61 × 100 =
46,1 × 100 =

$\frac{942,7}{10} =$ $\frac{942,7}{100} =$ $\frac{942,7}{1\,000} =$

2 **Recopie et complète.**

12,6 × 10 =
0,44 × 1 000 =
37,85 × 10 =
54,01 × 100 =

$\frac{96,3}{100} =$ $\frac{51,8}{10} =$ $\frac{576,4}{10} =$

3 **Recopie et complète.**

65,6 × ... = 6 560
0,24 × ... = 240
$\frac{276,5}{...} = 27,65$
3,9 × ... = 3 900
1,25 × ... = 1 250
$\frac{7,3}{...} = 0,73$

4 **Reproduis et complète le tableau.**

× 100

2,4		
	9 200	
	175,5	1 755
		80

divisé par 100

× ...

JE TRAVAILLE SEUL(E)

a) Quelle est la masse d'une boîte de cassoulet ?

b) Combien pèsent 10 de ces cartons ?

À TOI DE JOUER...

Aide Joachim le détective à trouver la combinaison du coffre à partir de ce message :

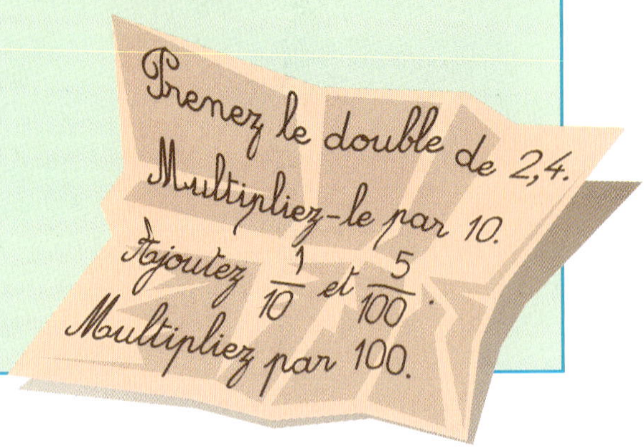

12 Les nombres décimaux (4)

CHERCHONS ENSEMBLE

Luce et Antonin se retrouvent à la boulangerie.
Luce dispose de deux euros et demi et Antonin de deux euros et cinquante centimes.

Lequel des deux enfants a le plus d'argent ?

On peut exprimer la même mesure à l'aide d'une fraction ou d'un nombre décimal.

Exemples : $\frac{5}{10} = 0,5 = \frac{1}{2}$ $\frac{2,5}{10} = 0,25 = \frac{1}{4}$

$\frac{7,5}{10} = 0,75 = \frac{3}{4}$ $\frac{1}{10} = 0,1$

$\frac{1}{100} = 0,01$ $\frac{1}{1\ 000} = 0,001$

1 **Recopie et complète avec la fraction manquante.**

$\frac{1}{2} + \ldots = 1$ $\frac{1}{4} + \ldots = 1$

2 **Recopie et complète.**

a) Nous avons chaque semaine une heure et demie d'anglais, soit 1,... heure ou 1 heure et ... minutes.

b) Gus a un quart d'heure de marche pour se rendre de chez lui à la piscine et autant pour en revenir. Il a donc au total ... heure de trajet ou ... minutes.

c) Notre rendez-vous avec le responsable de notre agence bancaire a duré 2 heures et 15 minutes, soit 2 heures ... ou ... heures.

3 **Trace, sur ton cahier, un carré de 10 carreaux de côté.**

a) Hachure en rouge $\frac{1}{10}$ de ce carré.

b) Colorie en bleu $\frac{1}{10}$ de la surface hachurée en rouge.

c) Recopie et complète : Ce carré a une aire de ... carreaux.

$\frac{1}{10}$ de $\frac{1}{10}$ correspond à la fraction ....

4 **Recopie et complète.**

Ma gourde contient 0,75 litre, c'est-à-dire ... de litre. La poche à eau que je glisse dans mon sac à dos en contient exactement le double, soit ....

PROBLÈMES

5 Nicolas transvase 6 bouteilles de 0,25 litre pour remplir une grande bouteille.
Quelle est la capacité de la bouteille ?

JE TRAVAILLE SEUL(E)

Observe ce tableau des unités de longueur.

m	dm	cm	mm
1			
1	0		
1	0	0	
1	0	0	0

Ensuite, recopie d'une même couleur les mesures de cette liste exprimant la même longueur.

$\frac{1}{10}$ m	1 dm	0,1 m	0,1 cm

100 cm	$\frac{1}{100}$ m	1 000 mm
0,01 dm	1 mm	$\frac{1}{10}$ dm

CONNAISSANCE DES NOMBRES

COMPRENDRE ET RÉSOUDRE

CALCUL

GRANDEURS ET MESURE

ESPACE ET GÉOMÉTRIE

RÉCAPITULONS 2

1 **Écris la fraction qui correspond à la partie colorée de chaque disque. Donne ta réponse en chiffres et en lettres.**

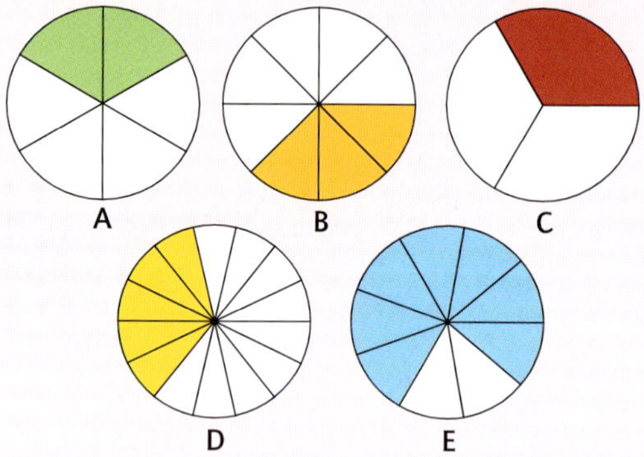

2 **Recopie et complète à l'aide d'une fraction qui convient.**

$\frac{2}{5} < \ldots < \frac{5}{5}$	$\frac{4}{9} < \ldots < \frac{8}{9}$	$\frac{10}{10} = \frac{\ldots}{\ldots}$
$\frac{6}{12} > \ldots > \frac{3}{12}$	$\frac{9}{7} > \ldots > \frac{4}{7}$	$\frac{2}{2} = \frac{\ldots}{\ldots}$

3 **Dessine sur ton cahier un rectangle de cinq carreaux de longueur et de deux carreaux de largeur.**

Colorie $\frac{3}{10}$ du rectangle en bleu et $\frac{1}{5}$ du rectangle en vert, puis complète cette phrase.

La partie non colorée du rectangle correspond à la fraction $\frac{\ldots}{10}$.

4 **Lors de l'élection de Miss Savane, les $\frac{3}{4}$ des 400 animaux qui ont voté ont choisi Zéla la girafe.**
Combien de voix Zéla a-t-elle obtenues ?

5 **Reproduis, sur ton cahier, la demi-droite graduée. Place ensuite sur cette droite les fractions proposées.**

$\frac{3}{5}$ – $\frac{7}{5}$ – $\frac{14}{5}$ – $\frac{5}{5}$ – $\frac{10}{5}$

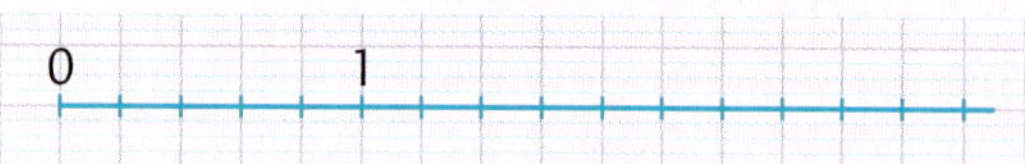

6 **Reproduis ce tableau afin de classer les fractions suivantes.**

$\frac{3}{3}$ – $\frac{4}{5}$ – $\frac{9}{5}$ – $\frac{3}{4}$ – $\frac{6}{8}$ – $\frac{12}{8}$ – $\frac{17}{15}$ – $\frac{5}{6}$ – $\frac{4}{4}$ – $\frac{12}{20}$ – $\frac{3}{10}$ – $\frac{9}{9}$ – $\frac{1}{2}$

Fractions inférieures à 1	Fractions égales à 1	Fractions supérieures à 1

7 **Classe ces fractions en ordre croissant.**

$\frac{4}{10}$ – $\frac{30}{100}$ – $\frac{7}{10}$ – $\frac{90}{100}$ – $\frac{200}{1\,000}$ – $\frac{50}{50}$

8 **Observe la demi-droite graduée et écris les fractions qui correspondent aux lettres.**

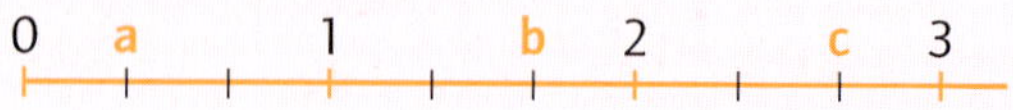

9 **Recopie ce texte en remplaçant les fractions par des nombres.**

Si le monde entier était un village de 1 000 habitants...

$\frac{59}{100}$ seraient des Asiatiques,

$\frac{14}{100}$ seraient des Africains,

$\frac{14}{100}$ seraient des Américains

et $\frac{13}{100}$ seraient des Européens.

$\frac{5}{10}$ des habitants seraient des enfants de moins de 15 ans.

10 **Recopie et complète l'égalité avec une fraction ou un nombre décimal.**

$0{,}5 = \frac{\dots}{10}$	$0{,}8 = \frac{\dots}{10}$
$\frac{3}{10} = \dots$	$6{,}5 = 6 + \frac{\dots}{10}$
$9{,}25 = \dots + \frac{\dots}{100}$	$7{,}42 = 7 + \frac{42}{\dots}$

11 **Reproduis et complète ce tableau.**

4 unités et 5 dixièmes	
7 unités, 1 dixième et 2 centièmes	
	9,03
6 unités et 13 centièmes	
	0,007

12 **Recopie et complète avec le signe qui convient (<, > ou =).**

4,5 ... 4,39	6,2 ... 6,02
7,30 ... 7,3	18,56 ... 17,952
12,06 ... 12,54	7,4 ... 7,301
1,27 ... 0,987	2,501 ... 2,64
12,5 ... 12,500	9,82 ... 9,471

13 **Recopie et complète avec un nombre qui convient.**

8,3 < ... < 9	29,7 < ... < 30,1
6,42 < ... < 6,5	54,127 < ... < 54, 41

14 **Compte de 0,1 en 0,1 en ajoutant sept nombres à chaque suite.**

3,5 – 3,6 – 3,7 – ...

23,4 – 23,5 – 23,6 – ...

15 **Vrai ou faux ?**

a) En ajoutant 6 fois 0,1 à 4,8 j'obtiens 5,4.

b) En ajoutant 6 fois 0,01 à 6,26 j'obtiens 6,86.

c) En ajoutant 6 fois 0,1 à 12,4 j'obtiens 13.

d) En ajoutant 6 fois 0,01 à 15,48 j'obtiens 15,54.

e) En ajoutant 6 fois 0,01 à 0,67 j'obtiens 1,27.

16 **Lequel de ces nombres correspond à la définition ?**

Il comporte 47 dixièmes et son chiffre des millièmes est 3.

4,730 – 0,473 – 47,013 – 4,073 – 4,703 – 4,613

17 **Classe ces cinq boxeurs *poids léger* du moins lourd au plus lourd.**

18 **Donne le classement de cette course féminine du 200 m.**

Compétitrice	Temps
Elsa	24 s et 5 centièmes
Tania	23 s et 7 dixièmes
Naomie	23 s et 69 centièmes
Hélène	24 s et 1 dixième
Siwar	23 s et 330 millièmes

19 **Lisez attentivement la règle du jeu et jouez à plusieurs camarades !**

Règle : Le but du jeu est de donner un nombre toujours supérieur à celui précédemment donné. Le gagnant sera celui qui parlera le dernier. Le point de départ est 3,5. Le nombre à ne pas dépasser est 4.

Et maintenant, à vous de jouer !

SYNTHÈSE

1 **Voici, en kilomètres, les diamètres des neuf planètes du système solaire, ainsi que le diamètre du Soleil.**

a) **Pour retrouver le diamètre de chaque astre, range ces nombres dans l'ordre croissant.**

12 103 – 2 274 – 142 984 – 51 118 – 4 878 – 1 400 000 – 49 528 –
120 536 – 6 794 – 12 756

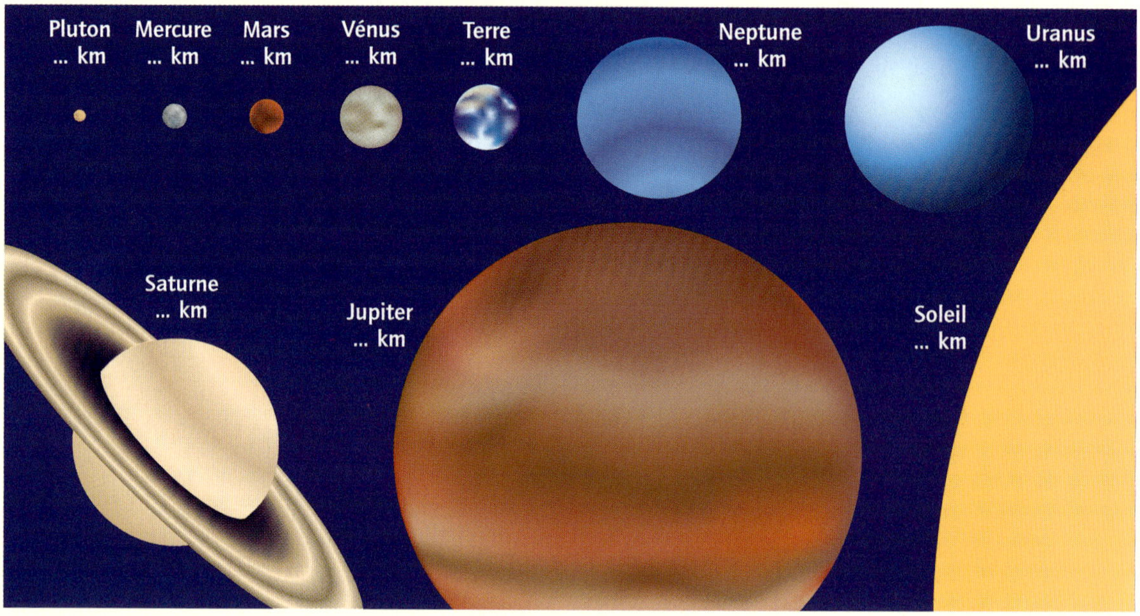

b) **Pour chaque planète, écris le nombre en lettres.**

2 **Voici maintenant l'éloignement de ces planètes par rapport au Soleil, exprimé en millions de kilomètres.**
Classe ces planètes de la plus éloignée à la plus proche du Soleil.

Neptune	4 504	Jupiter	778,300
Saturne	1 429,4	Pluton	5 913,520
Uranus	2 870,99	Vénus	108,2
Mars	227,94	Mercure	57,910
Terre	149,60		

3 **Voici la production de café exprimée en tonnes pour l'année 2003/2004.**

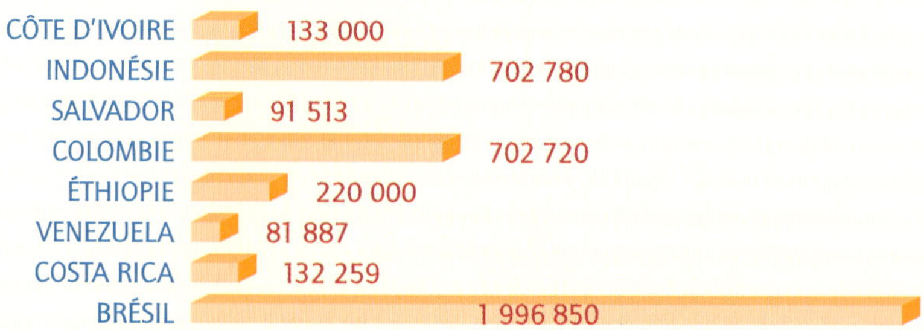

a) **Décompose chaque nombre sous la forme :**

(... × 10 000) + (... × 1 000) + ... (... × 100) + (... × 10) + ...

b) **Quand c'est possible, arrondis chaque nombre au millier de tonnes le plus proche.**

4 **Voici la superficie et la population, pour l'année 2005, de quelques pays européens.**

Pays	Population en millions d'habitants	Superficie en km^2
France	60,561	547 030
Allemagne	82,431	357 027
Luxembourg	0,462	2 586
Espagne	43,197	504 782
Andorre	0,070	468
Islande	0,290	103 125
Slovénie	1,997	20 273
Suède	8,943	449 964
Italie	58,103	301 230
Suisse	7,489	41 290
Belgique	10,364	30 528

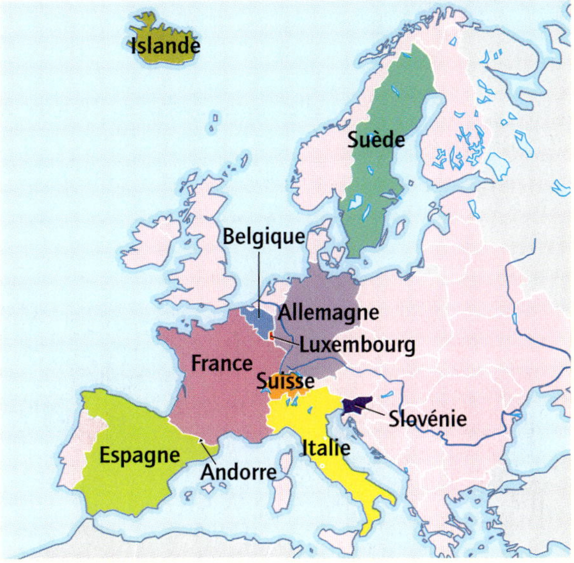

a) Quel est le pays le moins peuplé ? le plus peuplé ?

b) Quel est le plus grand pays ? le plus petit ?

c) Pour la population d'Andorre, que représente le chiffre 7 ?

d) Pour la population de l'Allemagne, que représente le chiffre 2 ?

e) Pour la population de l'Espagne, que représente le chiffre 1 ?

f) Pour la superficie de la France, que représente le chiffre 5 ?

5 **La forêt française est composée de 136 espèces d'arbres différentes.**
Observe ce graphique qui représente la répartition des espèces, puis recopie le texte et complète les fractions décimales.

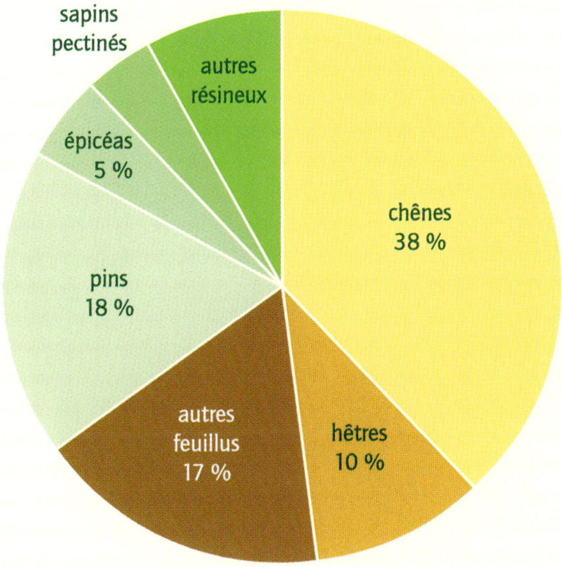

Les feuillus représentent au total $\frac{\dots}{100}$ de la forêt française. Les résineux en représentent donc $\frac{\dots}{100}$.

Parmi ces résineux, les sapins pectinés et les autres résineux représentent un total de $\frac{\dots}{100}$.

La fraction « sapins pectinés » est égale à la moitié de la fraction « autres résineux ».

Les sapins pectinés couvrent donc $\frac{\dots}{100}$ de la forêt française.

Je travaille seul(e) - Corrigés

Page 27

Nombre d'espèces d'animaux sauvages en danger d'extinction : 5 360.
Parmi ceux-ci, il y a :
– les oiseaux : 1 183 ;
– les mammifères : 1 130 ;
– les poissons : 709.

Page 29

En 2005, la Fédération française de tennis comptabilisait trois cent quatre-vingt-deux mille compétiteurs dont 280 000 joueurs classés. Ces joueurs ont à leur disposition trente-trois mille quatre cents courts de tennis utilisés par les 8 861 clubs affiliés à la fédération. Et si tu veux jouer au tennis, tu pourras compter sur l'un des trois mille cinq cents enseignants professionnels ou l'un des 14 000 initiateurs de clubs !

Page 31

a) 860 500 – 805 060 – 800 560 – 86 500 – 86 050 – 85 600

b) 700 000 – 500 000 – 600 000 – 500 000 – 400 000 – 100 000

Page 33

En 2002, les constructeurs automobiles ont vendu 3 252 900 voitures en Allemagne, 2 145 071 en France, 8 600 000 aux États-Unis, 1 032 000 en Russie et 31 000 au Maroc.
À la fin de l'année 2002, le parc automobile français totalisait 29 200 000 voitures.

Page 37

a) 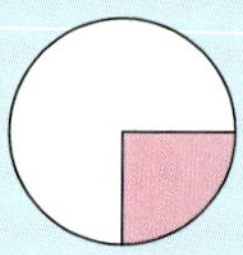

b) 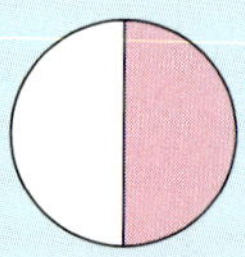

c) 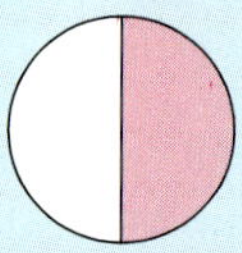

d) 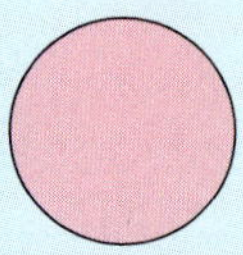

e) $\frac{1}{2} = \frac{2}{4}$ $\quad \frac{2}{2} = 1$

Page 39

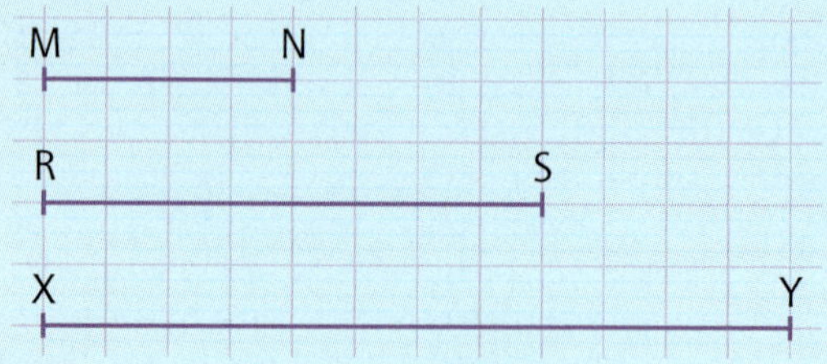

Page 41

$1 + \frac{1}{5} = \frac{6}{5}$ | $1 + \frac{1}{2} = \frac{3}{2}$

$1 + \frac{2}{4} = \frac{6}{4}$ | $2 + \frac{1}{3} = \frac{7}{3}$

Page 43

$\frac{2}{10} < \frac{20}{10}$ | $\frac{13}{10} > \frac{10}{10}$

$\frac{4}{100} < \frac{4}{10}$ | $\frac{60}{1\,000} = \frac{6}{100}$

$\frac{50}{1\,000} < \frac{60}{1\,000}$ | $\frac{7}{10} = \frac{70}{100}$

Page 45

$A = 7 + \frac{7}{10} = 7{,}7$ | $B = 8 + \frac{9}{10} = 8{,}9$

$C = 9 + \frac{4}{10} = 9{,}4$

Page 47

a) 7,07 – 120,9 – 0,7 – 0,602 – 30,09 – 42,009 – 36,8 – 0,503

b) 7 – 121 – 1 – 1 – 30 – 42 – 37 – 1

c) 1,365 –13,048 –13,34 – 13,6 – 14,005 – 14,1 – 15

Page 48

a) Masse d'une boîte : 1,75 kg.

b) Masse de 10 cartons : 175 kg.

Page 49

$\frac{1}{10}$ m = 0,1 m = 1 dm

1 mm = 0,1 cm = 0,01 dm

100 cm = 1 000 mm

$\frac{1}{100}$ m = $\frac{1}{10}$ dm

Comprendre et résoudre

1 Poser la question

CHERCHONS ENSEMBLE

Hier, au magasin *100 chemises*, madame Michel a acheté pour son fils une chemise, taille 34, au prix de 13 €.
La chemise étant trop petite, elle la change aujourd'hui pour une plus grande qui vaut 15,50 €.
Trouve la question qui n'est pas formulée.

Les **informations** contenues dans un énoncé de problème **permettent de trouver la ou les questions** auxquelles on peut répondre.
Attention, il est très important de **bien comprendre la situation** proposée avant de débuter la résolution d'un problème !

Pour chacun des énoncés ou des illustrations ci-dessous, tu dois trouver la question qui n'est pas formulée.

1. Un ordinateur qui valait 399 € il y a 8 jours vaut aujourd'hui 30 € de moins.

2. Dimanche 23 octobre, Valentin a acheté 4 croissants pour un prix total de 5 €.

3. « Les roses rouges valent 2 € l'une, dit la fleuriste.
– Pourriez-vous me composer un bouquet de 9 roses ? demande Cléa. »

4. 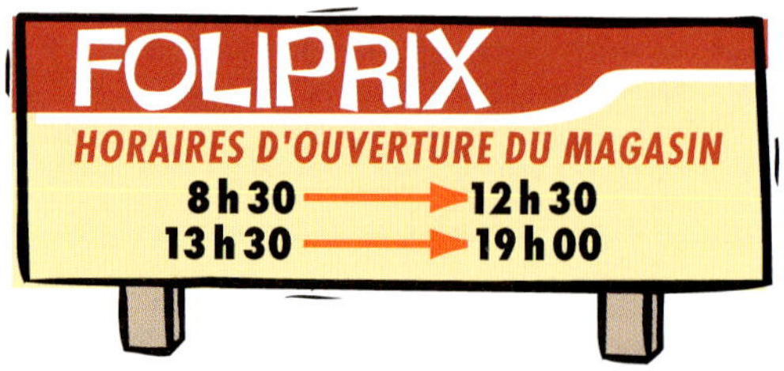

5. Le mont Elbrouz, le plus haut sommet d'Europe, dans le Caucase, atteint 5 642 mètres. Le mont Blanc, le plus haut sommet d'Europe de l'Ouest, culmine à 4 808 mètres.

6. Entre 12 h 00 et 13 h 00, un livreur de pizzas a livré 12 pizzas en 4 voyages.

7. 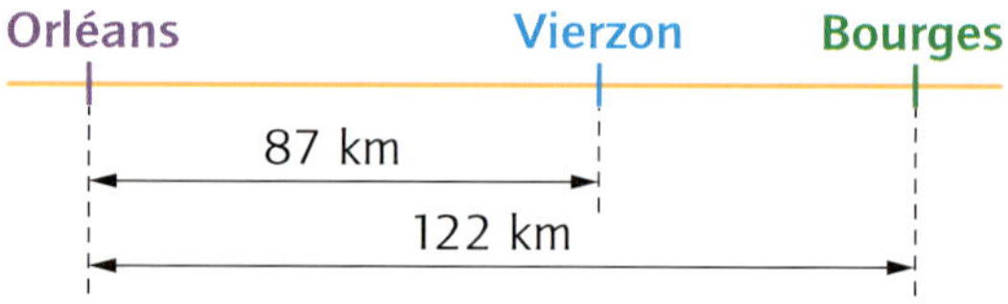

8. Le prix du billet d'entrée à plein tarif au *Musée des Tisseuses* est de 4,30 €. Le billet à tarif réduit vaut 2 € de moins.

9. « Zut ! Il ne me manquait que 72 points pour égaler le record de Bastien ! » dit Victor.

| 4 | 7 | 2 | 0 | Score de Victor |

10. Les élèves du CM1 doivent courir 1 600 mètres sur une piste d'athlétisme longue de 400 mètres.

11. Mathias a acheté une casquette à 14 € et un sweat-shirt, taille 36, à 23 €.

12

13 École Kessler : 125 élèves

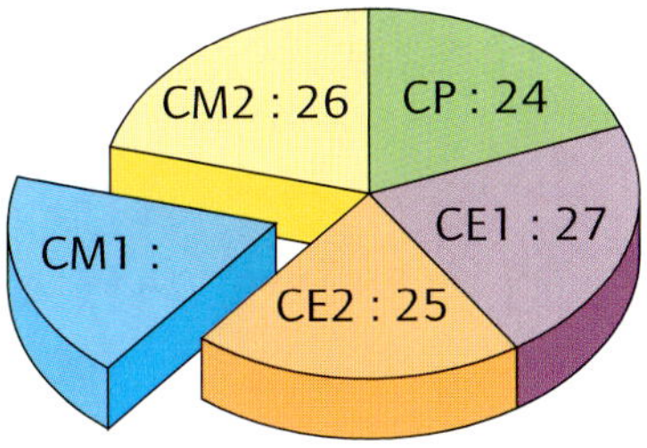

14 Pour la finale du concours de saut des Zanimolympiques, Brévent le chamois a réalisé un bond de 7 m et 30 cm et Dru le bouquetin un bond de 8 m et 10 cm.

Attention, pour les énoncés ou illustrations suivants, tu dois trouver plusieurs questions à poser !

15 En 2002, le groupe Renault-Nissan a produit 4 700 000 véhicules et le groupe PSA (Peugeot-Citroën) 3 300 000 véhicules.

16 Oscar disposait de 144 €. Il s'est d'abord acheté un lecteur DVD. Il souhaiterait maintenant s'offrir une paire de rollers.

17 La société MONDO POSTERS prépare cette facture pour un de ses clients.

MONDO POSTERS
LES PLUS BEAUX PAYSAGES DU MONDE

Société BEAUVOYAGE
12, allée des Marguerites
69314 Lyon Cedex

Poster	Prix unitaire	Quantité	Prix total
Venise la nuit	12 €	8	…
Sahara	…	4	60 €
Paysage de Patagonie	15 €	…	45 €
SOIT À RÉGLER TTC			… €

18 Voici une partie de la vitrine du magasin *Tinours peluches*.

2 Trouver l'opération

CHERCHONS ENSEMBLE

a) Afin d'entourer son terrain, M. Lambert achète 14 rouleaux de grillage en 1,20 mètre de hauteur. Chaque rouleau mesure 20 m et est vendu 19 €. Calcule la dépense de M. Lambert. Quelle longueur de grillage a-t-il achetée ?

b) M. Lambert s'était fixé un budget de 300 € pour ses travaux. Quelle somme lui reste-t-il ?

Pour calculer une **somme**, on effectue une **addition**.

Pour calculer une **différence**, un **écart**, on effectue une **soustraction**.

En calculant un **produit**, on fait une **multiplication** qui évite d'additionner plusieurs fois une même valeur.

La **division** permet un **partage en parts égales**.

Attention ! Certains mots peuvent te renseigner sur l'opération à effectuer, mais ce sont quelquefois de faux amis !

Exemple :

Antoine possède 8 albums d'Astérix. Il en a 2 de **plus** que Yasmine. Combien en possède Yasmine ?

Si Antoine en a 2 de plus, Yasmine en a 2 de **moins** … donc 6 !

Pour chacun des énoncés ci-dessous, pose l'opération qui te permettra de répondre à la question posée. Il n'est pas nécessaire de calculer le résultat de cette opération !

1. Jessy, qui a 14 ans, a 3 ans de plus que sa sœur Lilia. Quel est l'âge de Lilia ?

2. Ce poster, affiché ici 19 €, est vendu 1 € moins cher que dans un autre magasin. Quel est son prix dans cet autre magasin ?

3. Ornella achète un pantacourt à 29 € et un chemisier à 17 €. Quelle somme va-t-elle devoir régler ?

4. Cette année, le parcours d'une marche sportive a été rallongé de 4 km et totalise maintenant 60 km. Quelle était, l'an dernier, la distance à parcourir ?

5. Un électricien commande 36 interrupteurs électriques au prix unitaire de 1,29 €. Quel sera le montant de sa facture ?

6. Pour faire l'aller-retour à vélo entre sa maison et celle de ses grands-parents, Valentin a parcouru 7 km. Quelle est la distance qui sépare la maison de Valentin de celle de ses grands-parents ?

7. De quelle altitude devra encore s'élever un randonneur, situé au refuge, s'il veut atteindre le sommet du pic de l'Aigle ?

8

Dans cette classe, combien d'élèves ont plus de deux frères et sœurs ?

9

Combien de CD Wendy possède-t-elle ?

10 En 1492, il y avait environ 1 500 000 Indiens en Amérique du Nord. En 1920, ils n'étaient plus que 300 000. Calcule la baisse de la population indienne en Amérique du Nord entre 1492 et 1920.

11 L'aspartam est un édulcorant dont le pouvoir sucrant est 200 fois supérieur à celui du sucre. Calcule à quelle quantité de sucre correspondrait un morceau d'aspartam de 6 g (un morceau de sucre pèse 6 g).

12 Pour se rendre sur son lieu de vacances, la famille Couldousse a déjà parcouru 324 km. Il lui en reste exactement autant à parcourir. Calcule la distance séparant le lieu d'habitation du lieu de vacances de cette famille.

13 En réalisant un bond de 8 m et 13 cm, le sauteur en longueur cubain a remporté le concours avec 7 cm de plus que le deuxième, le sauteur suédois. Quelle est la performance réalisée par le sauteur en longueur suédois ?

14 Une course cycliste sur route longue de 180 km se déroule sur un circuit qu'il faut parcourir 10 fois. Quelle est la longueur d'un tour de circuit ?

Attention, pour les problèmes suivants, il y a plusieurs opérations à poser. Utilise les parenthèses.

15 Nolwenn achète 6 croissants à 1,20 € l'un et paie avec un billet de 10 €. Combien la boulangère doit-elle lui rendre ?

16 Un livreur a 42 colis à distribuer dans sa journée. Il en distribue 8 entre 8 h et 9 h puis la moitié de ce qui lui restait entre 9 h 00 et midi. Combien de colis lui restera-t-il à distribuer l'après-midi ?

17 M. Boneuil achète un appareil photo numérique à 379 € et une carte mémoire à 37 €. S'il ne souhaite pas dépenser plus de 450 €, peut-il également acheter une batterie supplémentaire au prix de 43 € ?

18 Chaque carton contient 4 piles de 48 boîtes chacune. Calcule le nombre de boîtes sur cette palette.

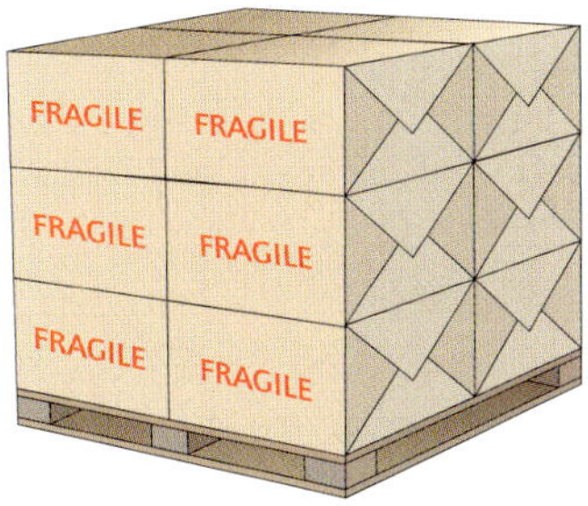

3 Identifier les erreurs d'une solution

1 Un énoncé de problème est proposé à six élèves. Lis-le ainsi que les réponses qu'ils ont rédigées.

Cette année, Monsieur Valade a récolté 378 kg de noix. Il les conditionne dans des sacs de 15 kg. Combien remplira-t-il de sacs ?

Mylène

A x 15 = 378
25 x 15 = 375
26 x 15 = 390
25 < A < 26

Il utilise entre 25 et 26 sacs.

Antoine

378 x 15 = 5 670
Il utilisera 5 670 sacs.

Farah

378	15
- 300	20
78	
- 75	5
3	

Il utilisera 25 sacs et il restera trois noix.

Axelle (avec sa calculatrice)

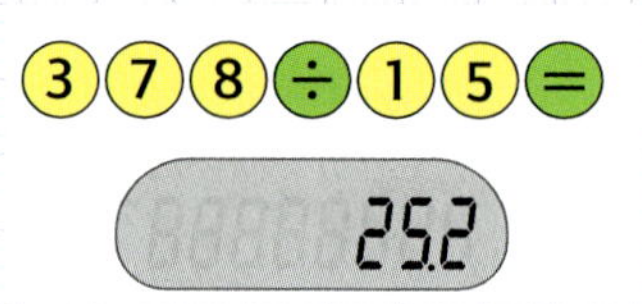

Il remplit 25 sacs et il reste 2 kg de noix.

Marjorie

378	15
- 300	20
78	
- 60	4
18	

Il utilisera 24 sacs et il restera 18 kg de noix.

Youness

378	15
- 300	20
78	
- 75	5
3	

Il utilisera 25 sacs et il restera 3 kg de noix.

a) Qui a trouvé le résultat exact ? Explique pourquoi.

b) Pour les autres élèves, indique pourquoi leurs réponses ne sont pas exactes.

2 **Voici trois énoncés de problèmes. Un seul correspond à la solution proposée. Retrouve-le et donne la réponse.**

Énoncé A	Énoncé B	Énoncé C
Madame Vigne part faire ses courses avec 500 €. Elle achète pour 17 € de fruits et pour 25 € de viande. Combien lui reste-t-il ?	Le club de basket a 500 € en caisse. Les 25 membres de l'équipe benjamine paient chacun leur cotisation de 17 €. De quelle somme d'argent le club dispose-t-il maintenant ?	La médiathèque a obtenu une subvention de 500 €. Le responsable désire acheter 25 DVD à 17 € l'un. Combien lui restera-t-il après cet achat ?
Solution : 500 – (17 × 25)		

Pour les énoncés suivants, les élèves qui ont résolu ces problèmes ont commis des erreurs. Retrouve ces erreurs et écris la solution correcte.

3 Un ouvrier travaille 7 heures par jour pendant 5 jours par semaine. Il fabrique 35 jouets à l'heure. Combien fabrique-t-il de jouets dans une semaine ?

Solution	Calculs
35 x 5 = 175 Il fabrique 175 jouets par semaine.	35 x 5 175

4 Une salle de spectacle comporte 26 rangées de 35 fauteuils et 18 rangées de 23 fauteuils. Quelle est la capacité de cette salle ?

Solution	Calculs		
35 x 26 = 910 23 x 18 = 207 910 + 207 = 1 117 La salle peut contenir 1 117 personnes.	35 x 26 210 700 910	23 x 18 184 23 207	910 + 207 1117

5 La ville de Rennes comptait 206 194 habitants en 1999, soit 8 658 de plus qu'en 1990. Combien y avait-il d'habitants à Rennes en 1990.

Solution	Calculs
206 194 + 8 658 = 214 852 À Rennes, il y avait 214 852 habitants en 1990.	206 194 + 8 658 214 852

6 Il est 19 h 55. Thomas souhaite regarder le film qui commence à 20 h 45. De combien de temps dispose-t-il pour manger s'il ne veut pas manquer le début du film ?

Solution	Calculs
20 h 45 – 19 h 55 = 90 min Thomas dispose de 90 minutes pour manger.	20 h 45 – 19 h 55 0 h 90

4 Construire un énoncé

Pour les exercices suivants, indique l'ordre dans lequel les phrases doivent être écrites pour obtenir un énoncé de problème. Puis résous les problèmes.

1 a) Peut-il encore charger 500 kg de ciment ?
b) La camionnette du maçon peut transporter 4 000 kg.
c) Le maçon charge 1 345 kg de sable et 1 100 kg de briques.

2 a) Nathalie va faire les courses.
b) Elle dépense 76 € chez le boucher.
c) Lui reste-t-il assez d'argent pour acheter un livre qui coûte 12 € ?
d) Elle a 120 €.
e) Elle dépense aussi 28 € chez le pâtissier.

3 a) Le compteur indiquait 14 532 km.
b) Combien de kilomètres peut-il faire avant la prochaine vidange ?
c) Un automobiliste a fait la vidange de sa voiture.
d) Sur la facture, le garagiste lui indique : prochaine vidange à 29 532 km.

4 a) Le vainqueur de l'épreuve a effectué un arrêt à son stand tous les 72 km.
b) Combien de fois s'est-il arrêté avant de franchir la ligne d'arrivée ?
c) 24 voitures de formule 1 viennent de prendre le départ d'un Grand Prix.
d) Quelle est la longueur totale de l'épreuve ?
e) Elles doivent effectuer 48 tours d'un circuit de 4 km 500 m.

5 **Les énoncés de ces deux problèmes ont été découpés et mélangés. Trie-les et remets-les dans l'ordre. Puis résous les deux problèmes.**

Mes parents désirent acquérir

Les frais de notaire s'élèvent à 11 670 €.

une petite maison de vacances dans les Landes.

et la climatisation pour 459 €.

il fait ajouter en option une peinture métallisée à 579 €

M. Dupont a acheté

Le prix de vente est fixé à 205 900 €.

Combien va-t-il payer sa nouvelle voiture ?

Combien devront-ils payer ?

une voiture neuve d'une valeur de 11 990 € pour laquelle

6 **Voici le début d'un énoncé de problème.**

Le responsable d'un club de tennis dispose d'un budget de 600 €. Il achète

Paul a fait les calculs suivants permettant de le résoudre :

129 × 2 = 258
258 + 99 = 357
600 – 357 = 243

La suite du problème a été déchirée. Parmi les trois suites proposées, retrouve celles qui conviennent. Explique pourquoi l'autre ne convient pas.

a) deux filets à 129 € et un seau de balles à 99 €. Quelle somme lui reste-t-il ?

b) un tableau de marquage à 129 € et deux fauteuils à 99 €. Quelle somme lui reste-t-il ?

c) 129 balles de tennis à 2 € et une raquette à 99 €. Quelle somme lui reste-t-il ?

Utilise chaque dessin pour construire un énoncé de problème. Résous ensuite ces problèmes.

7

8

COOL / LOOK

chemise	39 €
pantalon	45 €
manteau	... €
Total	207 €

9 **Il manque des mots dans ces énoncés. Recopie-les en les complétant.**

a) Quentin possède 24 . . . . Nicolas en a 3 fois . . . . Valentin en a 2 de . . . que . . . . Combien de . . . possède chacun des . . . enfants ?

b) Bastien voudrait s'offrir un . . . valant . . . € mais il n'a que . . . € dans son porte-monnaie. Combien . . . ?

c) Madame . . . est partie faire une promenade à vélo à . . . h . . . .
À . . . h . . ., elle fait une pause.
Elle . . . à . . . h . . . et revient chez elle à . . . h . . . . Pendant combien . . . ?

10 **Invente, à chaque fois, un problème dont la solution est donnée par les calculs.**

a) 276 + 157 = 433

b) 3 457 – 1 098 = 2 359

c) 24,20 + 12,50 = 36,70
50 – 36,70 = 13,30

d) 12 × 25 = 300
7 × 32 = 224
300 + 224 = 524

5 Représenter un énoncé

1 Au départ de Paris, 352 passagers ont pris place dans l'Airbus A340. À Marseille, 87 passagers descendent et 129 nouvelles personnes prennent place dans l'avion. À Casablanca, il en descend 154 et il en monte 26. Combien y a-t-il de personnes dans l'avion à son arrivée à Marrakech ?

Reproduis le schéma et effectue les calculs pour le compléter.

	− 87 →	+ 129 →	... →	... →	→
352	...	...	...	...	...
NOMBRE DE PASSAGERS AU DÉPART DE PARIS		NOMBRE DE PASSAGERS AU DÉPART DE MARSEILLE		NOMBRE DE PASSAGERS AU DÉPART DE CASABLANCA	NOMBRE DE PASSAGERS À L'ARRIVÉE À MARRAKECH

2 À l'école Pasteur, les élèves du cycle 3 peuvent bénéficier de l'enseignement de trois langues étrangères : l'anglais, l'allemand et l'espagnol. Pour cela, les élèves des classes de CE2, CM1 et CM2 sont regroupés. Dans la classe de CE2, 12 élèves font de l'anglais, 10 de l'allemand et 6 de l'espagnol. Dans la classe de CM1, 8 ont choisi l'anglais, 12 l'espagnol et 7 l'allemand. Dans la classe de CM2, 10 font allemand, 5 anglais et 12 espagnol. Retrouve le nombre d'élèves de chaque classe et calcule le nombre d'élèves pour chaque cours de langue.

Pour cela, reproduis et complète le tableau suivant.

	CE2	CM1	CM2	TOTAL
Anglais				
Allemand				
Espagnol				
TOTAL				

3 Un voyageur prend son train à 21 h 30 et arrive à destination à 6 h 10. Calcule la durée de son trajet.

Reproduis le schéma et complète-le.

21 h 30 —(...)→ **22 h** —(...)→ **24 h** —(...)→ **6 h** —(...)→ **6 h 10**

4 Anthony veut acheter un article dans le premier catalogue, puis un autre article dans le deuxième catalogue.

a) Quel est le nombre de choix possibles que peut faire Anthony ?

b) Combien Anthony va-t-il dépenser pour chaque choix ?

Reproduis le schéma et effectue les calculs pour le compléter.

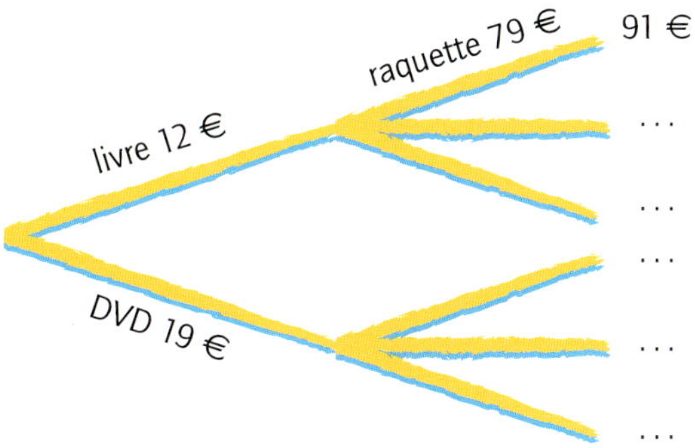

Pour résoudre les problèmes suivants, aide-toi d'un schéma, d'un croquis ou d'un tableau.

5 À Québec, la température peut atteindre 17 °C en dessous de zéro l'hiver et 25 °C au-dessus de zéro en été. Calcule la différence de température qu'il peut y avoir entre l'hiver et l'été.

6 Pour réaliser un étendoir à linge, Paul découpe une corde de 20 m en 4 coups de ciseaux de façon à obtenir des longueurs égales. Combien mesure une longueur ?

7 Arthur a 124 €. Son frère lui donne 15 € pour son anniversaire. Il s'achète une paire de rollers à 36 €. Lors d'une visite chez sa mamie, il reçoit un billet de 50 €. Il décide d'acheter deux livres à 14 €. Il prête 25 € à son cousin à qui il manquait de l'argent pour acheter un jeu vidéo à 49 €. Combien Arthur a-t-il d'argent maintenant ?

8 Pour s'habiller, Audrey a le choix entre un pantalon ou une jupe, un tee-shirt ou un chemisier, une veste ou un pull. Combien de tenues différentes peut-elle composer ?

9 Un directeur d'école commande 7 paquets de 50 cahiers de dessin, 12 paquets de 25 cahiers de brouillon, 9 paquets de 35 cahiers de travaux pratiques, 6 paquets de 10 cahiers grand format, 18 paquets de 40 cahiers d'écriture. Combien a-t-il commandé de cahiers en tout ?

10 M. et Mme Neveu ont un trajet de 874 km à effectuer pour se rendre sur leur lieu de vacances. Après avoir parcouru 379 km, ils s'arrêtent pour le repas de midi. Ils roulent ensuite pendant 27 km et s'aperçoivent qu'ils ont oublié un sac au restaurant. Ils retournent le récupérer puis parcourent de nouveau 194 km avant de faire un arrêt pour se reposer. Combien leur reste-t-il alors à parcourir avant d'arriver à destination ?

6 Lire des cartes, des tableaux et des graphiques

1 Observe la carte et réponds aux questions.

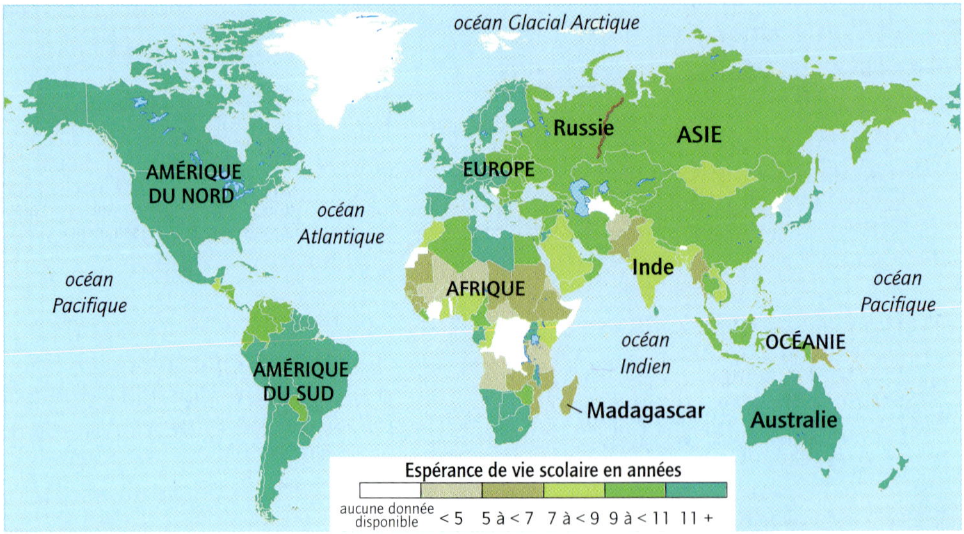

Source : Institut de statistique de l'Unesco

a) Quels sont les continents où l'on peut espérer aller à l'école le plus longtemps ?

b) Quelle est l'espérance de vie scolaire en Russie ? en Inde ? à Madagascar ?

Vrai ou faux ?

c) En Australie, on va plus longtemps à l'école qu'en France.

d) En Amérique du Sud, l'espérance de vie scolaire est identique pour tous les pays.

e) En Afrique, l'espérance de vie scolaire est plus faible qu'en Europe de l'Ouest.

2 Observe le tableau et réponds aux questions.

a) Quelles activités représentent la même dépense énergétique ?

Vrai ou faux ?

b) La randonnée est deux fois plus coûteuse en énergie que le tir à l'arc, mais deux fois moins que la natation.

c) En une heure de ski de fond, on dépense autant d'énergie qu'en enchaînant une heure de golf et une heure de gymnastique.

d) En aviron, on dépense moins d'énergie que lorsqu'on pratique la voile.

e) La marche est neuf fois moins coûteuse en énergie que la natation.

Activités	Dépenses énergétiques (en calories par heure)
Station assise	40
Marche (4 km/h)	80
Tir à l'arc	180
Golf	300
Randonnée	360
Voile	500
Alpinisme	540
Gymnastique	600
Tennis	600
Football	600
Ski de piste	600
Aviron	700
Natation	720
Cyclisme	760
Course à pied	780
Squash	900
Ski de fond	900

3 Observe le graphique et dis si les affirmations sont vraies ou fausses.

a) Quelle que soit la région du monde, le taux d'analphabétisme des femmes est plus élevé.
b) C'est en Asie de l'Est que l'écart hommes/femmes est le plus important.
c) En Afrique sub-saharienne, le taux d'analphabétisme des femmes est proche de 50 %.
d) Dans les pays avancés (les pays d'Europe de l'Ouest, les États-Unis...), le taux d'analphabétisme des hommes et des femmes est peu différent.
e) L'analphabétisme des hommes est juste supérieur à 30 % dans les États arabes.

Taux estimés d'analphabétisme dans le monde en 2000

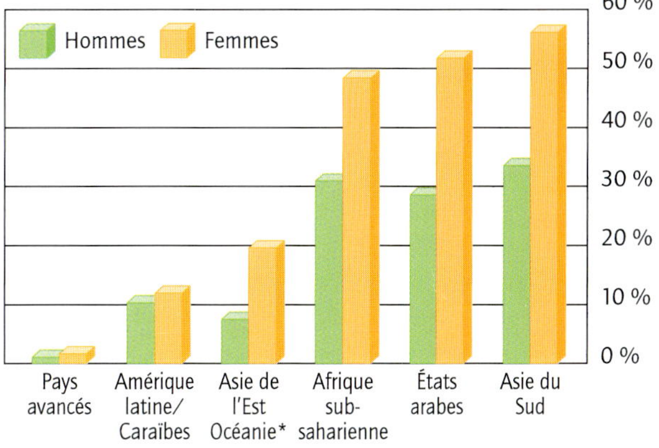

Source : Institut de statistique de l'Unesco, 2002
* Hors Japon, Australie et Nouvelle-Zélande

4 Observe le tableau et réponds aux questions.

Classement des pays en fonction de leur respect de l'environnement
Meilleure note possible : 100

Rang	Pays	Note	Rang	Pays	Note
1	Finlande	75,1	26	Danemark	58,2
2	Norvège	73,4	26	Estonie	58,2
3	Uruguay	71,8	28	Panama	57,7
4	Suède	71,7	29	Slovénie	57,5
5	Islande	70,8	30	Japon	57,3
6	Canada	64,4	31	Allemagne	56,9
7	Suisse	63,7	32	Namibie	56,7
8	Guyane	62,9	33	Russie	56,1
9	Argentine	62,7	34	Botswana	55,9
9	Autriche	62,7	35	France	55,2
11	Brésil	62,2	35	Guinée	55,2
12	Gabon	61,7	37	Portugal	54,2
13	Australie	61,0	38	Malaisie	54,0
14	Nouvelle-Zélande	60,9	39	Congo	53,8
15	Lettonie	60,4	40	Pays-Bas	53,7
15	Pérou	60,4	40	Mali	53,7
17	Paraguay	59,7	42	Chili	53,6
18	Costa Rica	59,6	43	Bhoutan	53,5
19	Bolivie	59,5	44	Arménie	53,2
19	Croatie	59,5	45	États-Unis	52,9
21	Irlande	59,2	46	Biélorussie	52,8
22	Colombie	58,9	46	Birmanie	52,8
22	Lituanie	58,9	46	Ghana	52,8
24	Albanie	58,8	46	Slovaquie	52,8
25	Afrique du Sud	58,7	50	Cameroun	52,5

Source : Yale University

a) À quel rang se situe la France ? Quelle est sa note ?
b) Combien de points séparent le premier du cinquantième ?

Vrai ou faux ?

c) Dans les quatre premiers pays, on trouve trois pays du nord de l'Europe.
d) Le Japon est mieux classé que les États-Unis.
e) Il y a plus de 15 points d'écart entre la Suisse et la France.

CALCUL RAPIDE

CONNAISSANCE DES NOMBRES

COMPRENDRE ET RÉSOUDRE

5 Observe le tableau et réponds aux questions.

Pays	Limite de vitesse en ville (en km/h)	Limite de vitesse sur route (en km/h)	Limite de vitesse sur autoroute (en km/h)
Autriche	50	100	130
Allemagne	50	100	Illimitée (130 conseillé)
Belgique	50	90	120
Danemark	50	80	110
Finlande	50	80-100	120
France *Routes mouillées*	50	90-110 *80-100*	130 *110*
Italie	50	90-110	130-150

a) Dans tous les pays cités, la limite de vitesse en ville est-elle identique ?

b) La limite de vitesse sur autoroute est-elle identique en Autriche et en Finlande.

c) À quelle vitesse maximale peut-on rouler en France sur autoroute quand le sol est mouillé ?

d) À quelle vitesse maximale peut-on rouler sur route en Finlande ?

e) Quel est l'écart entre la vitesse maximale autorisée sur autoroute en Belgique et la vitesse maximale autorisée sur autoroute au Danemark ?

6 Observe le schéma et réponds aux questions.

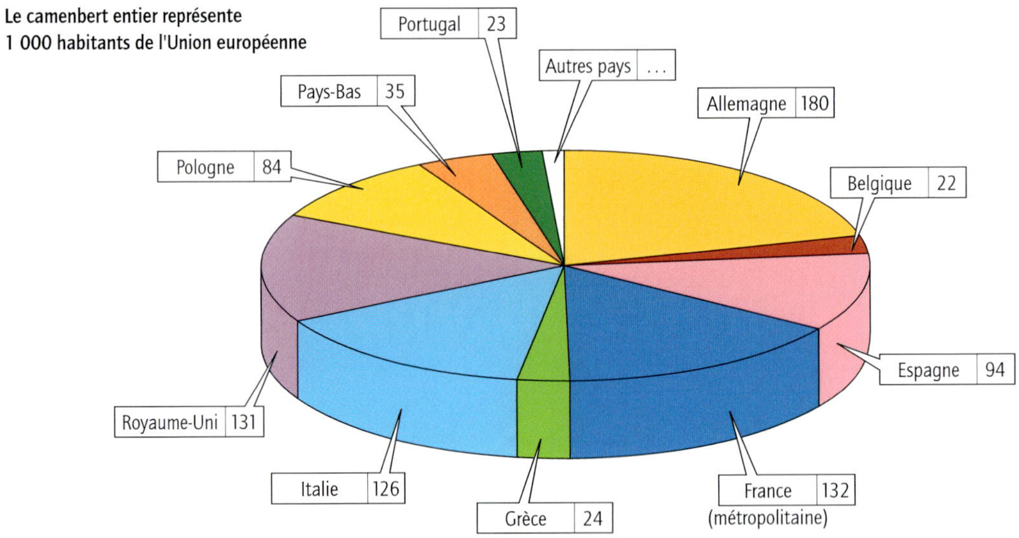

a) Quel pays de l'Union européenne est le plus peuplé ?

b) Sur 1 000 Européens, combien de personnes représentent les trois pays les plus peuplés ?

c) Sur 1 000 Européens, combien de personnes représentent les 15 autres pays de l'Union européenne ?

Vrai ou faux ?

d) La Pologne est moins peuplée que l'Espagne.

e) Les populations cumulées de la Belgique, du Portugal et de la Grèce représentent moins de la moitié de la population française.

Calcul

Calcul et poésie

Problème

Soit 60 sots gourmands
Dont les 9/10e sont
De fort méchants garnements.
Devant la charcuterie,
Soudain leur prend grande envie
De jambons et saucissons.

Le marchand dit : « Doucement,
Je ne vends qu'aux bons garçons
Mes jambons, mes saucissons.
Je ne sers pas les méchants :
Hors d'ici, les polissons ! »

Calcul : combien de sots bons
Vont se mettre sous la dent
Ces jambons et saucissons ?
Ces gens, bons et sots, 6 sont.

Robert Vigneau, dans *Jouer avec les poètes*,
Jacques Charpentreau, Livre de Poche Jeunesse.

Page d'écriture

Deux et deux quatre
quatre et quatre huit
huit et huit font seize
Répétez ! dit le maître
Deux et deux quatre
quatre et quatre huit
huit et huit font seize
Mais voilà l'oiseau-lyre
qui passe dans le ciel
l'enfant le voit
l'enfant l'entend
l'enfant l'appelle :
Sauve-moi
joue avec moi
oiseau !
Alors l'oiseau descend
et joue avec l'enfant
Deux et deux quatre...
Répétez ! dit le maître
et l'enfant joue
l'oiseau joue avec lui...
Quatre et quatre huit
huit et huit font seize
et seize et seize qu'est-ce qu'ils font ?
Ils ne font rien seize et seize
et surtout pas trente-deux
de toute façon
et ils s'en vont.
[...]

Jacques Prévert, *Paroles*, Gallimard.

Les chiffres

1

Droit comme un if
il se dresse vindicatif
et, premier en arithmétique,
s'imagine être unique.

2

Deux pieds, deux mains,
deux yeux, deux seins,
ils vont par deux
comme le couple humain.

3

Les trois angles
du triangle :
la Trinité
dans l'unité.

4

Aux quatre coins
du monde
les quatre vents
par tous les temps
mènent la ronde
de nos destins.

5

Les cinq doigts de la main
pour leur plaisir
n'ont pas d'autre désir
ni de meilleur chemin
que de s'unir
aux doigts de l'autre main.

6

Deux fois trois,
trois fois deux,
c'est au choix !
Pour vivre heureux
il suffit de laisser
l'autre compter
comme il le veut.

7

C'est, dit-on, le chiffre parfait,
l'indivisible,
celui qu'on prend pour cible
et dont on sait
en toute langue faire usage :
les sept jours, les sept Sages
et les sept merveilles du monde,
et les sept péchés capitaux
à leur tour entrent dans la ronde.
Sept par monts, sept par vaux,
de grâce, c'est assez !

8

Ces anneaux
l'un sur l'autre
bien soudés,
placez-les
côte à côte...
ce ne sont plus que des zéros !

9

Trois par trois
les neuf Muses
parfois s'amusent,
à quoi ?
À faire la preuve par neuf
que tout ce que l'on croit
découvrir... sort de l'œuf.

0

Et moi, dit le zéro,
me comptez-vous pour rien ?
Devant vous je sais bien
que je ne vaux
pas autre chose,
mais *après vous*, messieurs,
ouvrez vos yeux :
quelle métamorphose !

JEAN VUAILLAT, dans *Jouer avec les poètes*, Jacques Charpentreau,
Livre de Poche Jeunesse.

1 La calculatrice

CHERCHONS ENSEMBLE

Compare ta calculatrice avec celle de ton voisin (ou voisine). Note les touches qui sont communes et celles qui sont différentes. Quelles touches te sont inconnues ?

Repérons les touches :

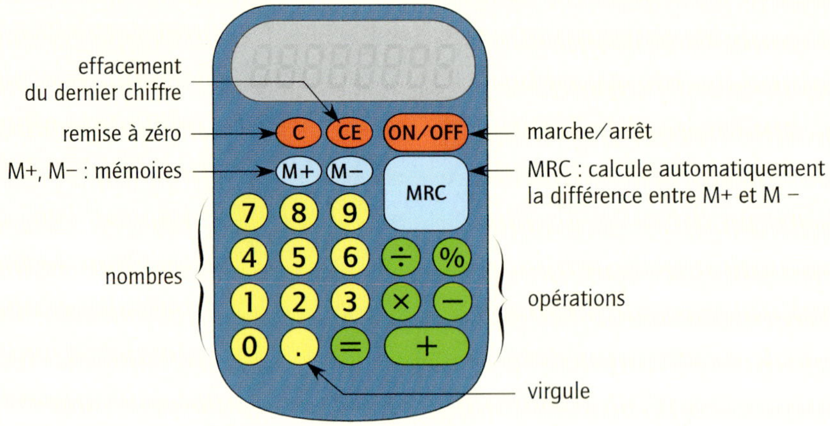

Effectuer les calculs à la calculatrice permet **d'éviter des calculs trop longs** ou de **vérifier des résultats**.

Attention ! Si tu as mal frappé un signe sur ta calculatrice, ton résultat ne sera pas correct. Calcule toujours **l'ordre de grandeur du résultat** !

1 **Effectue ces opérations à l'aide de ta calculatrice.**

a) 874 + 2 356 + 56 417 =

b) 24 972 − 16 486 =

c) 8 741 × 65 =

2 **Reproduis ces tableaux et écris dans les cases vides ce que tu dois taper sur ta calculatrice pour obtenir le résultat demandé.**

a)

5 612			=	5 692

b)

7 824			=	7 424

c)

2 685			=	1 680

3 **Sans utiliser ta calculatrice, essaie de trouver le résultat final de chaque programme.**
Puis vérifie avec ta calculatrice.

a)

6	2	+	5	=	−	2	0	=

b)

4	9	−	9	×	3	+	7	=

4 **Essaie d'effectuer les calculs suivants à l'aide de ta calculatrice.**
Que constates-tu ? Comment peux-tu procéder ?

a) 382 000 × 782 =

b) 32 000 × 8 600 =

c) 60 780 000 + 80 550 000 + 40 900 000 =

5 **a) Reproduis et complète ce tableau. Que remarques-tu ?**

Je frappe	3	×	3	=	=	=
Je lis						

b) Continue les suites. Trouve six nombres.

52 – 104 –156 – ...
321 – 642 – 963 – ...

6 **Reproduis et complète ce tableau.**

Je frappe	9	2	×	2	M+	8	4	M–	MRC
Je lis									

À quelle opération ton travail correspond-il ? (92 × 2) – 84 ou (92 × 2) + 84.

Effectue maintenant les calculs suivants en utilisant les touches M+, M– et MRC. Observe l'exemple.

(264 + 152) – (87 + 94)

Je frappe	2	6	4	+	1	5	2	M+	8	7	+	9	4	M–	MRC

a) (56 + 87 + 798) – 315
b) (389 + 66) – (127 + 78)
c) (137 × 24) – (26 × 16)
d) (115 × 19) + (56 × 7) – 2 452
e) (9,5 × 13) + 172,5

PROBLÈMES

Résous les problèmes suivants uniquement à l'aide de ta calculatrice. (Tu ne dois utiliser ni feuille ni crayon !)

7 23 membres d'une association sportive ont loué un gîte pour le week-end. Ils devaient payer chacun 18,30 € pour la location, mais le responsable du gîte accorde une réduction totale de 42,90 €. Quel sera le montant de la facture ?

8 Un livreur note les différents colis qu'il doit charger dans sa camionnette :
– 12 colis pesant chacun 13 kg ;
– 6 colis pesant chacun 17 kg ;
– 1 colis pesant 23 kg.
Il ne doit pas dépasser une charge maximale de 300 kg. Peut-il placer tous les colis ?

9 **Retrouve les chiffres effacés de ce ticket de caisse.**

Esther Beauté

CRÈME SOLAIRE	13,25
LAIT APRÈS SOLEIL	11,45
VERNIS À ONGLES	3,50
DÉODORANT OCÉAN	

TOTAL	32,05
reçu	40,00
rendu	

10 Un jardinier effectue les achats suivants :
– 6 pots de pétunias à 3 € l'un ;
– 4 barquettes de géraniums à 4,75 € l'une ;
– 2 barquettes de mufliers à 3,25 € l'une ;
– 1 suspension de fuchsias à 5,95 €.
Quelle somme totale va-t-il payer ?

JE TRAVAILLE SEUL(E)

Retrouve les nombres manquants dans cette facture.
Utilise ta calculatrice.

BRICOPLUS
BRICOPLUS
Z.I des Valles
18175 Bourges

Article	Prix unitaire	Quantité	Montant
Crépi rustique	8,40	3	......
Lasure bois	29,90	2	......
Colis parquet flottant	17,85	12	......
		Sous-total	......
		Remise exceptionnelle	– 14,96
		TOTAL	......

À TOI DE JOUER...

Sauras-tu retrouver les deux signes manquants dans ce programme ?

1	2	.	2	5	×	6	4	M+			M–	MRC

À la fin de mon programme, ma calculatrice affichait : 732.

CALCUL
GRANDEURS ET MESURE
ESPACE ET GÉOMÉTRIE

2 L'addition des nombres entiers

CHERCHONS ENSEMBLE

Dans un verger, on compte 48 abricotiers, 36 pêchers et 8 cerisiers.
Que peux-tu calculer ?

M. Kiroul achète une voiture d'occasion au prix de 4 974 €. Il fait effectuer diverses réparations pour 605 € et achète également 53 € d'équipements.
À combien lui revient finalement sa voiture ?

	m	c	d	u
	[1]4	[1]9	[1]7	4
+		6	0	5
+			5	3
	5	6	3	2

On effectue une **addition** afin de calculer une **somme**.
Quand on pose une addition, attention à toujours bien **placer les unités sous les unités, les dizaines sous les dizaines, les centaines sous les centaines, etc.**

Calculer **l'ordre de grandeur d'une somme** permet d'avoir un **résultat approché** afin de vérifier si le **résultat** de l'addition posée est **vraisemblable**.

Exemples : 4 974 + 605 + 53 → 5 000 + 600 + 50 = 5 650

1 **Observe cet énoncé de problème.**
Un fleuriste compose un bouquet avec 9 œillets et 9 tulipes. De combien de fleurs le bouquet est-il composé ?

À ton tour, à partir des informations données, rédige de petits problèmes nécessitant une addition. Résous ensuite tes problèmes.

a) 43 romans, 2 dictionnaires, 15 livres documentaires.

b) 38 femmes et 26 hommes.

c) 17 monocoques et 8 trimarans.

Monocoque

Trimaran

2 **Pose et calcule ces additions. Indique d'abord l'ordre de grandeur de chaque résultat.**

a) 337 + 5 + 36 | 6 986 + 28 + 154

b) 964 + 9 + 3 227 | 137 + 3 + 274

c) 1 458 + 52 + 731 | 14 879 + 8 172

d) 76 + 184 + 1 975 | 29 016 + 994

3 **Recopie ces additions et complète-les.**

	4	•	5
+	•	8	•
	9	0	2

		6	2	4
+		8	•	•
	•	•	0	7

	3	9	•
+		•	4
+	•	6	8
	7	0	5

4 **Pose et calcule ces additions. Indique d'abord l'ordre de grandeur de chaque résultat.**

a) 273 + 48 + 1 031

b) 415 + 81 248 + 93

c) 526 + 8 + 9 097

d) 74 563 + 58 909 + 487

PROBLÈMES

Pour les problèmes suivants, calcule toujours l'ordre de grandeur du résultat avant de calculer le résultat exact. Attention ! il ne sera peut-être pas toujours nécessaire de poser l'opération.

5 Selon le compositeur Hector Berlioz, l'orchestre idéal se compose de 467 instrumentistes et 360 choristes. De combien d'artistes cet orchestre doit-il être composé ?

6 En France, on a vendu 195 000 automobiles au mois d'avril et 5 000 de plus au mois de mai. Quel a été, au mois de mai, le nombre d'automobiles vendues en France ?

7 Nos amis les ours grimpent ensemble sur une balance. Quelle masse totale celle-ci va-t-elle indiquer ?

8 Monsieur Bellanger a parcouru 225 km en voiture depuis ce matin pour visiter ses clients. « Il ne me reste plus que 75 km à faire avant d'être rentré chez moi ! » dit-il. Combien de kilomètres monsieur Bellanger aura-t-il parcourus dans la journée ?

9 Combien les aquariums bretons ont-ils accueilli de visiteurs en 2001 ?

Aquariums	Nombre de visiteurs en 2001
Brest Océanopolis	550 000
Dinard	8 000
Roscoff	26 000
Saint-Malo	40 000
Vannes	185 000

10 **a)** Reproduis et place dans le tableau les informations suivantes :
– CE2 : 15 filles et 12 garçons ;
– CM1 : 13 filles et 11 garçons ;
– CM2 : 11 filles et 14 garçons.

École d'Anor – cycle 3		

b) Calcule de deux façons différentes le nombre total d'élèves du cycle 3 à l'école d'Anor.

JE TRAVAILLE SEUL(E)

Effectue chaque addition après avoir calculé son ordre de grandeur.

a) 3 215 + 1 968 + 12 019

b) 779 + 994 + 3 917

c) 56 847 + 2 114 + 9

d) 2 807 + 63 288 + 872

À TOI DE JOUER...

Luce et Lucille sont jumelles et ont 5 ans de plus que leur frère Tom. La somme des âges des jumelles est égale à l'âge de leur maman moins 15 ans. Leur maman est âgée de 33 ans. Quel est l'âge de Tom ?

3 La soustraction des nombres entiers

CHERCHONS ENSEMBLE

La masse de la fusée *Ariane 4* est de 349 tonnes. Celle de la fusée *Ariane 5* est de 746 tonnes.

Quelle est la différence de masse entre ces deux fusées ?

On effectue une **soustraction** afin de calculer une **différence**.

Quand on pose une soustraction, attention à toujours bien écrire le nombre le plus grand en premier !

Attention ! On commence toujours par calculer l'ordre de grandeur du résultat.

Exemple : 963 − 587

	9	6	$_1$3
−	5	8	7
			6

3 − 7, ce n'est pas possible.

On ajoute **10 unités** à 3 : on a **13 unités**.

13 − 7 = **6**.

	9	$_1$6	$_1$3
−	5	$_{+1}$8	7
		7	**6**

On a ajouté 10 unités à 963. Pour conserver la différence entre 963 et 587, on ajoute **1 dizaine** à 587 : 8 + 1 = 9.
6 − 9, ce n'est pas possible.
On ajoute **10 dizaines** à 6 dizaines. 16 − 9 = **7**.

	9	$_1$6	$_1$3
−	$_{+1}$5	$_{+1}$8	7
	3	**7**	**6**

On a ajouté 10 dizaines à 963. Pour conserver la différence entre 963 et 587, on ajoute **1 centaine** à 587 : 5 + 1 = 6.

9 − 6 = **3**.

963 − 587 = 376 → Ordre de grandeur : 1 000 − 600 = 400

1 Pose et calcule ces soustractions.

a) 785 − 49 b) 903 − 419
c) 1 245 − 873 d) 3 256 − 2 307

2 À partir de chaque couple de nombres, pose et calcule une soustraction.

a) 254 et 741 b) 723 et 455
c) 5 687 et 4 712 d) 3 814 et 7 272

3 Recopie et complète ces soustractions.

	1	3	4	9
−		•	•	5
	1	0	7	4

	6	•	3	•
−		3	•	6
	•	0	4	6

	•	9	2	•
−		1	•	9
	5	7	4	6

	4	1	0	6
−	•	•	•	•
	1	7	8	2

4 **Pose et calcule ces soustractions. Indique d'abord l'ordre de grandeur du résultat.**

a) 12 452 – 1 874 b) 51 000 – 6 325
c) 27 119 – 18 247 c) 81 207 – 988

5 **Effectue ces différentes opérations. Que remarques-tu ? Que peux-tu en déduire ?**

a) 785 – 438
et (785 + 63) – (438 + 63)

b) 915 – 356
et (915 – 27) – (356 – 27)

PROBLÈMES

6 Le premier livre a été imprimé par Gutenberg en 1455. Le stylo à bille a, lui, été inventé en 1939 par le Hongrois Birò. Combien d'années séparent ces deux dates ?

Imprimerie, XVe siècle.

7 En France, on comptait 37 820 pharmaciens en 1981. Leur nombre est passé à 58 407 en 2000. Calcule l'augmentation du nombre de pharmaciens en France entre 1981 et 2000.

Avant d'effectuer ton calcul, indique l'ordre de grandeur du résultat :

20 – 200 – 2 000 – 20 000

8 C'est en 1966 qu'a été gravi pour la première fois le plus haut sommet de l'Antarctique, le mont Vinson, 5 140 m. Combien d'années se sont écoulées depuis cette date ?

9 Observe ce tableau, puis trouve le nombre de personnes qui portent encore aujourd'hui, en France, le titre de marquis.

Nombre de personnes portant un titre de noblesse en France	
Ducs	35
Princes	1
Marquis	...
Comtes	167
Vicomtes	35
Barons	304
Total	**677**

10 **Lis cet énoncé.**

En 2001, la flotte française totalisait 809 947 bateaux immatriculés. Parmi ces bateaux, 637 820 n'étaient pas des voiliers.

Que peux-tu calculer ?
Effectue ton calcul, puis rédige une phrase réponse. Indique d'abord l'ordre de grandeur du résultat.

JE TRAVAILLE SEUL(E)

a) **À partir de chaque couple de nombres, pose et effectue une soustraction. Indique d'abord l'ordre de grandeur du résultat.**

34 109 et 11 094 96 427 et 101 718
6 048 et 9 116 45 016 et 3 988

b) **Résous le problème.**

Un quotidien national était diffusé en moyenne à 492 518 exemplaires l'an dernier. Sa diffusion moyenne pour cette année a atteint 500 612 exemplaires.

Calcule l'augmentation de la diffusion de ce quotidien entre l'an dernier et cette année.

À TOI DE JOUER...

Prends comme nombre de départ l'année qui marque la fin de la Première Guerre mondiale.

Soustrais à ce nombre la moitié de 1 000, puis le double de 9.

Quel nombre obtiens-tu ?

CALCUL

GRANDEURS ET MESURE

ESPACE ET GÉOMÉTRIE

4 Additionner et soustraire

CHERCHONS ENSEMBLE

Amélie, qui a 14 ans, a 5 ans de plus que sa sœur Kyra et leur cousine Maëlis a 2 ans de moins que Kyra. Quel est l'âge de Maëlis ?

Dans un problème, pour répondre à une question, il est parfois nécessaire d'effectuer plusieurs opérations.

Additionner, ajouter, augmenter, réunir, assembler..., c'est calculer une somme.

Soustraire, retrancher, déduire, retirer, diminuer, ôter..., c'est calculer une différence.

Mais il faut toujours bien lire l'énoncé d'un problème, réfléchir aux mots utilisés, car ils peuvent quelquefois nous induire en erreur !

Résous les problèmes 1 à 4 sans poser les opérations.

1. Une sterne arctique parcourt 20 000 km (de l'Arctique à l'Antarctique) lors de sa migration. La cigogne en parcourt seulement 2 000 (de l'Europe à l'Afrique). Combien de kilomètres de plus que la cigogne la sterne arctique effectue-t-elle lors de sa migration ?

2. Cléa a dépensé 8 € pour payer sa place de cinéma. Il lui reste maintenant 15 €. Quelle somme Cléa avait-elle en se rendant au cinéma ?

3. Un avion part de Paris pour se rendre à Sofia (Bulgarie) avec 130 passagers à son bord. Il fait escale à Francfort où 40 passagers descendent et 15 montent. Combien de passagers débarquent de l'avion à Sofia ?

4. L'ordinateur que j'avais remarqué le mois dernier a vu son prix diminuer de 40 € ; il vaut aujourd'hui 499 €. Combien valait-il le mois dernier ?

5. Observe ce tableau représentant la consommation de céréales par an et par personne dans quelques pays du monde. **Retrouve les nombres qui ont été remplacés par des lettres. Rédige des phrases réponses pour présenter tes quatre résultats.**

Consommation de céréales (en kg par an et par habitant)				
Pays	Blé	Riz	Autres	TOTAL
Niger	10	10	194	214
Chine	84	a	17	193
Russie	b	3	16	145
États-Unis	88	7	21	c
France	96	3	d	114

6. C'est la finale de la course de vitesse des Olympiades de l'océan ! La baleine a nagé à 48 km/h, l'orque 7 km/h plus vite que la baleine, le dauphin a fait mieux que l'orque de 9 km/h et l'otarie a nagé 15 km/h moins vite que l'orque. **Établis le classement de la course avec la vitesse réalisée par chacun des compétiteurs.**

7 Quel est le prix de la raquette de tennis ?

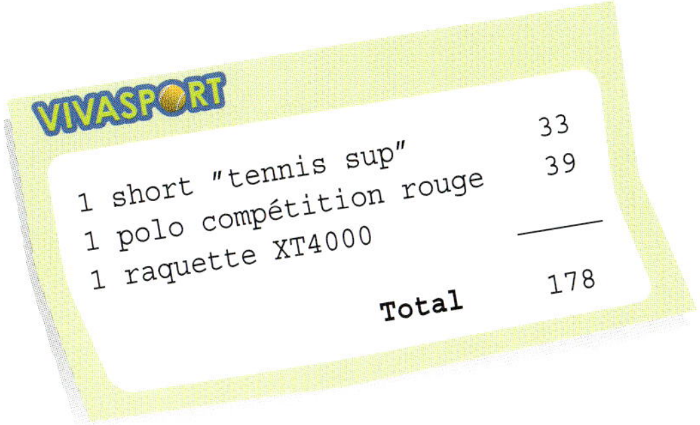

8 Le président d'une fédération sportive a effectué ses trajets en avion durant la semaine. Il a parcouru au total 2 486 km. Calcule la distance de Lyon à Ajaccio.

9 Bastien voudrait bien s'offrir cette chaîne audio mais il n'a pas assez de toutes ses économies ! Il emprunte 25 € à sa sœur et ses grands-parents lui font cadeau de 30 €. Il peut alors s'acheter la chaîne audio et il lui reste même 3 €. Quelle somme avait-il économisée ?

JE TRAVAILLE SEUL(E)

Résous le problème.

En 2002, la Fédération française de baseball comptait environ 12 000 licenciés, soit 78 000 de moins que la Fédération française de badminton, mais 10 200 de plus que la Fédération française de ballon au poing.

Indique quel était environ, en 2002, le nombre de joueurs licenciés :

a) auprès de la Fédération française de badminton ;

b) auprès de la Fédération française de ballon au poing.

À TOI DE JOUER...

Il y a 5 souris de moins dans la cage bleue que dans la cage verte et si j'ajoutais 3 souris dans la cage rouge, il y en aurait autant que dans la cage verte.

a) Combien y a-t-il de souris dans chaque cage ?

b) **Vrai ou faux ?** Si j'enlevais ensuite une souris de la cage verte pour la mettre dans la cage bleue, ces deux cages contiendraient alors le même nombre de souris.

5 La multiplication (1)

CHERCHONS ENSEMBLE

a) Calcule le nombre total de pierres dans cette vitrine.

b) Si cette vitrine était 9 fois plus large, combien de pierres contiendrait-elle ?

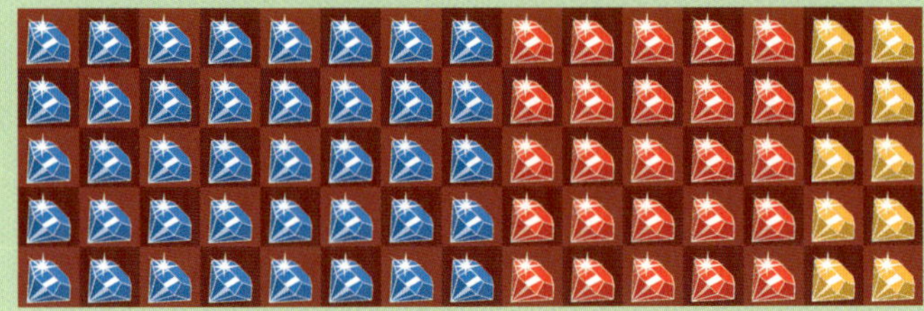

La multiplication est l'opération qui permet d'ajouter plusieurs fois la même quantité.

Exemples :

8 + 8 + 8 + 8 + 8 + 8 = 6 × 8 = 48

6 + 6 + 6 + 6 + 6 + 6 + 6 + 6 = 8 × 6 = 48

6 × 8 = 8 × 6

Le résultat de la multiplication s'appelle le **produit**.

Pour trouver le produit : on peut décomposer la multiplication.

Exemple :

613 × 4 = (600 + 10 + 3) × 4
= (600 × 4) + (10 × 4) + (3 × 4)
= 2 400 + 40 + 12

613 × 4 = 2 452

Pour effectuer une multiplication, on doit connaître la table de Pythagore, les tables de multiplication.

×	1	2	3	4	5	6	7	8	9	10
1	1	2	3	4	5	6	7	8	9	10
2	2	4	6	8	10	12	14	16	18	20
3	3	6	9	12	15	18	21	24	27	30
4	4	8	12	16	20	24	28	32	36	40
5	5	10	15	20	25	30	35	40	45	50
6	6	12	18	24	30	36	42	48	54	60
7	7	14	21	28	35	42	49	56	63	70
8	8	16	24	32	40	48	56	64	72	80
9	9	18	27	36	45	54	63	72	81	90
10	10	20	30	40	50	60	70	80	90	100

On peut également poser la multiplication :

```
    6 ¹1 3
×        4
  2 4 5 2
```

4 × 3 = 12

On écrit **2** et on retient 1.

4 × 1 = 4 4 + 1 = 5 On écrit **5**.

4 × 6 = 24 On écrit **24**.

1 Écris chaque somme sous la forme d'une multiplication si cela est possible.

a) 7 + 7 + 7 + 7 + 7

b) 26 + 26 + 26 + 26

c) 47 + 47 + 47 + 47 + 407

d) 3 + 3

e) 358 + 358 + 358 + 358 + 358 + 358 + 358

2 Décompose ces multiplications. Observe l'exemple.

274 × 3 = (200 + 70 + 4) × 3 = (200 × 3) + (70 × 3) + (3 × 4) = 600 + 210 + 12 = 822

519 × 2 = | 648 × 5 = | 325 × 4 = | 436 × 7 = | 724 × 3 =

3 **Pose ces multiplications pour calculer les produits.**

98 × 6	543 × 3	721 × 9
567 × 6	4 251 × 5	916 × 7

4 **Pose ces multiplications pour calculer les produits.**

587 × 8	697 × 2	3 015 × 5
972 × 7	6 238 × 4	5 154 × 8

5 **Vrai ou faux ?**

547 × 0 = 0	314 × 1 = 314
48 × 5 = 5 × 48	24 × 0 = 240

624 + 624 + 624 = 624 × 3

6 **De combien de carreaux se compose le sol de cette pièce ?**

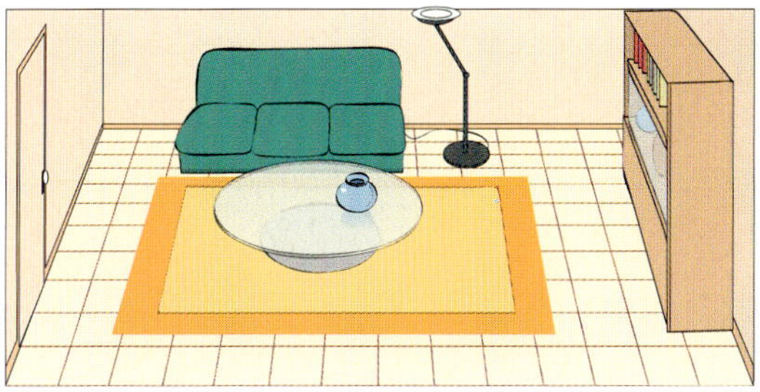

7 **Recopie et complète ces multiplications.**

	3	•	•			•	•	•			2	•	7
×			6	×				8	×				•
1	8	7	8			9	9	2		1	2	3	5

JE TRAVAILLE SEUL(E)

a) Décompose les deux premières multiplications, pose et effectue les deux suivantes.

4 715 × 6	6 009 × 8
5 238 × 9	3 887 × 7

b) Résous le problème.

Au cours de l'été, le *musée des Vieux Métiers* a reçu la visite de 6 543 visiteurs. 4 317 ont payé un billet à plein tarif (5 €) ; les autres ont payé un billet à tarif réduit (3 €).

Calcule la somme totale rapportée par la vente des billets au cours de l'été.

PROBLÈMES

8 Qu'il pleuve, qu'il vente ou qu'il neige, madame Blandine marche 6 km chaque jour. Combien de kilomètres madame Blandine parcourt-elle en une année ?

9 À l'occasion d'une manifestation sportive dans un but humanitaire, 9 équipes de 5 personnes chacune sont engagées. Chaque équipe doit effectuer en courant 211 km. Quelle sera la distance totale parcourue ?

10 Le responsable d'un magasin de photos commande 8 appareils valant chacun 178 € et 4 appareils valant chacun 89 €. Quel sera le montant total de sa facture ?

11 Pour survivre, l'être humain a besoin, au minimum, de 5 litres d'eau par jour.
C'est à peu près ce dont dispose un habitant de Madagascar.
Un Indien dispose de 5 fois plus, un Européen de 50 fois plus.
Dans le monde, chaque jour on utilise 27 fois cette quantité.

a) Quelle est la consommation journalière moyenne d'eau douce pour un Indien ?

b) Quelle est la consommation journalière moyenne d'eau douce pour un Européen ?

c) Quelle est, dans le monde, la consommation journalière moyenne d'eau douce pour une personne ?

À TOI DE JOUER...

Sauras-tu trouver le résultat final de ces opérations ?

Il te donnera l'altitude (en mètres) du chemin de fer le plus haut du monde ! Il se trouve au Pérou.

	6	2	7
+	1	•	6
	•	0	•
×			6
•	•	•	8

6 La multiplication (2)

CHERCHONS ENSEMBLE

Pour soigner les malades, il faut 8 000 dons de sang par jour en France. Combien de dons sont-ils donc nécessaires chaque année ?

Pour multiplier un nombre entier par 10, 100, 1 000..., on écrit **un**, **deux** ou **trois zéros** en plus à la droite de ce nombre.

Exemples :

32 × 1**0** = 32**0**

32 × 1**00** = 3 2**00**

32 × 1 **000** = 32 **000**

Pour multiplier un nombre entier par 20 (2 × 10), on le multiplie par 2, puis par 10.

Pour multiplier un nombre entier par 300 (3 × 100), on le multiplie par 3, puis par 100.

Exemples :

32 × 2**0** = (32 × 2) × 1**0** = 64 × 1**0** = 64**0**

32 × 3**00** = (32 × 3) × 1**00** = 96 × 1**00** = 9 6**00**

1 Recopie et calcule sans poser l'opération.

9 × 100 =	16 × 10 =	37 × 10 =	57 × 10 =
6 × 1 000 =	64 × 10 =	88 × 100 =	70 × 1 000 =
56 × 1 000 =	41 × 100 =	48 × 1 000 =	22 × 100 =

2 Recopie et complète.

38 × 100 = ...	62 × ... = 620	51 × ... = 5 100
... × 10 = 720	53 × ... = 5 300	... × 1 000 = 76 000
44 × ... = 44 000	... × 7 = 700	87 × 10 = ...
690 × ... = 69 000	... × 96 = 9 600	... × 100 = 83 000

3 Calcule ces produits. Observe l'exemple.

45 × 20 = (45 × 2) × 10 = 90 × 10 = 900

38 × 20 =	62 × 30 =	12 × 30 =	51 × 40 =
54 × 200 =	15 × 3 000 =	23 × 200 =	42 × 2 000 =

4 Calcule ces produits. Observe l'exemple.

53 × 60 = (50 + 3) × 60 = (50 × 60) + (3 × 60) = 3 000 + 180 = 3 180

42 × 70 =	84 × 50 =	33 × 50 =	26 × 70 =
63 × 70 =	38 × 400 =	46 × 60 =	62 × 40 =

5 Utilise le résultat de la première opération pour trouver les deux autres produits.

a) 53 × 27 = 1 431	530 × 27 =	53 × 2 700 =
b) 24 × 17 = 408	2 400 × 17 =	240 × 1 700 =
c) 132 × 41 = 1 848	1 320 × 410 =	13 200 × 41 =

PROBLÈMES

6 Les élèves de la classe de CM1 terminent les 8 tours de la piste de 400 mètres. Quelle distance totale, en mètres puis en kilomètres, ont-ils parcourue ?

7 À l'entrée d'un stade, le trésorier du club comptabilise les billets qu'il a en caisse :
- 28 billets de 5 € ;
- 89 billets de 10 € ;
- 42 billets de 20 € ;
- 7 billets de 50 €.

Quelle somme totale représente l'ensemble des billets ?

8 **Observe le tableau et les informations données en italique, puis réponds aux questions posées.**

Pays	Population
Botswana	1 860 000
Malte	390 000
Panama	3 000 000
Mauritanie	2 950 000

La population de la Pologne est 100 fois plus importante que celle de Malte.
La population du Brésil est 100 fois plus importante que celle du Botswana.
La population des États-Unis est 100 fois plus importante que celle de la Mauritanie.
La population du Maroc est 10 fois plus importante que celle du Panama.

Quelle est la population de la Pologne ? du Brésil ? des États-Unis ? du Maroc ?

9 Le directeur d'une école commande les ouvrages suivants :
- 24 fichiers à 10 € chacun ;
- 30 livres de mathématiques à 16 € chacun ;
- 30 livres de géographie à 18 € chacun ;
- 50 romans jeunesse à 5 € chacun.

Quelle somme totale va-t-il régler ?

JE TRAVAILLE SEUL(E)

a) Recopie et complète.

32 × ... = 32 000
27 × 100 = ...
61 × ... = 6 100
77 × ... = 770
... × 10 = 940
... × 8 = 800
230 × ... = 23 000
... × 47 = 4 700

b) Résous le problème.

Un village de vacances propose un séjour VTT d'une semaine pour 300 € par personne. Le responsable d'une association inscrit 27 personnes. À combien reviendra ce séjour pour l'ensemble du groupe ?

À TOI DE JOUER...

Duff est peut-être très costaud mais, avec ses 11 kg, il pèse environ 1 000 fois moins qu'un éléphant d'Afrique ! Quelle est la masse d'un éléphant d'Afrique ?

7 La multiplication (3)

CHERCHONS ENSEMBLE

Dans une salle de cinéma, on dénombre 36 rangées de 24 fauteuils.
Combien de spectateurs peuvent être accueillis dans cette salle ?

Pour effectuer une multiplication, on décompose les termes du produit.

Exemple : 56 × 42 = (56 × 40) + (56 × 2)
ou (56 × 2) + (56 × 40)

×	50	6
40	2 000	240
2	100	12

→ 2 000 + 240 = 2 240
→ 100 + 12 = 112
2 352

```
   56
×  42
-----
  112   → 56 × 2
 2240   → 56 × 40
-----
 2352
```

On calcule **l'ordre de grandeur du résultat** en remplaçant les termes du produit par les multiples de 10, de 100 ou de 1 000 les plus proches.

Exemples : 56 × 42 → 60 × 40 → 2 400
875 × 27 → 900 × 30 → 27 000

1 **Reproduis et complète ces tableaux. Calcule les produits.**

48 × 37

×	40	8
30		
7		

→ ... + ... = ...
→ ... + ... = ...
...

63 × 32

×	60	3
30		
2		

→ ... + ... = ...
→ ... + ... = ...
...

83 × 69

×	80	3
60		
9		

→ ... + ... = ...
→ ... + ... = ...
...

74 × 58

×	70	4
50		
8		

→ ... + ... = ...
→ ... + ... = ...
...

2 **Calcule ces produits. Observe l'exemple.**

72 × 45 = (72 × 40) + (72 × 5) =
2 880 + 360 = 3 240

23 × 32 = | 42 × 25 = | 56 × 24 = | 63 × 16 = | 74 × 35 = | 66 × 23 =

3 **Pose, puis effectue ces multiplications. Vérifie tes résultats à l'aide de ta calculatrice.**

63 × 27 | 48 × 54 | 79 × 36 | 135 × 85 | 234 × 68 | 415 × 92

4 **Calcule le produit de chacun des couples de nombres suivants. Dispose les nombres de la façon qui te semble la plus simple.**

(31 ; 124)	(72 ; 215)	(318 ; 36)
(418 ; 63)	(67 ; 316)	(59 ; 367)

5 **Calcule l'ordre de grandeur des produits puis leurs résultats exacts à l'aide de ta calculatrice.**

368 × 32	749 × 41	893 × 79
572 × 96	814 × 57	619 × 88

6 **Recopie et complète ces multiplications.**

			2	7	3
	×			4	•
	1	3	6	5	
	•	•	•	•	•
	•	•	•	•	•

			5	6	7
	×			•	•
		1	7	0	1
3	•	6	9	•	
•	•	•	•	•	

PROBLÈMES

7 La vitesse maximale d'un cargo est de 18 nœuds, environ 33 km à l'heure. En naviguant à sa vitesse maximale, quelle distance, en kilomètres, un cargo peut-il parcourir en 24 heures ?

8 Le responsable du rayon librairie d'une grande surface commande 128 exemplaires d'une bande dessinée. Chaque exemplaire est vendu 14 €. Si tous les exemplaires sont vendus, quelle somme leur vente rapportera-t-elle ?

9 Dans le parc municipal, les 23 élèves de CM1 courent sur une boucle de 575 m. À eux tous, ils effectuent 92 tours. Quelle distance totale, en mètres, puis en kilomètres, parcourent-ils ?

10 Afin de changer le sol de leur chambre, M. et Mme Baillet achètent 18 m^2 de parquet au prix de 29 € le m^2 et 8 plinthes de 220 cm chacune au prix de 7 € l'une. Calcule la dépense totale de M. et Mme Baillet.

11 Lors de sa grande braderie, un magasin de produits informatiques a vendu 36 ordinateurs complets au prix de 489 € l'un. Quelle somme totale cette vente a-t-elle rapportée ?

JE TRAVAILLE SEUL(E)

a) **Décompose les deux premières multiplications. Pose, puis effectue les deux suivantes. Donne d'abord l'ordre de grandeur.**

165 × 37	473 × 68
508 × 74	794 × 31

b) **Résous le problème.**

Le responsable d'un comité d'entreprise négocie auprès d'une agence un séjour en Croatie au prix de 589 € par participant. 47 personnes s'inscrivent à ce voyage. Quel montant le responsable du comité devra-t-il régler à l'agence de voyages ?

À TOI DE JOUER...

Si tu trouves le résultat de cette curieuse opération, tu sauras combien d'années avant Jésus-Christ débute le calendrier maya (les Mayas sont des Indiens originaires d'Amérique centrale).

(128 × 24) + * *

Alors, si l'on se réfère à ce calendrier, en quelle année sommes-nous ?

8 La multiplication (4)

CHERCHONS ENSEMBLE

Lors du dernier tirage du Loto, 305 personnes ont trouvé 5 bons numéros et ont gagné chacune 1 238 €. Quelle est la somme totale distribuée à ces gagnants ?

On calcule **l'ordre de grandeur** :

537 × 245
→ 500 × 200 → 100 000

537 × 245

			5	3	7	
×			2	4	5	
		2	6	8	5	← 5 × 537
	2	1	4	8	0	← 40 × 537
1	0	7	4	0	0	← 200 × 537
1	3	1	5	6	5	

537 × 245 = 131 565

537 × 605
→ 500 × 600 → 300 000

537 × 605

			5	3	7	
×			6	0	5	
		2	6	8	5	← 5 × 537
3	2	2	2	0	0	← 600 × 537
3	2	4	8	8	5	

537 × 605 = 324 885

2 300 × 64
→ 2 000 × 60 → 120 000

2 300 × 64

	2	3	0	0		
×			6	4		
			9	2		← 4 × 23
	1	3	8	0		← 60 × 23
	1	4	7	2	0 0	

2 300 × 64 = 147 200

1 **Pose et effectue ces multiplications.**

386 × 124 | 463 × 241
527 × 356 | 254 × 327

2 **Pose et effectue ces multiplications.**

561 × 207 | 837 × 109
692 × 406 | 718 × 503

3 **Pose et effectue ces multiplications.**

7 400 × 29 | 6 200 × 37
9 100 × 48 | 86 000 × 12

4 a) **Le produit de l'une de ces multiplications est faux. Sauras-tu identifier lequel d'un seul coup d'œil ?**

3 400 × 28 = 95 200
530 × 35 = 18 550
95 000 × 17 = 1 615 000
8 600 × 66 = 56 760

b) **Quel ordre de grandeur sera le plus proche du résultat de cette multiplication :**

694 × 72 ? | 700 × 70 ?
600 × 70 ? | 700 × 80 ?

PROBLÈMES

5 Chacune des grandes marques de chaussures de sport vend environ 3 500 paires de chaussures à l'heure en Europe. Calcule le nombre de paires de chaussures de sport vendues en 24 heures en Europe par chacune de ces marques.

6 Un grossiste en matériel de jardin récapitule ses ventes du mois. Quelle est sa recette totale du mois ?

Modèle	Prix de vente unitaire	Quantité	TOTAL
Débroussailleur MX55	257	28	
Tondeuse CUT ZT	300	349	
Tracteur GRASS 3	1 496	17	
Abri de jardin SCANDI	1 300	16	
Kit arrosage Promo	139	207	
		TOTAL	

7 On décharge d'un container 1 324 colis pesant chacun 108 kg. Calcule la masse totale de ces colis.

8 Un coureur cycliste effectue 87 tours de pédales par minute. Combien de tours de pédales a-t-il effectués au cours d'une épreuve cycliste longue de 5 heures et demie (une heure = 60 minutes) ?

9 Pour payer leur appartement, Mme et M. Lisésam ont souscrit un emprunt auprès d'une banque. Ils doivent rembourser 594 € par mois durant 9 ans.

a) Calcule, en mois, la durée de leur remboursement.

b) Calcule le montant total remboursé au bout de 9 ans.

JE TRAVAILLE SEUL(E)

a) Recopie et complète cette multiplication.

				6	5	•
×				•	•	9
			•	•	•	7
	•	•	•	2	0	0
	•	6	•	0	•	•

b) Pose et effectue ces multiplications. Trouve d'abord l'ordre de grandeur.

7 800 × 92 | 560 × 304

À TOI DE JOUER...

Aide-toi d'un dictionnaire pour trouver les chiffres manquants !

Longueur, en kilomètres, de la Loire →
Hauteur, en mètres, de la tour Eiffel →

Hauteur, en mètres, de la plus haute Tour autonome du monde, la tour CN située au Canada →

			•	0	•	2
×				•	2	0
	•	•	•	•	•	•
−	3	2	3	2	8	7
=			?			

CALCUL

GRANDEURS ET MESURE

ESPACE ET GÉOMÉTRIE

RÉCAPITULONS 1

1 **Effectue ces opérations à la calculatrice en utilisant les touches M+, M–, MRC.**

(456 × 2) – 374 =

(578 + 1 569 + 23) – 1974 =

(78 945 × 6) + 1 780 000 =

(387 200 – 53 500) + 76 000 =

2 **Pose et effectue les opérations suivantes. Calcule d'abord l'ordre de grandeur de chaque résultat.**

593 + 8 375 + 86 + 14 895 =

1 976 + 587 + 12 478 =

80 000 – 12 451 =

5 714 – 6 938 =

3 En 1995, la ville de Rennes comptait 197 536 habitants. En 2004, elle en compte 212 494.
De combien d'habitants la population rennaise a-t-elle augmenté entre ces deux dates ?

4 **Pose et complète ces additions.**

```
   • 6 4 •          7 3 4 6
 +   • • 6      +   4 • • •
 ---------      -----------
   4 5 7 8        1 • 7 7 0

       • • 1 0 9
   +     6 • • •
   -------------
       8 2 1 0 0
```

5 Au marathon de Paris 2004, 34 500 personnes se sont inscrites. Mais seulement 29 261 coureurs ont été classés. Combien de personnes ne se sont pas présentées ou ne sont pas allées jusqu'au bout de la course ?

6 Le Maroc compte environ 29 982 000 habitants, soit 1 298 000 habitants de moins que l'Algérie. Quelle est la population de l'Algérie ?

7 **Décompose ces multiplications. Observe l'exemple.**

853 × 4 = (800 + 50 + 3) × 4
= (800 × 4) + (50 × 4) + (3 × 4)
= 3 200 + 200 + 12 = 3 412

927 × 6 =	409 × 4 =
642 × 8 =	746 × 6 =
1 375 × 5 =	2 453 × 9 =

8 **Pose et effectue les opérations suivantes. Vérifie les résultats avec ta calculatrice.**

4 789 × 7 =	531 × 19 =
12 457 × 6 =	694 × 24 =

9 **Donne le résultat de chacune de ces opérations sans les poser.**

128 × 10 =	3 287 × 10 =
65 × 100 =	201 × 20 =
22 × 300 =	23 × 2 000 =

10 **Utilise le résultat de la première opération pour trouver les deux autres produits.**

a) **45 × 72 = 3 240**

450 × 72 =
45 × 7 200 =

b) **332 × 7 = 2 324**

33 200 × 7 =
332 × 7 000 =

c) **1 258 × 18 = 22 644**

1 258 000 × 18 =
1 258 × 180 =

11 Huit amis ont joué ensemble au Loto et ils ont gagné une forte somme qu'ils se sont répartie. Chacun a ainsi touché 1 748 €. Quelle somme totale avaient-ils gagnée ?

12 **Pose et effectue ces multiplications après avoir calculé l'ordre de grandeur du résultat. Vérifie les résultats avec ta calculatrice.**

354 × 621 = | 589 × 414 =
8 952 × 63 = | 5 610 × 27 =

13 **Pose et effectue ces multiplications après avoir calculé l'ordre de grandeur du résultat. Vérifie les résultats avec ta calculatrice.**

825 × 306 = | 583 × 409 =
8 300 × 36 = | 4 700 × 74 =

14 Une société de location de véhicules disposant de 250 000 € a besoin de renouveler son parc automobile.

Modèle	Prix
Petit véhicule de tourisme	10 000 €
Monospace	27 450 €

a) Cette société pourra-t-elle acheter 10 monospaces ?

b) Combien pourrait-elle acheter de petits véhicules si elle investissait tout son argent dans ce modèle ?

c) À toi de faire une commande pour que cette société ait à la fois des deux modèles.

d) À toi de faire une commande pour que cette société ait 5 monospaces et le maximum de petits véhicules de tourisme. Quelle somme ne sera pas utilisée ?

15 Monsieur et madame Martin ont acheté leur maison 285 399 €. Cinq ans plus tard, ils déménagent et revendent leur maison 321 600 €.

a) Quel bénéfice monsieur et madame Martin ont-ils fait sur la vente ?

b) Combien devront-ils emprunter pour payer leur nouvelle maison qui coûte 400 000 € ?

16 En 1997, le Norvégien Borge Ousland a traversé l'Antarctique seul et sans assistance en tirant un traîneau de 185 kg. Son périple a duré 64 jours et il a couvert une moyenne de 42 km par jour. Quelle distance totale a-t-il parcourue ?

17 En Suisse, en 1850, on dénombrait 2 244 glaciers. Aujourd'hui, 249 ont totalement disparu. Combien de glaciers peut-on encore voir en Suisse de nos jours ?

18 En 1960, environ 40 000 touristes se rendaient à Ibiza, une des trois îles Baléares. De nos jours, ils sont 45 fois plus nombreux. Ils sont donc environ…

19 **Recopie le texte en remplaçant l'opération (sans la poser) par son résultat.**
En 1989, la marée noire du pétrolier Exxon Valdez a pollué (12 × 200) kilomètres de côtes de l'Alaska.

20 **Trouve la réponse à ce problème sans poser une seule opération !**
Une petite entreprise travaillant le bois produisait en moyenne 125 coffrets par jour. Elle a doublé son nombre de machines. Combien de coffrets peut-elle maintenant produire en 5 jours ?

21 En raison des guerres, de la famine… de très nombreux enfants dans le monde sont déplacés. Environ combien ? Effectue la suite d'opérations suivante pour le savoir…

50 × 100 = a
a × 5 = b
b × 8 = c
c × 25 = d
d × 4 = le nombre que tu cherches.

9 Partager et diviser

CHERCHONS ENSEMBLE

Cinq corsaires veulent se partager 44 pièces d'or afin qu'ils en aient tous le même nombre. Combien de pièces d'or chaque corsaire va-t-il recevoir ?
S'ils avaient été six corsaires, combien chacun d'eux aurait-il reçu de pièces d'or ?

Pour partager 26 images équitablement entre 4 enfants, on en donne 6 à chacun :

$$4 \times 6 = 24$$

Il reste 2 images, ce qui n'est pas assez pour que chacun en reçoive une autre.

Ce partage s'écrit :

$$26 = (4 \times 6) + 2.$$

Dividende (26) — Diviseur (4) — Quotient (6) — Reste (2)

Attention ! Le reste doit être plus petit que le diviseur.

1 Antoine veut distribuer son jeu de 32 cartes une par une à 5 joueurs pour que chacun en ait le même nombre.

a) **Reproduis et complète ce tableau.**

Nombre de tours	1	2	3	4	5	6
Nombre de cartes distribuées						

+ 5 + 5 + 5 + 5 + 5

b) **Recopie et complète l'égalité.**

$32 = (\ldots \times \ldots) + \ldots$

2 **Dans chaque cas, trouve le quotient ainsi que le reste. Observe l'exemple.**

Combien de fois 3 dans 16 ?
➜ 5 fois, car $(3 \times 5) + 1 = 16$

a) Combien de fois 6 dans 20 ?
b) Combien de fois 4 dans 37 ?
c) Combien de fois 9 dans 70 ?
d) Combien de fois 7 dans 56 ?
e) Combien de fois 5 dans 38 ?

3 **Recopie et complète les égalités suivantes.**

$25 = (7 \times \ldots) + \ldots$ | $56 = (8 \times \ldots) + \ldots$
$39 = (\ldots \times 6) + \ldots$ | $73 = (9 \times \ldots) + \ldots$
$84 = (\ldots \times 9) + \ldots$ | $57 = (10 \times \ldots) + \ldots$

4 a) **Recopie et complète.**

$10 \times 5 = \ldots$ | $15 \times 5 = \ldots$
$11 \times 5 = \ldots$ | $16 \times 5 = \ldots$
$12 \times 5 = \ldots$ | $17 \times 5 = \ldots$
$13 \times 5 = \ldots$ | $18 \times 5 = \ldots$
$14 \times 5 = \ldots$ | $19 \times 5 = \ldots$

b) **Recopie et complète.**

$\ldots \times 5 < 57 < \ldots \times 5$
$\ldots \times 5 < 78 < \ldots \times 5$
$\ldots \times 5 < 94 < \ldots \times 5$
$57 = (\ldots \times 5) + \ldots$
$78 = (\ldots \times 5) + \ldots$
$94 = (\ldots \times 5) + \ldots$

PROBLÈMES

5 a) Si on partage un segment de 30 cm en 5 segments égaux, quelle sera la longueur de chacun des segments ?

b) Et si on partageait le même segment de 30 cm en 6 segments égaux ?

c) Peux-tu trouver d'autres façons de partager en segments égaux un segment de 30 cm ?

6 Mamie a dans son porte-monnaie :

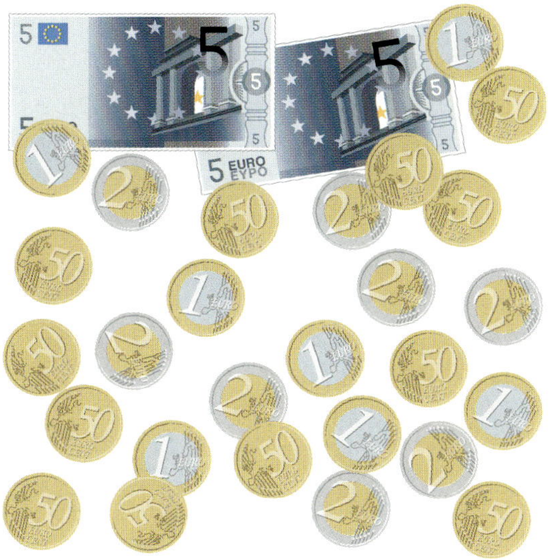

a) Combien mamie a-t-elle d'argent ?

b) Combien de livres à 4 € pourra-t-elle acheter pour ses petits-enfants ?

7 Louisa économise 8 € par semaine pour acheter un lecteur MP3 qui coûte 119 €.

a) **Recopie et complète.**

$10 \times 8 = \dots$ $\quad$ $13 \times 8 = \dots$

$11 \times 8 = \dots$ $\quad$ $14 \times 8 = \dots$

$12 \times 8 = \dots$ $\quad$ $15 \times 8 = \dots$

b) Pendant combien de semaines devra-t-elle économiser ?

8 Un fleuriste a reçu une botte de 60 roses. Combien de bouquets de 7 roses peut-il réaliser ?
Et si le fleuriste avait voulu faire des bouquets de 6 roses ? de 9 roses ? de 5 roses ?

9 Cinq amis vont au restaurant. La note s'élève à 155 €. Quelle sera la part de chacun ?
L'un d'eux a oublié sa carte bleue et n'a que 15 € en poche. Que devront payer les autres ?

10 Un professeur de tennis demande de ranger 76 balles dans 8 seaux de façon qu'il y en ait autant dans chaque seau. Combien y aura-t-il de balles dans chaque seau ? Restera-t-il des balles ? Si oui, combien ?

JE TRAVAILLE SEUL(E)

Écris l'égalité qui correspond à chaque situation sous la forme :
… = (… × …) + …

a) La fermière range ses 116 œufs dans des boîtes de 12.
Elle obtient 9 boîtes et il reste 8 œufs.

b) Au goûter, les enfants préparent 32 tartines sur 4 assiettes.
Il y a 8 tartines par assiette.

c) Le donneur distribue les 52 cartes aux 5 joueurs.
Chacun reçoit 10 cartes et il en reste 2.

À TOI DE JOUER…

Auguste le berger voudrait bien que son chien Bouldenerf divise son troupeau de 39 moutons en groupes de 8.
Que va-t-il se passer ?

10 Multiples et diviseurs

CHERCHONS ENSEMBLE

Au club de vacances, les moniteurs regroupent les enfants par 8. Cette année, il y a entre 40 et 100 enfants inscrits. Aujourd'hui, tous les groupes de 8 sont complets. Combien d'enfants sont inscrits ce jour-là ? **Trouve toutes les solutions possibles.**

35 peut s'écrire sous la forme d'un produit :

35 = 7 × 5.

On dit que 35 est un **multiple** de 7
et que 35 est un **multiple** de 5.

On dit aussi que 7 et 5 sont des **diviseurs de 35**.

Dans la table de **multiplication** par 5, on trouve des **multiples** de 5.

1 **Recopie et complète. Observe l'exemple.**

6 × … = 30 → 30 est un multiple de … et de …
… × 9 = 72 → 72 est un multiple de … et de …
7 × … = 21 → 21 est un multiple de … et de …
… × 6 = 54 → 54 est un multiple de … et de …
5 × … = 35 → 35 est un multiple de … et de …
… × 4 = 12 → 12 est un multiple de … et de …
9 × … = 0 → 0 est un multiple de … et de …
… × 8 = 48 → 48 est un multiple de … et de …
8 × … = 32 → 32 est un multiple de … et de …
… × 7 = 49 → 49 est un multiple de … et de …

2 a) **Dessine une droite numérique de 0 à 20.**

b) **Entoure :**
– en bleu les multiples de 2,
– en vert les multiples de 3,
– en rouge les multiples de 4,
– en noir les multiples de 5.

Que remarques-tu ?

3 a) **Comment reconnaît-on un multiple de 2 ? un multiple de 5 ?**

b) **Parmi ces nombres, quels sont ceux à la fois multiples de 2 et multiples de 5 ?**

26 – 35 – 43 – 112 – 150 – 75 – 38 – 100 – 1 025 – 1 306 – 963 – 700

4 **Écris les cinq premiers multiples :**
– de 8, – de 9, – de 10.

5 **Écris les multiples de 20 compris entre 140 et 300.**

6 a) **Trouve deux multiples de 7.**

b) **Est-ce que la somme de ces deux nombres est aussi un multiple de 7 ? Aide-toi de ta calculatrice.**

7 a) **Écris la liste des nombres de 27 à 45.**

b) **Entoure les multiples de 6.**

c) **Encadre 34 entre deux multiples de 6.**

6 × … < 34 < 6 × …

8 **Voici 4 diviseurs de 48. Trouves-en 6 autres.**

1 et 48, car 48 = 48 × 1
2 et 24, car 48 = 24 × 2

PROBLÈMES

9 La classe de monsieur Laurent se compose de 24 élèves. Recherche toutes les façons possibles de composer des équipes comprenant le même nombre d'enfants sans qu'aucun reste à part.

10 Le club de football souhaite équiper ses joueurs avec des maillots à 30 € l'unité.

a) Avec 1 000 €, combien de joueurs seront équipés ?

Tu peux t'aider en construisant un tableau comme celui-ci.

Nombre de maillots	Prix
2	
10	
20	

× 30

b) Quelle somme faudra-t-il pour équiper 4 équipes de 11 joueurs ?

11 Une navette reliant Belle-Île au continent peut transporter 50 personnes à chaque voyage. Combien faudra-t-il de traversées pour transporter les 6 cars de 64 passagers ? Lors de la dernière traversée, combien y aura-t-il de personnes dans la navette ?

Le port de Sauzon, Belle-Île.

12 Pour la *semaine du goût*, madame Haulait prévoit de faire goûter 3 carrés de différents chocolats à chacun de ses 23 élèves. Combien de carrés doit-elle prévoir ? L'an dernier, elle avait distribué 78 carrés de chocolat. Combien avait-elle d'élèves ?

Nombre d'élèves	1	2	
Nombre de carrés de chocolat	3	6	

JE TRAVAILLE SEUL(E)

a) Reproduis ce tableau et place chaque nombre dans la (les) bonne(s) colonne(s).

58 – 130 – 27 – 10 – 0 – 29 – 55 – 80 – 1 000 – 986

Multiples de 2	Multiples de 5	Multiples de 10

b) Résous le problème.

Aujourd'hui, nous sommes le vendredi 2 octobre.

Quelles seront les dates des prochains vendredis du mois d'octobre ?

À TOI DE JOUER...

Qui suis-je ?

a) Je suis multiple de 4.

Je suis aussi multiple de 6.

Je suis compris entre 30 et 40.

Je suis le nombre ...

b) Je suis multiple de 10.

Je suis aussi multiple de 8.

Je suis inférieur à 60.

Je suis le nombre ...

11 La division (1)

CHERCHONS ENSEMBLE

Lors d'un entraînement de football, les deux entraîneurs comptent les enfants. Puis, ils décident de faire des équipes.

Quand ils font des équipes de 5, il reste 2 joueurs qui ne peuvent pas jouer.

Quand ils font des équipes de 6, il reste également 2 joueurs seuls.
Combien y avait-il de joueurs présents à cette séance d'entraînement ?

Pour diviser un nombre, on peut procéder par encadrements.

Exemple : 44 divisé par 8.
On recherche les multiples de 8 proches de 44.

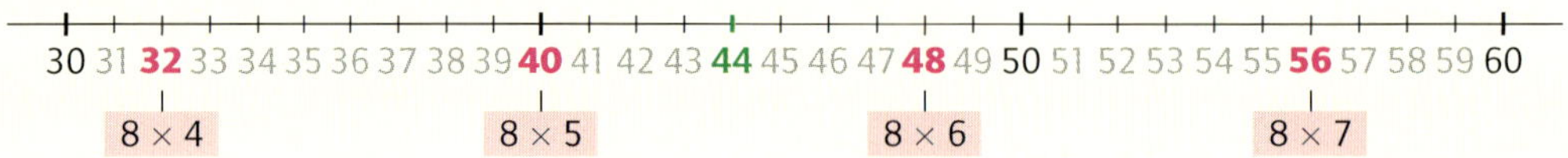

$$8 \times 5 < 44 < 8 \times 6$$

On dit que 44 est compris entre 8 multiplié par 5 et 8 multiplié par 6.
On écrira : $44 = (8 \times 5) + 4$

Dividende (44) — Diviseur (8) — Quotient (5) — Reste (4)

On écrit aussi 44 divisé par 8 = 5 et il reste 4.

Attention ! Le reste doit toujours être inférieur au diviseur.

1 **Recopie et complète les encadrements suivants.**

$3 \times \ldots < 22 < 3 \times \ldots$	$5 \times \ldots < 28 < 5 \times \ldots$	$8 \times \ldots < 63 < 8 \times \ldots$
$7 \times \ldots < 43 < 7 \times \ldots$	$6 \times \ldots < 26 < 6 \times \ldots$	$6 \times \ldots < 49 < 6 \times \ldots$
$9 \times \ldots < 52 < 9 \times \ldots$	$2 \times \ldots < 13 < 2 \times \ldots$	$9 \times \ldots < 83 < 9 \times \ldots$

2 **Recopie et complète les encadrements suivants avec un nombre qui convient.**

$3 \times 2 < \ldots < 3 \times 3$	$4 \times 5 < \ldots < 4 \times 6$	$5 \times 7 < \ldots < 5 \times 8$
$6 \times 8 < \ldots < 6 \times 9$	$7 \times 4 < \ldots < 7 \times 5$	$2 \times 8 < \ldots < 2 \times 9$
$8 \times 4 < \ldots < 8 \times 5$	$9 \times 6 < \ldots < 9 \times 7$	$6 \times 4 < \ldots < 6 \times 5$

3 **Écris tous les nombres compris entre les deux produits proposés.**

5×4 et 5×5	2×7 et 2×8	3×3 et 3×4	7×7 et 7×8
6×3 et 6×4	9×4 et 9×5	6×7 et 6×8	5×8 et 5×9
4×4 et 4×5	8×7 et 8×8	4×7 et 4×9	9×3 et 9×4

4 **Écris chaque égalité sous forme de division. Observe l'exemple.**

(7 × 8) + 5 = 61 ➜ 61 divisé par 7 = 8 et il reste 5

a) (9 × 5) + 4 = 49 b) (12 × 7) + 6 = 90 c) (25 × 14) = 350

d) (345 × 9) + 8 = 3 113 e) (123 × 56) + 34 = 6 922 f) (63 × 15) + 13 = 958

5 **Reproduis et complète ce tableau.**

Égalité	Dividende	Diviseur	Quotient	Reste
(4 × 7) + 5 = 33		4		
(23 × 6) + 2 = 140			23	
(12 × 45) = 540		12		
(200 × 62) + 50 = 12 450			200	
(25 × 78) + 13 = 1 963		25		

6 a) **Encadre 55 avec deux multiples de 8, puis complète l'égalité suivante.**

55 = (8 × ...) + ...

b) **Écris la division correspondante.**

c) **Rédige un énoncé de problème qui correspond à ces données.**

PROBLÈMES

7 Avec 50 €, combien peut-on acheter de classeurs à 9 € ? Justifie ta réponse en réalisant un encadrement.

8 Dans la division 345 divisé par 7, Jérôme a trouvé 8 comme reste. Son calcul est-il exact ? Pourquoi ?

JE TRAVAILLE SEUL(E)

a) **Recopie et complète les encadrements suivants. Écris, à chaque fois, la division correspondante.**

9 × ... < 26 < 9 × ...

4 × ... < 27 < 4 × ...

5 × ... < 33 < 5 × ...

6 × ... < 75 < 6 × ...

2 × ... < 23 < 2 × ...

8 × ... < 63 < 8 × ...

b) Un maraîcher veut vendre 246 kg de pommes de terre. Il les conditionne en filets de 5 kg. Combien de filets obtiendra-t-il ? Quelle quantité de pommes de terre restera-t-il ?

9 Quatre enfants veulent se partager équitablement un paquet de 18 gâteaux. Combien chacun en aura-t-il ?

Lis la solution proposée par Marie.

Explique pourquoi ce calcul n'est pas satisfaisant. Donne la solution qui convient.

10 Un livreur de journaux doit partager ses 610 exemplaires du jour entre 6 points de vente de la ville. Chaque point de vente doit recevoir le même nombre de journaux. Retrouve le quotient et le reste pour résoudre ce problème.

À TOI DE JOUER...

a) Quand on me divise par 7, on trouve 5 et il reste 4. **Qui suis-je ?**

b) Je suis le reste de la division 79 par 9. **Qui suis-je ?**

CALCUL

GRANDEURS ET MESURE

ESPACE ET GÉOMÉTRIE

12 La division (2)

CHERCHONS ENSEMBLE

La banque dispose d'une machine « à grouper par 10 » qui permet de compter très rapidement les pièces de 1 € pour les mettre dans des sachets de 10 et d'une autre machine « à grouper par 100 » permettant de compter les pièces de 1 € pour les mettre dans des sachets de 100.

a) Le banquier verse 5 678 pièces dans la machine « à grouper par 10 ». Combien de sachets va-t-il obtenir ?

b) S'il avait mis le même nombre de pièces dans la machine « à grouper par 100 », combien aurait-il obtenu de sachets ?

c) Que se passerait-il dans les deux machines si on mettait 4 300 pièces ?

1) Quand on divise un nombre par 10, le quotient est le nombre de dizaines de ce nombre et le **reste** correspond au **chiffre des unités**.

Exemple :
894 divisé par 10
Dans 894, il y a 89 dizaines et **4 unités**.
894 = (89 × 10) + 4.
894 divisé par 10 → 89 et il reste 4.

2) Quand on divise un nombre par 100, le quotient est le nombre de centaines de ce nombre et le **reste** correspond aux **unités restantes**.

Exemple :
2 769 divisé par 100
Dans 2 769, il y a 27 centaines et **69 unités**.
2 769 = (27 × 100) + 69.
2 769 divisé par 100 → 27 et il reste 69.

3) Quand on veut diviser par 10 ou par 100 un nombre se terminant par un ou plusieurs zéros, il suffit de supprimer le ou les zéros.

Exemples :
4 5**00** divisé par 1**0** → 45**0** (le reste est 0) ;
4 5**00** divisé par 1**00** → 45 (le reste est 0).

1 Pour chacun des nombres suivants, retrouve le nombre de dizaines. Observe l'exemple.

312 → 31 dizaines

456 – 3 478 – 980 – 63 – 234 – 1 900 – 45 678 – 90 000 – 564 – 80 340

2 Pour chacun des nombres suivants, retrouve le nombre de centaines. Observe l'exemple.

9 412 → 94 centaines

345 – 8 762 – 500 – 43 980 – 6 700 – 10 000 – 8 302 – 873 – 6 600 – 34 000

3 Recopie et calcule.

590 divisé par 10
5 670 divisé par 10
7 600 divisé par 100
780 divisé par 10
800 divisé par 100
46 340 divisé par 10
9 000 divisé par 100
900 divisé par 10
34 700 divisé par 10
8 080 divisé par 10

4 **Recopie et complète ces tableaux.**

× 10

78	3		450		8 432		
		450		7 200		9 000	6 780

× 100

	560		600			4	
9 000		32 700		45 000	104 500		6 100

5 **Recopie et complète ces égalités.**

a) 454 = (... × 10) + ...
56 902 = (... × 100) + ...
4 701 = (... × 10) + ...
6 590 = (... × 100) + ...
3 472 = (... × 10) + ...

b) (... × 100) + ... = 2 478
(... × 10) + ... = 208
(... × 100) + ... = 56 893
(... × 100) + ... = 873
(... × 10) + ... = 6 007

c) (... × 10) + 3 = 243
7 214 = (... × 100) + ...
(... × 100) + 84 = 8 084
8 705 = (... × 10) + ...
(... × 100) + 12 = 1 412

PROBLÈMES

6 **Recopie et complète les comptes de ce grand magasin.**

Caisse	TOTAL
... pièces de 1 €	156
... pièces de 2 €	200
... billets de 10 €	1 560
25 billets de 50 €	...
... billets de 100 €	6 500
TOTAL	...

7 Combien de pages de son album Claire peut-elle remplir avec 456 timbres, sachant qu'une page peut contenir 10 timbres ?

8 La médiathèque dispose d'une subvention de 7 899 €. Combien de livres à 10 € son directeur pourra-t-il acheter ?

9 Combien un coureur de 100 m doit-il faire de courses d'entraînement pour totaliser une distance de 3 km et 500 m ?

JE TRAVAILLE SEUL(E)

a) **Trouve le quotient et le reste.**
98 divisé par 10
789 divisé par 10
456 divisé par 100
5 672 divisé par 100
6 780 divisé par 100
408 divisé par 10
76 943 divisé par 100
304 671 divisé par 10
56 divisé par 10
5 009 divisé par 100

b) **Résous le problème.**
Le compteur de la voiture de collection de M. Alfred indique 178 567 km. La vidange du moteur doit être faite tous les 10 000 km. Combien de vidanges M. Alfred a-t-il faites depuis la mise en circulation du véhicule ?

À TOI DE JOUER...

a) Quand on me divise par 10, le quotient est 16 et il reste 4.
Qui suis-je ?

b) Quand on me divise par 100, le quotient est 34 et il reste 9.
Qui suis-je ?

13 La division (3)

CHERCHONS ENSEMBLE

742 cartes de vœux ont été imprimées.
Elles sont emballées par paquets de 8. Combien de paquets obtient-on ?

Pour calculer une division, on va utiliser des calculs multiplicatifs simples.

Exemple : 617 divisé par 4

$4 \times 100 = 400$ $4 \times 200 = 800$

$400 < 617 < 800$

Le quotient sera compris entre 100 et 200.

Le quotient sera donc composé de 3 chiffres.

On va donc enlever 400 : il reste 217.

$4 \times 50 = 200$ $4 \times 60 = 240$

$200 < 217 < 240$

On va donc enlever 200 : il reste 17.

$4 \times 4 = 16$ $4 \times 5 = 20$

$16 < 17 < 20$

617	4
− 400	→ 100 fois 4
217	
− 200	→ 50 fois 4
17	
− 16	→ 4 fois 4
1	154 fois 4

On va donc enlever 16 : il reste 1.
Le reste est inférieur au diviseur : la division est terminée.
617 divisé par 4 → 154 et il reste 1.

Pour vérifier, on peut calculer : (154 × 4) + 1.

1 **Reproduis et complète ce tableau. Observe l'exemple.**

Division de…	Encadrement	Le quotient sera compris entre…	Nombre de chiffres au quotient
379 par 8	8 × 10 < 379 < 8 × 100	10 et 100	2
908 par 6	< 908 <		
1 237 par 2			
190 par 5			
47 par 7			
6 073 par 9			

2 **Calcule les divisions comme dans l'exemple. Tu peux utiliser ta calculatrice.**

472 divisé par 8 → 8 × 50 = 400 → on soustrait 400 : il reste 72.
→ 8 × 9 = 72 → on soustrait 72 : il reste 0.

94 divisé par 8 | 1 432 divisé par 8 | 906 divisé par 8
5 007 divisé par 8 | 8 634 divisé par 8 | 3 450 divisé par 8

3 **Les nombres ont été divisés par 6. Retrouve-les.**

Nombre	Quotient	Reste
A	21	4
B	9	3
C	69	2
D	104	0

4 **Recopie et effectue ces divisions. Commence par rechercher le nombre de chiffres du quotient.**

634 | 9

1 396 | 3

5 **Pose et calcule.**

2 390 divisé par 3 | 409 divisé par 7

6 **Voici le travail de deux élèves. Ils se sont tous les deux trompés. Retrouve les erreurs et corrige-les.**

Quentin calcule 265 divisé par 8.

```
  265 | 8
- 240 | → 30 fois 8
   25 |
```

245 divisé par 8 = 30 et il reste 25.

Sullivan calcule 905 divisé par 8.

```
  905 | 8
- 800 | → 100 fois 8
  105 |
-  80 | → 10 fois 8
   25 |
-  25 | → 3 fois 8
    0 |
```

905 divisé par 8 = 113.

JE TRAVAILLE SEUL(E)

a) **Pose et calcule.**

641 divisé par 7 | 780 divisé par 4

3 709 divisé par 6 | 2 009 divisé par 5

b) **Résous le problème.**

Après avoir fait 145 bouquets de 7 roses, il reste 6 roses au fleuriste. De combien de fleurs disposait-il pour faire ses bouquets ?

PROBLÈMES

7 Une école de musique dispose de 967 € pour acheter des flûtes. Combien cette école pourra-t-elle s'acheter de flûtes ?

8 Les coureurs du championnat de VTT ont parcouru 125 km en faisant 9 fois le tour du même circuit. Quelle est la longueur de ce circuit ?

9 Dans une boutique d'arts plastiques, la vendeuse conditionne des feutres par 8 dans des pochettes. Combien de pochettes va-t-elle remplir si elle doit ranger 6 250 feutres reçus en vrac ?

10 Sachant qu'en moyenne il faut 6 pommes pour faire 1 kg, combien Monsieur Granny pourra-t-il faire de sacs de 1 kg avec ses 8 763 pommes ?

À TOI DE JOUER...

Pour l'anniversaire du roi Gazoulette Ier, les 1 056 invités seront répartis autour de tables de 8 personnes.

La maître d'hôtel s'est trompé dans son calcul. Comment peux-tu le savoir sans calculer l'opération ?

14 La division (4)

CHERCHONS ENSEMBLE

L'école Jacques Prévert compte 252 élèves répartis en 9 classes.
Trouve le nombre d'élèves par classe.

Voici une autre façon de calculer une division.

Exemple 1 : 617 divisé par 4

On commence par les centaines : $1 \times 4 = 4$;
j'écris 1 au quotient ; $6 - 4 = 2$;
puis j'abaisse la dizaine ➜ 1
On continue avec les dizaines : $5 \times 4 = 20$;
j'écris 5 au quotient ; $21 - 20 = 1$;
puis j'abaisse l'unité ➜ 7
On termine avec les unités : $4 \times 4 = 16$;
j'écris 4 au quotient ; $17 - 16 = 1$.

6 1 7	4
− 4	1 5 4
2 1	
− 2 0	
1 7	
− 1 6	
1	

Le reste est inférieur au diviseur : la division est terminée.
Pour vérifier, on calcule : (154 × 4) + 1.

Exemple 2 : 626 divisé par 8

Quand le premier chiffre du dividende (ici, le chiffre des centaines) est inférieur au diviseur, on prend les deux premiers chiffres.
6 est plus petit que 8 : on prend donc 62.
$7 \times 8 = 56$; j'écris 7 au quotient ; $62 - 56 = 6$;
puis j'abaisse l'unité ➜ 6
$8 \times 8 = 64$; j'écris 8 au quotient ; $66 - 64 = 2$.

6 2 6	8
− 5 6	7 8
6 6	
− 6 4	
2	

Le reste est inférieur au diviseur : la division est terminée.
Pour vérifier, on calcule : (78 × 8) + 2.

1 **Pose et calcule ces divisions en écrivant, dans ton cahier, les différentes étapes comme ci-dessus.**

82 divisé par 6	983 divisé par 8
306 divisé par 2	702 divisé par 4
700 divisé par 5	815 divisé par 7

2 **Léa a commencé ces divisions. Recopie-les et termine-les sans oublier de faire la vérification.**

5 0 9	6
− 4 8	8

1 4 0 9	4
− 1 2	3

3 **Recopie et effectue les divisions suivantes.**

1 9 4 1	8

5 4 9 0	9

9 0 0 0	6

8 4 3 2	5

4 **Tom a divisé 4 440 par 7, il a trouvé 635.**
La division est-elle juste ? Réponds sans poser la division.

PROBLÈMES

5 

Combien chaque enfant aura-t-il de chocolats ?

6 Les coureurs du tour de France ont parcouru les 219 km de la douzième étape en 6 heures. Quelle distance moyenne parcourent-ils en une heure ?

7 La ludothèque dispose de 1 500 € pour acheter des petits jouets en bois qui coûtent 9 € pièce. Combien de jouets la ludothèque pourra-t-elle acheter ?

8 Le service des sports utilise des étiquettes autocollantes pour écrire les adresses de ses adhérents. Une feuille se compose de 8 étiquettes. Combien faudra-t-il de feuilles pour que le service des sports envoie un courrier à ses 1 243 adhérents ?

9 La famille Durant a payé 2 369 € pour sa semaine de vacances au Sénégal. Quel était le prix pour une journée de séjour ?

10 Pour réaliser une haie, des jardiniers doivent planter trois arbustes par mètre. Combien devront-ils commander d'arbustes pour réaliser 678 mètres de haie dans tout le village ?

JE TRAVAILLE SEUL(E)

Pose et effectue les divisions suivantes.

347 divisé par 3

3 456 divisé par 9

6 321 divisé par 8

5 983 divisé par 6

À TOI DE JOUER...

Le massif d'herbe se situe à 250 m.
Combien de sauts de 6 m le kangourou doit-il faire pour s'en approcher le plus possible sans le dépasser ?

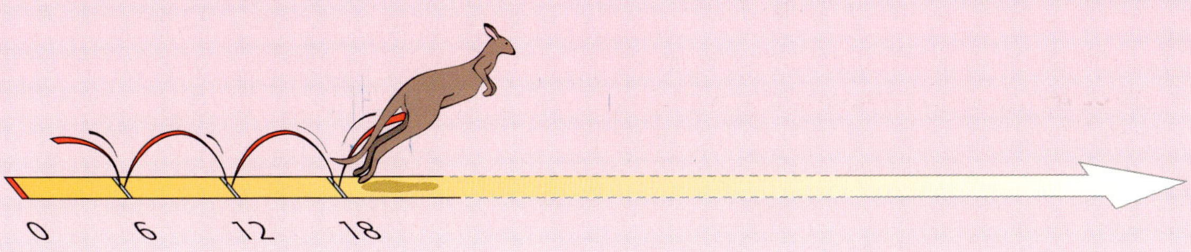

RÉCAPITULONS 2

1 **Écris les cinq premiers multiples de 12.**

2 **Mathilde a relevé 5 multiples de 40, mais elle a fait une erreur en recopiant. Sauras-tu la corriger ?**

160 – 200 – 240 – 280 – 300 – 360

3

Trois cars contenant chacun 60 passagers arrivent en même temps.

Combien de temps devront patienter les personnes qui prendront le téléphérique en dernier.

1er voyage nombre de passagers ... —30 min→ 2e voyage nombre de passagers ... —30 min→

4 **Qui suis-je ?**

Je suis à la fois multiple de 6 et de 8 et je suis compris entre 100 et 130.

5 **Reproduis et complète les égalités suivantes.**

29 = (4 × …) + …
74 = (… × 9) + …
38 = (6 × …) + …
67 = (… × 10) + …
88 = (9 × …) + …

58 = (9 × …) + …
47 = (… × 8) + …
83 = (10 × …) + …
68 = (11 × …) + …
97 = (… × 9) + …

6 **Reproduis et complète ce tableau.**

Égalité	Dividende	Diviseur	Quotient	Reste
(9 × 4) + 2 = 38		9		
(5 × 31) + 3 = 158			31	
(13 × 56) = 728		13		
(64 × 325) + 41 = 20 841			325	
(429 × 15) + 7 = 6 442	6 442			

7 **Écris l'égalité qui correspond à cette situation.**
Chaïma range ses 124 photos dans un album qui contient 6 photos par page. Elle obtient 20 pages complètes et il reste 4 photos sur la page suivante.
… = (… × …) + …

8 Un jardinier place des petits pots d'œillets d'Inde dans des bacs qui en contiennent 8. Il dispose de 100 pots d'œillets. Combien de bacs pourra-t-il compléter ? Lui restera-t-il des pots ?

9 **Calcule.**

1 350 divisé par 10	4 700 divisé par 10
77 600 divisé par 100	33 400 divisé par 100
6 200 divisé par 10	80 000 divisé par 100
90 000 divisé par 100	25 200 divisé par 10
1 440 divisé par 10	3 000 divisé par 10

10 **Indique le quotient et le reste de chacune de ces divisions.**

176 divisé par 100	800 divisé par 10
459 divisé par 100	34 divisé par 10
154 divisé par 100	4 372 divisé par 100
12 472 divisé par 100	1 375 divisé par 100

11 En avion, la distance de Paris à Hong Kong est d'environ 10 000 km. Un avion assurant cette liaison totalise 1 640 000 km. Combien d'aller-retour a-t-il effectués ?

12 **Pose et effectue ces divisions.**

574 divisé par 6	1 657 divisé par 9
912 divisé par 8	2 268 divisé par 5

13 Un séjour de 4 jours à Prague (République tchèque) est proposé au prix de 436 €. À combien revient une journée ?

14 Le vendeur propose à M. et Mme Valentin de régler l'achat de cette tondeuse à gazon en 6 fois. Combien M. et Mme Valentin paieront-ils à chaque fois ?

15 Avec leur camping-car, M. et Mme Roadagain ont parcouru 1 872 km en 9 jours. En moyenne, combien de kilomètres ont-ils parcourus chaque jour ?

16 Pour vider un bassin contenant 16 300 litres, une pompe a fonctionné durant 5 heures. Combien de litres cette pompe peut-elle vider à l'heure ?

17 M. et Mme Goodfire viennent de commander cette cheminée. Le vendeur leur propose de la payer en 8 fois. Quel sera le montant de chaque règlement ?

15 L'addition des nombres décimaux

CHERCHONS ENSEMBLE

Un spéléologue achète une combinaison imperméable au prix de 79,90 €, un bidon étanche à 38,50 € et un sac à dos à 69 €.
Quelle somme totale va-t-il payer ?

Pour additionner des nombres décimaux, on aligne les centaines sous les centaines, les dizaines sous les dizaines, les unités sous les unités, les dixièmes sous les dixièmes, les centièmes sous les centièmes.

Il est donc nécessaire **de bien aligner les virgules**.

Exemples : 45,16 + 32,9
158 + 86,5

	4	[1]5,	1	6
+	3	2,	9	0
	7	8,	0	6

	[1]1	[1]5	8,	0
+		8	6,	5
	2	4	4,	5

On n'oublie pas de **placer la virgule du résultat sous les autres virgules** !
Avant d'effectuer une addition, on calcule toujours **l'ordre de grandeur du résultat**.

Exemples : 45,16 + 32,9 → 45 + 33 = 78 158 + 86,5 → 160 + 90 = 250

1 **Recopie ces additions, puis calcule-les. Tu peux ajouter des zéros dans les parties décimales si cela te semble nécessaire. Évalue d'abord l'ordre de grandeur du résultat.**

	1	4	7,	2	5
+	2	1	4,	3	6

	7	4,	8
+	1	7,	9

	1	1	2,	2	8
+		6	3,	5	

	5	6	4,	4	3
+		4	3,	6	

2 **Pose et effectue ces additions. Calcule d'abord l'ordre de grandeur du résultat.**

212,32 + 654,78
545 + 56,2
356,21 + 7,34
94,3 + 7,35 + 12,6

3 **Recopie et calcule sans poser les opérations.**

12 + 4,3 =
14,03 + 1,15 =
125,5 + 20,5 =
42 + 7,5 =
33,6 + 12 =
140,5 + 140,5 =

4 **Recopie et relie deux à deux les nombres dont la somme est égale à 100. Tu ne dois pas poser les opérations !**

98,1 •	• 20,9
48,3 •	• 52,73
79,1 •	• 47,49
12,24 •	• 51,7
52,51 •	• 1,9
47,27 •	• 87,76
13,5 •	• 86,5

PROBLÈMES

Pour tous ces problèmes, calcule d'abord l'ordre de grandeur du résultat.

5 Amandine vient d'effectuer ces achats : un cahier à 1,45 €, un stylo à 1,78 € et un étui de 6 surligneurs à 3,69 €. Quelle somme totale a-t-elle payée ?

6 Théo a-t-il assez d'argent pour régler ses achats ?

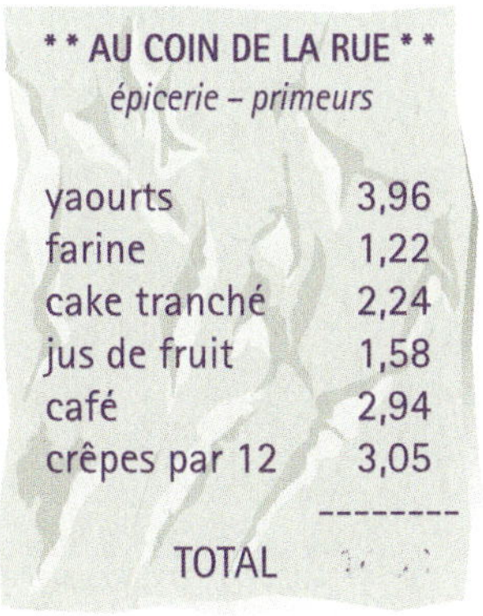

7 Pour l'anniversaire de sa maman, Adrien voudrait lui offrir un roman et un bouquet de fleurs. Il a choisi un livre affiché 17,64 € et un bouquet valant 7,25 €. Aura-t-il assez d'argent s'il dispose de 25 € ?

8 Johanna veut entourer ce cadre d'un ruban adhésif de couleur. Quelle longueur totale de ruban doit-elle prévoir ?

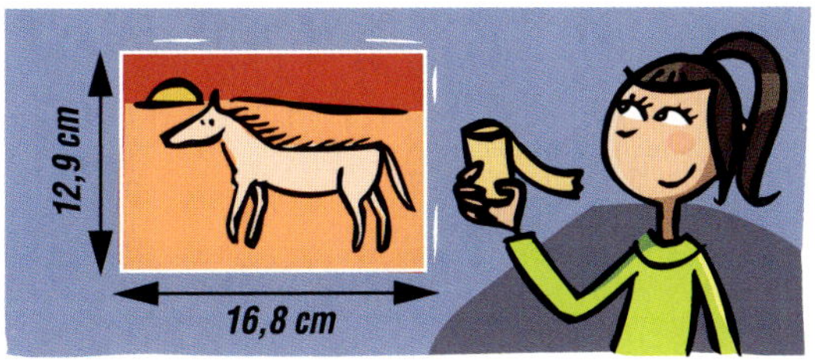

9 Observe le trajet effectué par Martin et sa mère au cours de leur randonnée. Convertis toutes les distances en kilomètres, puis calcule la longueur totale de la randonnée.

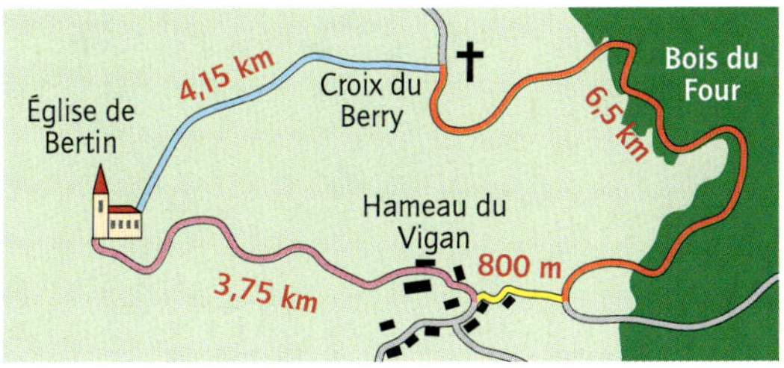

10 Mamie Joséphine envoie un colis à ses petits-enfants. Elle place, dans le carton, un ballon pesant 830 g, un dictionnaire pesant 1,27 kg, une encyclopédie pesant 3,65 kg et une paire de chaussures de sport pesant 1,32 kg.

a) Le carton vide pèse 400 g. Quelle est, en kilogrammes, la masse totale du colis ? Attention aux conversions !

b) Mamie Joséphine consulte le tableau ci-dessous. Indique combien elle va payer pour l'affranchissement du colis.

Colis économiques					
500 g	1 000 g	2 000 g	3 000 g	5 000 g	10 000 g
4,05 €	5,10 €	5,90 €	6,50 €	7,75 €	10,40 €

JE TRAVAILLE SEUL(E)

a) **Pose et effectue ces additions.**

45,18 + 0,75 + 9 + 127,4
895,35 + 148 + 74,5
84,54 + 515 + 9,4
154 + 5 691 + 48,15

b) Observe ce tableau et indique quelle somme totale le tourisme a rapportée à la France de 1998 à 2001.

Le tourisme en France	
Années	Recettes (en milliards d'euros)
1998	10,91
1999	13,93
2000	15,09
2001	33,5

À TOI DE JOUER...

Forme des paires : la somme de deux cartes est égale à 10. Quelle carte te reste-t-il ?

2,38 — 1,88 — 8,1 — 1,7 — 2,04 — 8,3
2,42 — 7,4 — 1,9 — 7,58 — 2,6 — 8,12 — 7,62

16 La soustraction des nombres décimaux

CHERCHONS ENSEMBLE

Au cours d'une épreuve de lancer du javelot, les quatre meilleures performances sont les suivantes :

1er	2^{e}	3^{e}	4^{e}
94,16 m	92 m	91,5 m	88,65 m

a) Quel écart sépare la performance du 1er athlète de celle du 2e ?

b) Quel écart sépare la performance du 1er athlète de celle du 3e ?

c) Quel écart sépare la performance du 2e athlète de celle du 4e ?

Pour soustraire des nombres décimaux, on aligne les unités sous les unités, les dizaines sous les dizaines, les dixièmes sous les dixièmes, les centièmes sous les centièmes.

Il est donc nécessaire de **bien aligner les virgules**.

Une fois la soustraction posée, on la **complète avec les zéros nécessaires**.

Exemples : 65,92 − 53,6   137 − 45,5

	6	5,	9	2
−	5	3,	6	0
	1	2,	3	2

	1	₁3	7,	₁0
−	+1	4	+1 5,	5
	0	9	1,	5

On n'oublie pas de **placer la virgule du résultat sous les autres virgules** !

Avant d'effectuer une soustraction, on **calcule** toujours **l'ordre de grandeur du résultat**.

Exemples : 65,92 − 53,6 → 66 − 54 = 12
137 − 45,5 → 140 − 50 = 90

1 **Recopie ces soustractions puis, avant de les calculer, ajoute des zéros dans les parties décimales si cela est nécessaire.**
Évalue d'abord l'ordre de grandeur du résultat.

```
   9 6,4 3        3 7,8
 −   3,1 8     − 1 2,9 2

   5 6,4 2     6 2 5
 − 3 5,6     −   8 8,1 7
```

2 **Pose et effectue ces soustractions. Évalue d'abord l'ordre de grandeur du résultat.**

521,5 − 63,34 | 265,47 − 179
85,15 − 78,7 | 651,32 − 12,68

3 **Sauras-tu trouver le résultat final de cette suite de soustractions ?**

596 − 98,2 = A   A − 87,19 = B
B − 189 = C   C − 109,61 = ?

4 **Calcule sans poser les opérations.**

4,5 − 2,1 | 7 − 0,5 | 12,6 − 3,4
9 − 0,8 | 62 − 12,1 | 35,2 − 0,3

5 **Recopie et complète les égalités.**

9,9 = 10 − …   4,75 = 5 − …
6,8 = 7 − …   3,85 = 4 − …
8,8 = 10 − …   9,5 = 11 − …

PROBLÈMES

Pour ces problèmes, calcule d'abord l'ordre de grandeur du résultat, puis vérifie tes résultats à l'aide de ta calculatrice.

6 En raison du mauvais temps, une étape d'une épreuve cycliste qui devait être longue de 205,2 km a été raccourcie de 35,8 km. Quelle distance les coureurs ont-ils finalement parcourue ?

7 Pour l'achat de cet ensemble, le vendeur a fait une réduction de 42,25 € à M. et Mme Golay. Combien M. et Mme Golay ont-ils payé ?

8 Noah achète une baguette de pain à 1,20 € et un chausson aux pommes à 1,35 €. Il paie avec un billet de 5 €. Combien la boulangère va-t-elle lui rendre ?

9 **Observe ce tableau, puis réponds aux questions.**

Espérance de vie des femmes (en années)			
Japon	83,82	Népal	57,1
France	82,10	Cambodge	55
États-Unis	79,20	Madagascar	53,30
Équateur	72	Mali	47,39
Algérie	69,30	Niger	40,20

Calcule la différence d'espérance de vie entre :

a) une femme japonaise et une femme nigérienne ;

b) une femme française et une femme malienne ;

c) une femme équatorienne et une femme malgache ;

d) une femme américaine et une femme cambodgienne.

e) Effectue un autre calcul et indique ce que tu as calculé.

JE TRAVAILLE SEUL(E)

a) Pose et effectue ces soustractions.

63,4 − 12,36 1 547,25 − 548

815,35 − 74,9 425 − 78,14

b) Des chiffres se sont effacés. Retrouve-les.

*** SUPERPRIX ***

LOT 2 BOÎTES DE THON	3.64
CROQUETTES POUR CHIEN	5.94
BEURRE TENDRE	1.22
LESSIVE POUDRE	10.68
TOTAL 4 art.	[illegible]
ESPÈCES	30.00
RENDU	[illegible]

MERCI DE VOTRE VISITE
A BIENTÔT

* 1 EURO = 6.55957 FRF

069-10115 # 003-1287 LE 28/08/2005 17:37

À TOI DE JOUER...

Sauras-tu résoudre cette soustraction mystérieuse ?

$$2\,000 - x = y$$

Le nombre x comprend 3 chiffres dans sa partie entière et 2 chiffres dans sa partie décimale.
Le chiffre des centaines est 8, le chiffre des centièmes est 1.
En retranchant le chiffre des centièmes au chiffre des centaines, on obtient le chiffre des dizaines.
Les autres chiffres sont égaux entre eux et donnent 10 si on les additionne.

Le nombre y te donnera le nombre de litres de crème contenu dans le plus gros pot de crème hydratante pour le corps jamais fabriqué ! (Ce pot a un diamètre de 2 m pour une hauteur de 53 cm !)

17 Situations de proportionnalité

CHERCHONS ENSEMBLE

Marie achète 4 figurines de collection. Elle paie 36 €.
Alan en achète 2.
Combien va-t-il payer ?
Oscar en achète 6.
Combien va-t-il payer ?

Cinq macarons coûtent 4 €.
Combien coûtent 10 macarons, 15 macarons...

Nombre de macarons	5	10	15		30
Prix (en €)	4	8	12		24

(5 + 10 → 15 ; 4 + 8 → 12 ; 15 × 2 → 30 ; 12 × 2 → 24)

On dit que le coût des macarons est **proportionnel** à leur nombre.

Pour les problèmes 1 à 4, tu dois trouver les réponses sans calcul écrit.

1 Valentin a acheté 2 baguettes et a payé 2 euros. Combien aurait-il payé pour l'achat de 4 baguettes ?

2 Odia achète trois paquets de riz et paie 6 euros. Quel est le prix d'un paquet ?

3 Pour ses amis et lui, M. Lang demande cinq billets à la caisse du *musée du Jouet*. On lui demande un règlement de 15 €. Quel est le prix du billet d'entrée dans ce musée ?

4 L'école des Pins compte 4 classes pour un total de 105 élèves. L'école du Moulin, qui compte 12 classes a, proportionnellement, le même nombre d'élèves par classe. Quel est le nombre d'élèves scolarisés à l'école du Moulin ?

5 Une association achète des tartelettes pour un goûter de fin d'année.
Reproduis et complète le tableau pour connaître le prix à payer en fonction du nombre de tartelettes achetées.

Nombre de tartelettes	2	10	12	14	20	50	70
Prix (en €)	4						

6 Un coureur à pied parcourt 12 kilomètres en une heure. S'il court toujours à la même vitesse, quelle distance parcourt-il en une demi-heure ? en une heure et demie ? en deux heures ?

7 Pour nourrir un éléphant, le responsable d'un zoo doit prévoir chaque jour 60 kg de foin, 15 kg de betteraves et 5 kg d'avoine. Il y a trois éléphants dans le zoo.
a) Quelle quantité de nourriture journalière doit-il prévoir ?
b) Quelle quantité de nourriture doit-il prévoir pour une semaine ?

8 Un professeur achète 60 cahiers pour 40 €. Combien aurait-il payé pour 30 cahiers ? Pour 120 cahiers ? pour 150 cahiers ? Combien de cahiers pourrait-il avoir pour 10 € ?

9 On emballe les œufs par boîte de 6.
Observe le graphique ci-contre, puis recopie et complète les phrases.

a) Dans 3 boîtes, il y a ... œufs.
b) Dans 5 boîtes, il y a ... œufs.
c) Dans 7 boîtes, il y a ... œufs.
d) Pour emballer 54 œufs, il faut ... boîtes.
e) Dans 14 boîtes, il y a ... œufs.
f) Pour emballer 102 œufs, il faut ... boîtes.

À l'aide du graphique, énonce deux autres affirmations.

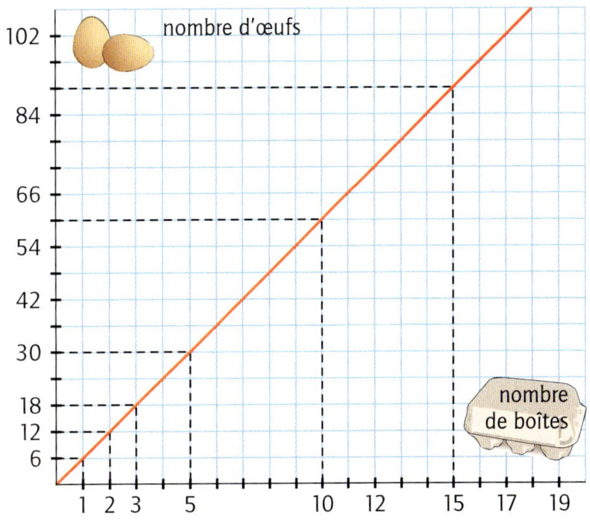

10 **Reproduis et complète ce tableau en modifiant les quantités de chaque ingrédient en fonction du nombre de personnes.**

CLAFOUTIS POIRES ET CITRON VERT					
Ingrédients	Pour 2 personnes	Pour 4 personnes	Pour 6 personnes	Pour 8 personnes	Pour 10 personnes
Crème fraîche (en cL)		50			
Jaunes d'œuf		6			
Sucre (en g)		70			
Maïzena (en g)		20			
Gousses de vanille		2			
Citron vert		1			
Poires		5			

JE TRAVAILLE SEUL(E)

a) Une voiture consomme 6 litres d'essence pour parcourir 100 km.
Reproduis et complète ce tableau.

Distance (en km)	6	3		18	
Consommation d'essence (en L)	100		150		500

b) **Observe cette publicité, puis indique si les prix sont proportionnels. Justifie ta réponse.**

À TOI DE JOUER...

Ne recopie que les énoncés qui correspondent à des situations de proportionnalité.

a) 6 croissants valent deux fois plus cher que 3 croissants.
b) Plus une piscine est grande plus il y a d'eau dedans.
c) Plus un canard a de pattes plus il court vite.
d) Une voiture 4 portes coûte 2 fois plus cher qu'une voiture 2 portes.
e) 10 vaches donnent 5 fois plus de lait que 2 vaches.
f) Le périmètre d'un carré de côté 8 cm est 2 fois plus grand que celui d'un carré de côté 4 cm.

SYNTHÈSE

1 **Observe le graphique ci-contre, puis calcule, sur les 116 € de redevance audiovisuelle, la somme qui revient à France 5 et celle qui revient à RFI.**

Une précision : France 5 reçoit 3 fois plus d'argent que RFI.

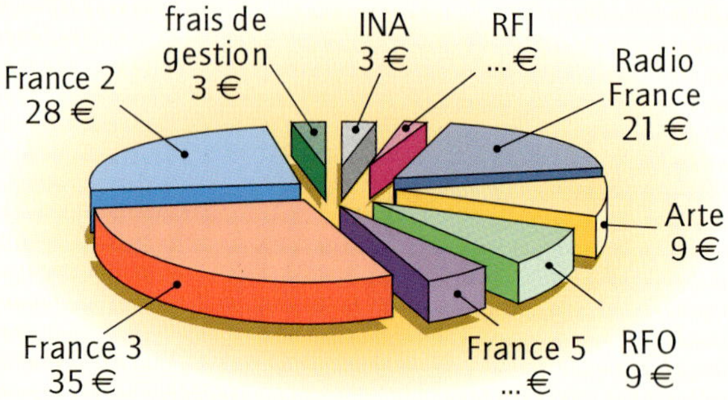

2 De juin 1999 à mars 2000, un Américain de 18 ans a parcouru en vélo toute la route panaméricaine qui relie Prudhoe Bay (Alaska) à Bahia Lapataia (Terre de feu). Durant 261 jours, il a ainsi roulé une moyenne de 94 km chaque jour. Quelle distance totale a-t-il parcourue ?

3 Dans la région tropicale des Andes, on a dénombré 45 000 espèces de plantes, 1 666 espèces d'oiseaux, 414 espèces de mammifères et 309 espèces de reptiles et d'amphibiens.

a) Calcule le nombre d'espèces vivantes de cette région.

b) Sur notre planète, le nombre total d'espèces de plantes répertoriées est environ 7 fois celui que l'on trouve dans la région tropicale des Andes. Environ combien d'espèces de plantes peut-on trouver sur Terre ?

4 **Observe ce tableau.**

Pays	Population (en millions d'habitants)	Parc automobile (en millions de voitures)	Ventes de voitures
Allemagne	82	41	3 252 900
Brésil	168	14	1 295 000
Italie	58	31	2 270 000
Ukraine	50	2	75 000
États-Unis	273	131	8 600 000

a) **Recopie et complète ces phrases.**

– En Ukraine, on compte une voiture pour ... personnes.

– En Allemagne, on compte une voiture pour ... personnes.

b) **Vrai ou faux ?**

– Au Brésil, on compte une voiture pour 12 personnes.

– La population des États-Unis est le double de celle du Brésil.

– Le nombre de voitures en circulation aux États-Unis est entre 9 et 10 fois plus important qu'au Brésil.

– En Italie, on a vendu environ 30 fois plus de voitures qu'en Ukraine.

– La population des États-Unis représente moins d'habitants que celle des quatre autres pays cités, mais on a vendu plus de voitures aux États-Unis que dans ces quatre autres pays réunis.

5 **Observe ce tableau et retrouve les informations manquantes.**
Les quantités de métaux et d'incombustibles divers représentent la même masse que le plastique.

Les déchets ménagers en France
Dans 10 kg de déchets, on trouve en moyenne...
2,9 kg de déchets putrescibles
... kg de papiers/cartons
1,3 kg de verre
1,1 kg de plastique
0,7 kg d'incombustibles divers
0,6 kg de textiles
0,5 kg de divers matériaux
... kg de métaux

6 Pour atteindre la Lune avec un vaisseau spatial, il faut environ 4 jours. Pour atteindre Mars, il faut 6 mois. Combien de fois le voyage Terre-Mars est-il plus long que le voyage Terre-Lune ? (Tu prendras un mois = 30 jours.)

7 Chaque kilomètre de la ligne TGV Lyon-Marseille, longue de 325 km, a coûté en moyenne 15 millions d'euros. Calcule le coût total de cette ligne TGV, en millions d'euros.

8 **Observe ce graphique et réponds aux questions.**

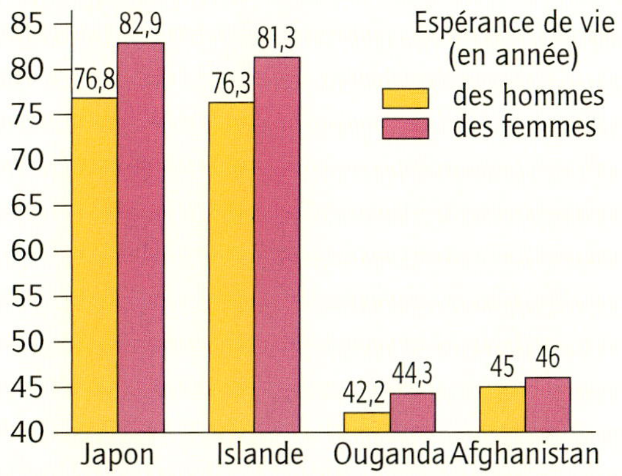

a) Quelle est la différence d'espérance de vie entre un Japonais et un Afghan ?

b) Quelle est la différence d'espérance de vie entre une Islandaise et une Ougandaise ?

c) Quelle est la différence d'espérance de vie entre un Japonais et une Japonaise ?

JE TRAVAILLE SEUL(E) - CORRIGÉS

Page 73
Crépi rustique : 8,40 × 3 = 25,20
Lasure bois : 29,90 × 2 = 59,80
Colis parquet flottant : 17,85 × 12 = 214,20
Sous-total : 25,20 + 59,80 + 214,20 = 299,20
Total : 299,20 – 14,96 = 284,24

Page 75
a) 3 000 + 2 000 + 12 000 = 17 000
3 215 + 1 968 = 12 019 = 17 202
b) 800 + 1 000 + 4 000 = 5 800
779 + 994 + 3 917 = 5 690
c) 57 000 + 2 000 = 59 000
56 847 + 2 114 + 9 = 58 970
d) 3 000 + 60 000 + 1 000 = 64 000
2 807 + 63 288 + 872 = 66 967

Page 77
a) 35 000 – 11 000 = 24 000 | 34 109 – 11 094 = 23 015
9 000 – 6 000 = 3 000 | 9 116 – 6 048 = 3 068
102 000 – 96 000 = 6 000 | 101 718 – 96 427 = 5 291
45 000 – 4 000 = 41 000 | 45 016 – 3 988 = 41 028
b) Augmentation de diffusion de ce quotidien :
500 612 – 492 518 = 8 094

Page 79
a) Joueurs licenciés auprès de la fédération française de badminton : 78 000 + 12 000 = 90 000
b) Joueurs licenciés auprès de la fédération française de ballon au poing : 12 000 – 10 200 = 1 800

Page 81
a) 4 715 × 6 = (4 000 × 6) + (700 × 6) + (10 × 6) + (5 × 6)
6 009 × 8 = (6 000 × 8) + (9 × 8)
5 238 × 9 = 47 142
3 887 × 7 = 27 209
b) Nombre de visiteurs qui ont payé un billet à tarif réduit :
6 543 – 4 317 = 2 226
Somme totale rapportée par la vente des billets (en €) :
(5 × 4 317) + (3 × 2 226) = 21 585 + 6 678 = 28 263

Page 83
a) 32 × 1 000 = 32 000 | 27 × 100 = 2 700
61 × 100 = 6 100 | 77 × 10 = 770
94 × 10 = 940 | 100 × 8 = 800
230 × 100 = 23 000 | 100 × 47 = 4 700
b) Pour l'ensemble du groupe, ce séjour reviendra à (en €) :
300 × 27 = 8 100

Page 85
a) 165 × 37 = (165 × 30) + (165 × 7)
473 × 68 = (473 × 60) + (473 × 8)
508 × 74 ➜ 500 × 70 = 35 000
508 × 74 = 37 592
794 × 31 ➜ 800 × 30 = 24 000
794 × 31 = 24 614
b) Montant à régler à l'agence de voyages (en €) :
589 × 47 = 27 683

Page 87
a) 653 × 409 = 267 077
b) 7 800 × 92 ➜ 8 000 × 90 = 720 000
7 800 × 92 = 717 600
560 × 304 ➜ 600 × 300 = 180 000
560 × 304 = 170 240

Page 91
a) 116 = (12 × 9) + 8 b) 32 = (4 × 8) c) 52 = (5 × 10) + 2

Page 93
a)

Multiples de 2	Multiples de 5	Multiples de 10
58 – 130 – 10 – 0 80 – 1 000 – 986	130 – 10 – 0 55 – 80 – 1 000	130 – 10 – 0 80 – 1 000

b) 9 octobre – 16 octobre – 23 octobre – 30 octobre

Page 95
a) 9 × 2 < 26 < 9 × 3 | 4 × 6 < 27 < 4 × 7
5 × 6 < 33 < 5 × 7 | 6 × 12 < 75 < 6 × 13
2 × 11 < 23 < 2 × 12 | 8 × 7 < 63 < 8 × 8
b) Nombre de filets obtenus :
5 × 49 < 246 < 5 × 50 ➜ Il obtiendra donc 49 filets.
Quantité de pommes de terre qui lui restera :
5 × 49 = 245 ; 246 – 245 = 1
ou le multiple de 5 le plus proche de 246 est 245.
Il lui restera 1 kg de pommes de terre.

Page 97
a) 98 divisé par 10 = 9 et il reste 8
789 divisé par 10 = 78 et il reste 9
456 divisé par 100 = 4 et il reste 56
5 672 divisé par 100 = 56 et il reste 72
6 780 divisé par 100 = 67 et il reste 80
408 divisé par 10 = 40 et il reste 8
76 943 divisé par 100 = 769 et il reste 43
304 671 divisé par 10 = 30 467 et il reste 1
5 009 divisé par 100 = 50 et il reste 9
b) 178 567 divisé par 10 000 = 17 et il reste 8 567.
M. Alfred a donc fait effectuer 17 vidanges sur sa voiture.

Page 99
a) 641 divisé par 7 = 91 et il reste 4
780 divisé par 4 = 195
3 709 divisé par 6 = 618 et il reste 1
2 009 divisé par 5 = 401 et il reste 4
b) (7 × 145) + 6 = 1 021
Il disposait de 1 021 roses.

Page 101
347 divisé par 3 = 115 et il reste 2
3 456 divisé par 9 = 384
6 321 divisé par 8 = 790 et il reste 1
5 983 divisé par 6 = 997 et il reste 1

Page 105
a) 45,18 + 0,75 + 9 + 127,4 = 182,33
895,35 + 148 + 74,5 = 1 117,85
84,54 + 515 + 9,4 = 608, 94
154 + 5 691 + 48,15 = 5 893,15
b) 10,91 + 13,93 + 15,09 + 33,5 = 73,43
Le tourisme a rapporté 73,43 milliards d'euros.

Page107
a) 63,4 – 12,36 = 51,04 | 1 547,25 – 548 = 999,25
815,35 – 74,9 = 740,45 | 425 – 78,14 = 346,86
b) Total : 21,48 Rendu : 30 – 21,48 = 8,52

Page 109
a)

Distance (en km)	6	3	**9**	18	**30**
Consommation d'essence (en L)	100	**50**	150	**300**	500

b) Les prix ne sont pas proportionnels. Dans le cas d'une situation de proportionnalité, si 2 tee-shirts valent 12 €, 4 tee-shirts valent 24 € et 5 tee-shirts 30 €.

Grandeurs et mesure

Les balances

Les balances sont des instruments utilisés pour déterminer la masse d'un corps. La première balance est... notre main ! Mais ce n'est pas un instrument très fiable ni très précis. Soupeser des objets permet simplement d'estimer si deux objets ont sensiblement la même masse ou si l'un des deux est plus lourd que l'autre. Réaliser des pesages précis a pourtant été très tôt une nécessité pour les échanges commerciaux. C'est pourquoi, dès l'Antiquité, les hommes ont inventé des dispositifs pour effectuer ces pesages et ils n'ont pas cessé depuis de les améliorer.

Longtemps, on a utilisé uniquement deux types de balances : la balance à bras égaux et la balance romaine.

Marchands, XIe siècle.

Pesée de la laine à Venise, 1395.

1 La plus ancienne représentation de **balances à bras (fléaux) égaux** a été découverte sur un bas-relief daté de 800 avant J.-C.
Nous connaissons surtout la célèbre balance de Roberval. Elle tire son nom de Gilles Personne de Roberval (1602–1675), mathématicien français qui en est l'inventeur.
Son principe est simple : elle est constituée d'une barre métallique, le fléau, qui reçoit un plateau à chaque extrémité. À vide, les plateaux sont en équilibre. On place l'objet à peser sur l'un des plateaux et l'on ajoute des poids dans le second plateau jusqu'à obtenir l'équilibre. Il suffit d'additionner les masses du second plateau pour connaître la masse de l'objet pesé.

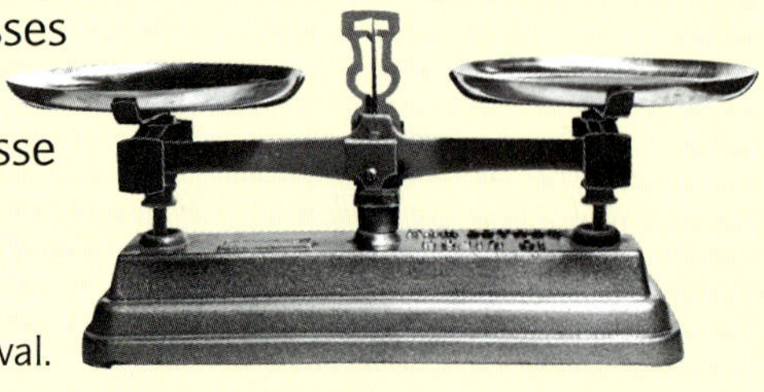

Balance de Roberval.

Marchand tenant une balance, stèle funéraire, VIIIe av. J.-C.

2 **La balance romaine** est encore utilisée de nos jours sur les marchés ou à la campagne. Le principe est le suivant : il s'agit de suspendre l'objet à peser au crochet et de déplacer le poids le long du fléau pour faire l'équilibre horizontal. La masse se lit sur la graduation du fléau.
Ce type de balance peut peser des objets jusqu'à 6 kg.

Balance romaine.

3 Aujourd'hui, dans le commerce et l'industrie, on utilise **des balances automatiques** dont l'affichage est électronique. Il existe énormément de modèles différents selon l'usage souhaité : balance de bijoutier, balance utilisée par le boucher... jusqu'au pont-bascule qui permet de peser un camion, un train ou un avion !
On pose la masse à peser, puis on affiche éventuellement le prix au kilogramme et une calculatrice intégrée indique la somme à payer.

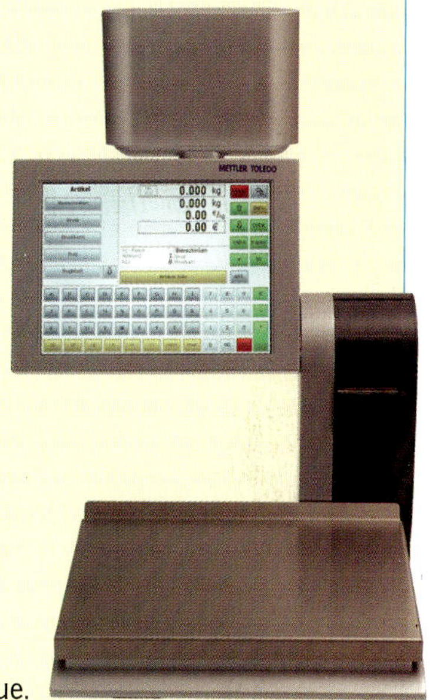

Balance électronique.

4 On utilise également depuis longtemps des **balances de précision**. Dans un pèse-lettres de 1851, le plateau était relié à un balancier lesté qui avait pour fonction de faire contrepoids. Quand on plaçait une lettre sur le plateau, le balancier oscillait pour équilibrer la masse et une aiguille fixée au balancier indiquait la masse.
De nos jours, des balances de précision sont utilisées dans les laboratoires : elles sont très sensibles et très précises. Elles permettent de mesurer des masses inférieures au centième de milligramme et, dans les laboratoires scientifiques, on parvient à peser des quantités inférieures au millionième de gramme.

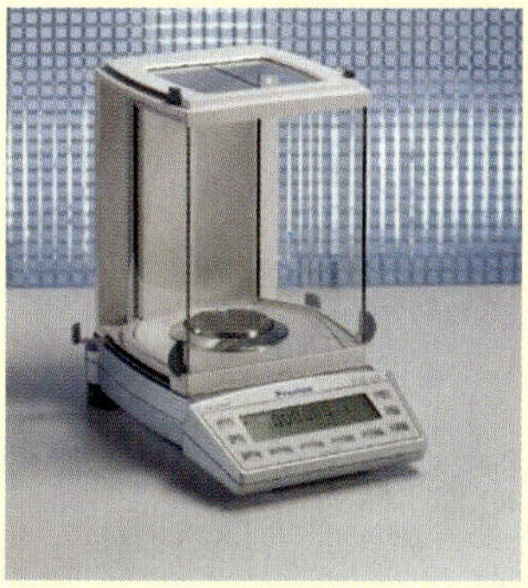

Cette balance d'analyse a une précision de 0,0001 g. Son prix est supérieur à 3 200 € !

Pèse-lettres, 1851.

En France, l'utilisation des instruments de pesage est réglementée. C'est le Service des instruments de mesure (SIM), anciennement Service des poids et mesures, dont la fondation remonte à 1837, qui est chargé de l'application des différentes lois.

1 Mesure de longueurs (1)

CHERCHONS ENSEMBLE

Calcule la longueur totale de la baguette dorée qui entoure ce miroir.

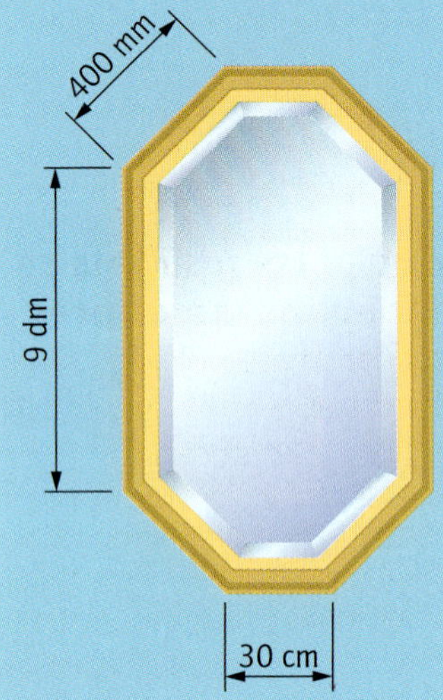

L'unité de mesure de longueurs est le mètre.

Ses sous-multiples sont :

le décimètre, **le centimètre** et **le millimètre**.

1 m = 10 dm = 100 cm = 1 000 mm

1 dm = 10 cm = 100 mm

1 cm = 10 mm

mètre	décimètre	centimètre	millimètre
m	dm	cm	mm
1	3	4	0

Exemple : 1 m 3 dm et 4 cm = 1 m et 34 cm
= 1 m et 340 mm
= 1 340 mm

Pour **effectuer des opérations** (additions ou soustractions) avec des nombres représentant des mesures de longueurs, celles-ci doivent **être exprimées dans la même unité**.

1 Recopie en complétant avec l'unité qui convient.

La longueur d'une coccinelle : 6 ...
La hauteur d'une maison : 8 ...
La longueur d'un tournevis : 2 ...
L'épaisseur d'un dictionnaire : 4 ...
La largeur d'une porte : 83 ...
La hauteur d'une table : 7 ...
La longueur d'une allumette : 48 ...
La longueur d'un terrain de football : 110 ...

2 Recopie et convertis chaque mesure en mm.

5 dm – 65 cm – 3 m – 4 cm et 2 mm – 9 dm et 4 cm – 30 cm – 2 m et 6 cm

3 Recopie et convertis chaque mesure en cm.

4 m et 6 dm – 5 m et 5 cm – 2 700 mm – 4 dm et 40 mm – 10 m – 70 mm

4 Décompose chaque mesure comme dans l'exemple.

1 630 mm = 1 m 6 dm et 3 cm

140 cm – 104 dm – 104 mm – 1 040 mm – 1 400 cm

5 Recopie et convertis dans l'unité demandée.

560 mm = ... cm
12 m et 50 cm = ... dm
4 m et 5 cm = ... cm
8 dm et 12 mm = ... mm
27 m = ... cm

6 Recopie et convertis dans l'unité demandée.

3 740 mm = ... cm
700 cm = ... m
15 m et 5 dm = ... cm
2 dm et 9 mm = ... mm
50 cm et 5 mm = ... mm
50 m = ... dm

7 Complète avec l'unité manquante.

3 000 mm = 30 ...
2 m et 20 cm = 220 ...
4 m et 2 dm = 420 ...
9 m et 3 cm = 9 030 ...
3 dm et 9 cm = 390 ...
6 m = 600 ...

8 **Indique la mesure de ce segment de trois façons différentes.**

A ———————————————— B

9 **Range ces mesures en ordre croissant.**
115 dm – 863 cm – 4 050 mm – 9 m – 12 dm – 75 mm – 70 dm

10 **Calcule comme dans l'exemple.**
(4 m et 3 cm) + (15 dm)
= 403 cm + 150 cm = 553 cm

(2 m et 4 dm) + (9 dm et 5 cm) = … cm
(7 m et 500 mm) – (2 m et 30 cm) = … cm
(5 800 mm) + (9 dm) + (4 m) = … dm
(270 m) + (6 dm et 40 mm) + (1 m) = … cm

PROBLÈMES

11 Maria voudrait installer sur cette armoire une lampe mesurant 570 mm de hauteur.

La hauteur de la pièce étant de 2 m et 50 cm, cela sera-t-il possible ?

12 Afin de couvrir des livres, Émilien découpe des bandes de 35 cm de largeur dans un rouleau de plastique d'une longueur totale de 5 m. Il a déjà découpé 14 bandes. Peut-il en découper encore au moins une ?

13 On prépare la salle de réunion de la mairie pour le prochain conseil municipal. On estime que chaque conseiller doit disposer de 75 cm. Peut-on installer 12 conseillers de chaque côté d'une table de 9 m de longueur ?

JE TRAVAILLE SEUL(E)

a) Recopie et convertis dans l'unité demandée.
830 mm = … cm
4 m et 600 mm = … dm
63 cm et 5 mm = … mm
8 700 mm = … m et … dm

b) En sachant que les résultats se sont régulièrement améliorés, reproduis et complète le tableau avec les performances réalisées en les exprimant sous la forme : « … m et … cm »
55 dm – 3 030 mm – 420 cm – 5 m et 100 mm – 39 dm et 5 cm – 592 cm – 4 700 mm

JEUX OLYMPIQUES D'ÉTÉ	
Meilleure performance au saut à la perche	
1896	
1912	
1928	
1960	
1964	
1976	
1996	

À TOI DE JOUER…

Saurais-tu associer chaque record du monde masculin (2004) avec sa performance ?

Saut en hauteur •	• 74 m et 8 cm
Saut à la perche •	• 18 m et 29 cm
Saut en longueur •	• 98 m et 48 cm
Triple saut en longueur •	• 2 m et 45 cm
Lancer du poids •	• 6 m et 14 cm
Lancer du disque •	• 23 m et 12 cm
Lancer du javelot •	• 8 m et 95 cm

2 Mesure de longueurs (2)

CHERCHONS ENSEMBLE

Un animateur de randonnée pédestre prépare son prochain circuit : 13 km en forêt, 5 100 m en campagne et 9 hm sur route.
Quelle sera la longueur totale de la randonnée ?

Multiples du mètre				Sous-multiples du mètre		
kilomètre	hectomètre	décamètre	mètre	décimètre	centimètre	millimètre
km	hm	dam	m	dm	cm	mm
9	0	0	0			
3	0	5	0			

1 km = 10 hm = 100 dam = **1 000 m** **1 m** = 10 dm = 100 cm = **1 000 mm**

Exemples : 9 km = 90 hm = 9 000 m 3 km et 50 m = 3 050 m

Les unités de mesure des longueurs les plus utilisées sont le **kilomètre**, le **mètre**, le **centimètre** et le **millimètre**.

1 **Pour chaque mesure, indique l'unité qui convient :**
- la distance Nancy-Brest : 886 ...
- la longueur d'un camion : 12 ...
- la hauteur d'une armoire : 195 ...
- la longueur d'un pont sur une rivière : 4 ...
- la longueur d'un sucre : 26 ...
- la longueur d'un terrain de basket : 26 ...
- la longueur d'une piste sur un aérodrome : 1 800 ...
- le cross des écoles : 3 ...

2 **Recopie et convertis dans l'unité demandée.**

5 km = ... m
3 hm = ... m
5 km et 3 hm = ... m
2 800 m = ... hm
6 km et 400 m = ... m

3 a) **Pour chaque mesure, effectue des décompositions. Observe l'exemple.**

5 426 m = 5 km 4 hm 2 dam 6 m

8 106 m – 2 320 mm – 714 hm – 562 cm

b) **Recopie et complète.**

... cm = 2 dam 3 m et 5 cm
... m = 6 km 5 hm et 4 dam

4 **Range ces mesures en ordre décroissant.**

4 km – 3 095 m – 26 hm – 29 000 m – 9 900 cm – 98 dam – 206 dam

5 **Recopie et convertis dans l'unité demandée.**

65 hm = ... m
9 km et 8 m = ... m
4 km et 15 m = ... m
15 km et 500 m = ... m
25 hm et 10 m = ... m

6 **Recopie et convertis dans l'unité demandée.**

12 000 m = ... km
35 m et 5 cm = ... cm
7 km et 45 m = ... m
8 500 m = ... hm
72 m et 50 cm = ... cm

7 **Recopie et complète avec l'unité manquante.**

48 km = 480 …
8 008 cm = 8 … et 8 …
15 700 mm = 15 … et 7 …

7 600 m = 7 … et 600 …
352 hm = 35 … et 2 …
26 dam = 260 …

7 km = 70 …
704 m = 70 … et 4 …
6 010 cm = 60 … et 10 …

PROBLÈMES

8 Les 6 000 baliseurs (personnes chargées du marquage des chemins) entretiennent chacun environ 30 km de sentiers. Calcule la longueur totale des chemins balisés en France.

9 En 2000, le réseau routier français comprenait :
- 9 766 km d'autoroutes (dont 2 456 km de voies rapides limitées à 110 km/h) ;
- 25 550 km de routes nationales ;
- 359 225 km de routes départementales ;
- 592 550 km de routes communales.

Calcule la longueur totale du réseau routier français en 2000.

10 Le parcours du championnat de VTT se déroule sur ce circuit à parcourir 3 fois. Calcule la longueur totale du championnat de VTT.

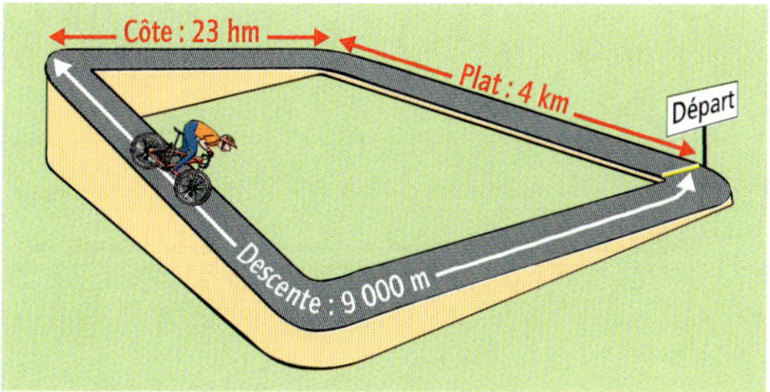

11 Calcule la distance séparant Vaisons-la-Romaine de Nyons.

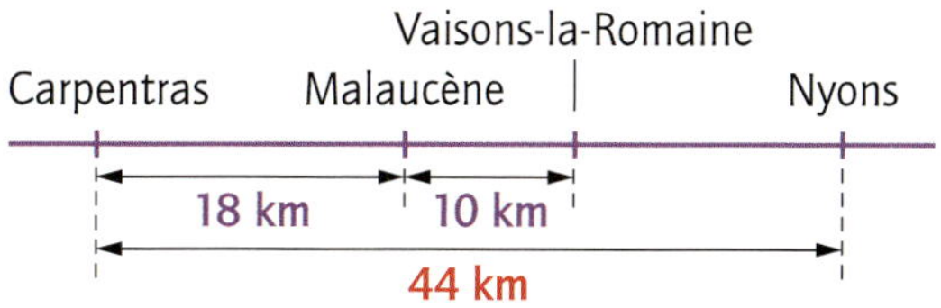

12 Aux J.O. d'Athènes 2004, la lanceuse de disque N. Sadova a remporté la médaille d'or avec un jet à 67 m et 2 cm. Elle a précédé la deuxième et la troisième respectivement de 34 cm et de 85 cm. Calcule les performances réalisées par les athlètes qui ont gagné les médailles d'argent et de bronze.

13 On clôture une propriété avec du grillage.
Le périmètre du terrain mesure 14 hm et 30 m.

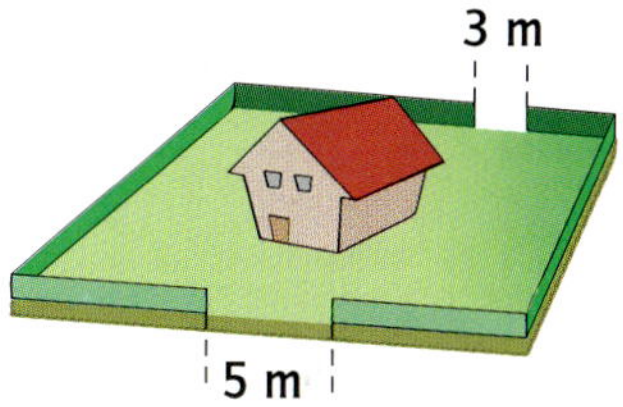

Une fois le travail terminé, il reste 28 m de grillage.

Observe le dessin et indique la longueur de grillage qui avait été achetée.

JE TRAVAILLE SEUL(E)

a) **Recopie et convertis dans l'unité demandée.**

23 000 m = … km
74 hm et 2 m = … m
3 km et 194 m = … m

b) **Résous le problème.**

Des élèves de CM1 ont mesuré la largeur de la cour avec un mètre cassé auquel il manque 7 cm. Ils l'ont reporté exactement 15 fois. Indique, en mètres et en centimètres, la largeur de la cour.

À TOI DE JOUER…

En additionnant les mesures ci-dessous, tu trouveras la longueur et la hauteur du plus imposant barrage du monde, le barrage des Trois Gorges, en Chine.

Longueur :
1 400 m, 20 dam, 7 hm

Hauteur :
430 dm, 67 m, 56 000 mm, 1 900 cm

Terminé en 2009, il aura nécessité un grand mouvement de population car il engloutira 20 villes !

3 Le périmètre d'un polygone

CHERCHONS ENSEMBLE

Un triangle, un carré et un rectangle ont le même périmètre : 36 cm. Indique la mesure des côtés de ces polygones. Pour certains polygones, il y a plusieurs solutions.

Le périmètre d'un polygone est la somme de la mesure de ses côtés.

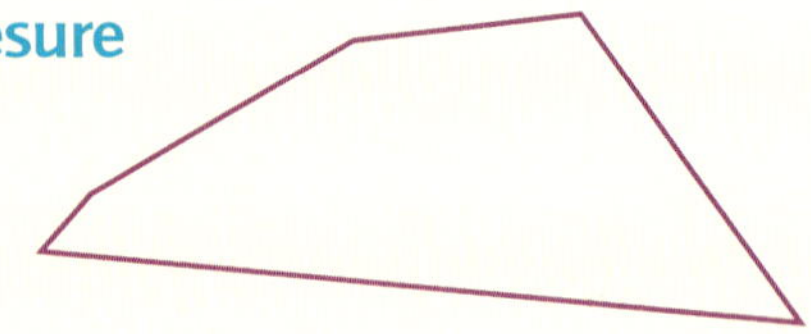

Le périmètre de ce pentagone est (en mm) :
15 + 25 + 50 + 5 + 20 = 115

Grâce aux particularités de leurs côtés, on peut calculer plus rapidement le périmètre d'un rectangle et celui d'un carré.

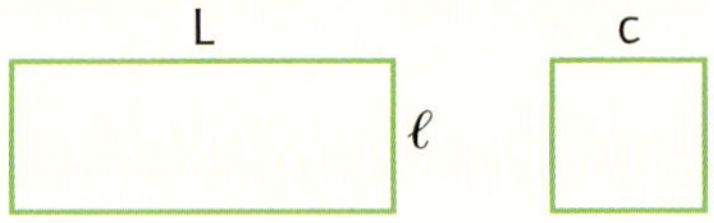

Périmètre du rectangle : **(L + ℓ) × 2**.
Périmètre du carré : **c × 4**.

1 **Calcule le périmètre de chacun de ces polygones.**

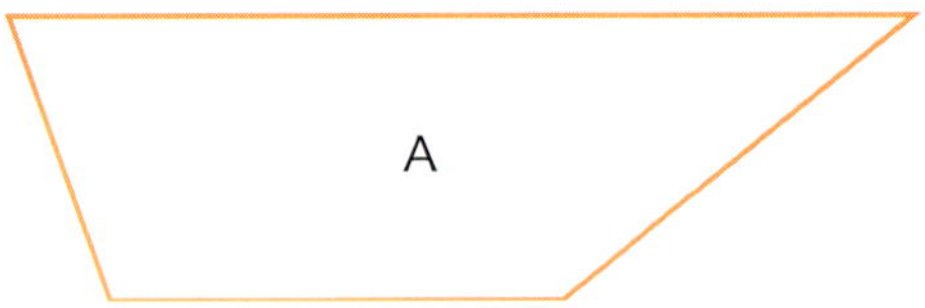

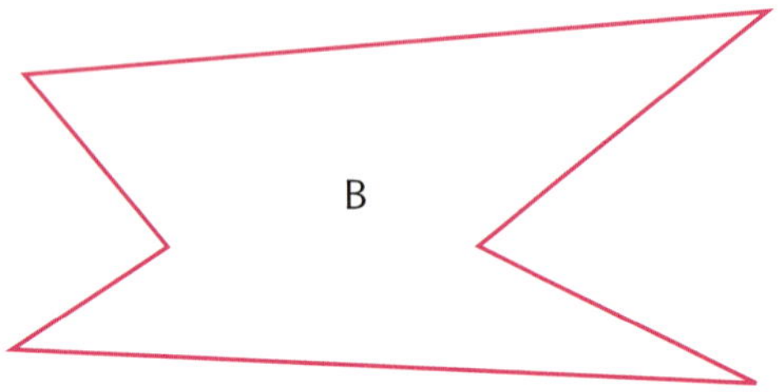

2 **Reproduis et complète ces tableaux.**

Rectangle			
Longueur	Largeur	Demi-périmètre (L + ℓ)	Périmètre
7 cm	4 cm		
12 cm		21 cm	
	42 mm	96 mm	

Carré	
Côté	Périmètre
6 cm	
	40 cm
125 mm	

PROBLÈMES

3 Papa achète une baguette de bois afin de fabriquer un cadre pour une aquarelle. Celle-ci a la forme d'un rectangle de 47 cm de longueur et 32 cm de largeur. Quelle longueur de baguette papa doit-il prévoir ?

4 Les joueurs d'une équipe de football commencent leur entraînement par 5 tours en footing autour du terrain. Quelle distance vont-ils parcourir ?

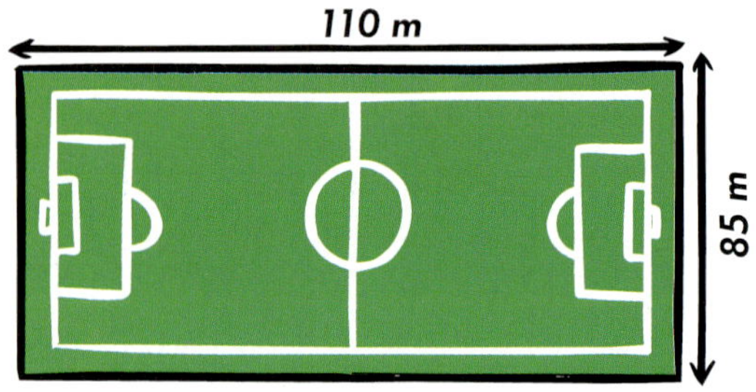

5 Dans un club d'activités manuelles, on achète une nappe blanche carrée à broder de 150 cm de côté au prix de 17 €.
On coud sur son pourtour un galon de couleur valant 4 € le mètre.

a) Quelle longueur de galon a-t-on achetée ?

b) Combien a coûté ce galon ?

c) Calcule la dépense totale pour ce travail.

6 M. Leteneur entoure d'une clôture grillagée un terrain de 31 m de longueur et 14 m de largeur. Il laisse une ouverture de 3 m.

a) Quelle sera la longueur de la clôture ?

b) La clôture coûtant 19 € le mètre, calcule la dépense totale de M. Leteneur.

7 **Laquelle de ces figures a le plus grand périmètre ?**

La figure A est composée d'un carré de 12 cm de côté et d'un triangle équilatéral. La figure B est composée de deux rectangles accolés de chacun 17 cm de longueur et 7 cm de largeur.

Attention !
Les figures sont réduites.

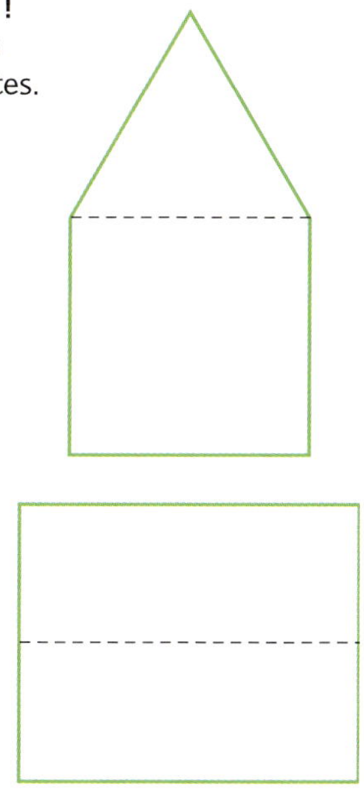

8 Un massif de roses a la forme d'un rectangle de 12 m de longueur et 6 m de largeur. Les jardiniers l'ont entouré d'une haie de buis située à 50 cm de son pourtour. Calcule la longueur totale de cette haie.

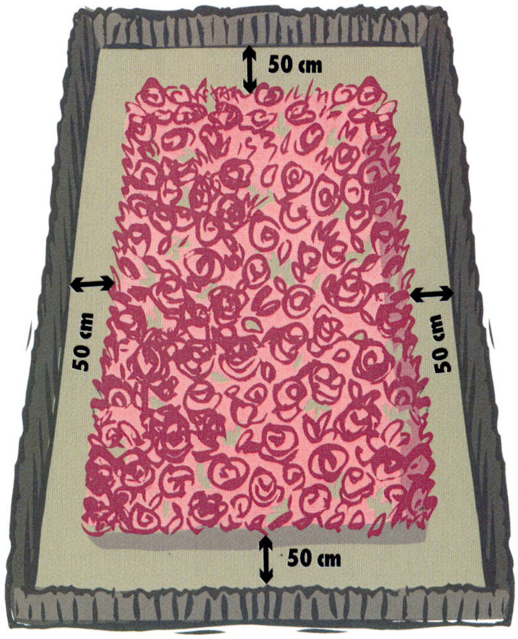

JE TRAVAILLE SEUL(E)

a) **Reproduis, puis complète le tableau.**

b) **Classe ces terrains de sport du plus petit périmètre au plus grand.**

	Handball	Basket-ball	Volley-ball	Tennis
Longueur (en m)	40	26		35
Largeur (en m)	20		9	
Demi-périmètre (en m)		40		53
Périmètre (en m)			54	

À TOI DE JOUER...

Une figure (ci-dessous en réduction) est formée d'un carré et de 4 triangles équilatéraux de chacun 90 mm de périmètre. Quel est le périmètre de cette figure ?

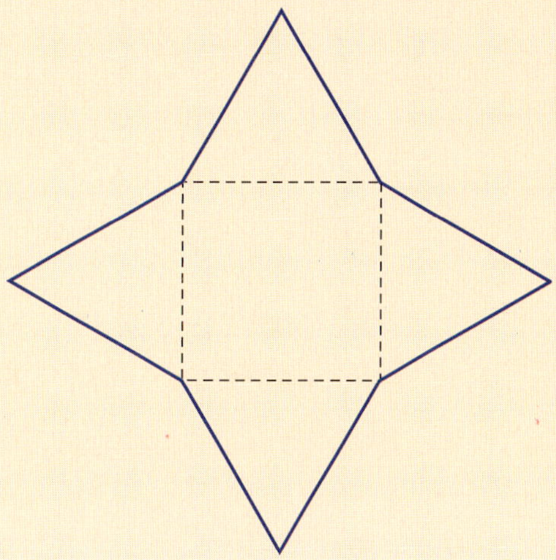

4 Lecture de l'heure

CHERCHONS ENSEMBLE

Voici deux types d'horloge. Certaines donnent la même heure. Lesquelles ?

A B C D E F

1 2 3 4 5 6

12 h, c'est midi : le milieu de la journée qui a commencé à 0 h (minuit).

Sur le cadran de l'horloge, on lit l'heure par rapport à minuit (matin) ou midi (après-midi).

matin : 3 h 25 min

après-midi : 12 h + 3 h = 15 h, donc il est 15 h 25 min.

1 **Écris les heures du matin et celles de l'après-midi.**

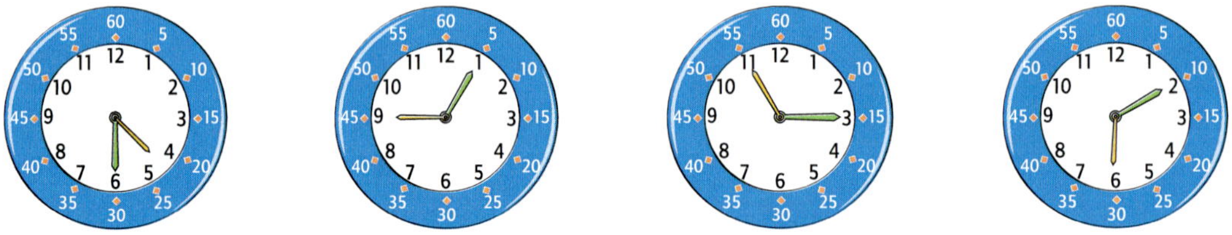

a b c d

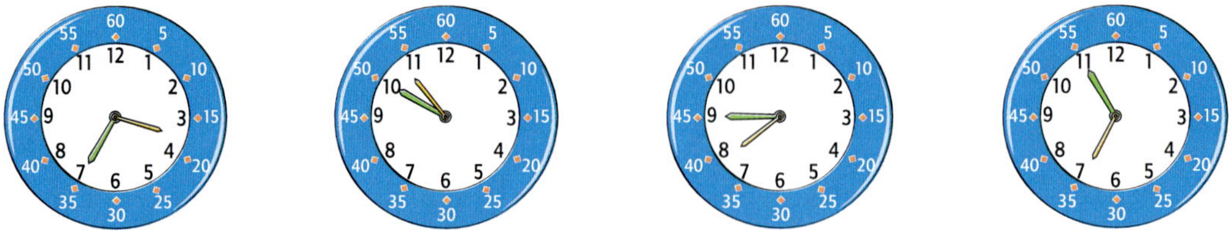

e f g h

2 **Reproduis et complète les tableaux.**

Heures	La petite aiguille est sur le...
17 h	
21 h	
14 h	
23 h	

Heures	La grande aiguille est sur le...
5 h 15	
16 h 40	
12 h 20	
9 h 55	

3 a) **Décalque six fois l'horloge ci-dessous, puis place les aiguilles pour indiquer les heures suivantes.**

6 h 40
8 h 30
10 h 55
14 h 35
17 h 50
21 h 45

b) **Donne l'heure d'une autre manière quand c'est possible. Observe l'exemple.**

6 h 40 : 7 h moins 20.

4 **Recopie et complète.**

a) 2 h 50 min + ... = 3 h
16 h 30 min + ... = 17 h
9 h 45 min + ... = 10 h
14 h 10 min + ... = 15 h

b) 12 h 47 min + ... = 13 h
8 h 32 min ... = 9 h
21 h 50 min + ... = 22 h
17 h 15 min ... = 18 h

c) 5 h 38 min + ... = 6 h
... + 20 min = 2 h
15 h 26 min + ... = 16 h
... + 44 min = 20 h

5 **Quelle heure est-il à la pendule ?**

6 **Quelle heure du matin est-il quand Elouan arrive à la gare routière ?**

Le bus qu'il devait prendre est parti depuis 12 min.
Quelle heure était-il ?
Pour prendre le prochain, il doit encore attendre 9 min.
Quelle heure sera-t-il ?

JE TRAVAILLE SEUL(E)

Poissy ----> Achères

	transilien
11 : 08	11 : 25
11 : 28	11 : 45
11 : 48	12 : 05
12 : 08	12 : 25
12 : 28	12 : 45
12 : 48	13 : 05
13 : 08	13 : 25

Monsieur Duchemin vient d'arriver à la gare de Poissy.
Quel train peut-il prendre pour se rendre à Achères ?
Il s'endort dans la salle d'attente et se réveille 35 minutes plus tard.
Dans quel train doit-il alors monter ?
Combien de temps a-t-il perdu ?

À TOI DE JOUER...

En Angleterre, le moment de la journée est indiqué par deux lettres après l'heure.

8.10 a.m. signifie 8 h 10 min (ante meridien : avant le milieu du jour).

8.10 p.m. signifie 20 h 10 min (post meridien : après le milieu du jour).

Exprime les heures suivantes comme on le fait en France.

4.25 a.m.	4.45 p.m.	6.55 a.m.
1.05 p.m.	9.32 p.m.	10.30 p.m.

5 Mesure de durées

CHERCHONS ENSEMBLE

a) Le 20 juillet est un mercredi. Quelles sont les dates des deux mercredis suivants ?

b) Le soleil se lève à 7 h 30 et se couche à 20 h 12. Quelle est la durée du jour ?

La durée est le temps qui s'écoule entre deux instants précis.

Exemples :

1) Début du règne de Louis XIII : 1610
Fin de son règne : 1643

Louis XIII a régné **33 ans.**

2) Début du dessin animé : 16 h 20
Fin du dessin animé : 17 h 05

Durée du dessin animé : **45 min**

1 min = 60 s **1 h = 60 min = 3 600 s** **1 j = 24 h**
1 année = 365 jours (366 les années bissextiles)

Pour les exercices 1 et 2, tu peux utiliser un calendrier.

1 Anton et Sofia partent aux sports d'hiver le 12 février et reviennent le 27 février. Calcule la durée de leur séjour.

2 M. et Mme Leblanc commandent leur voiture le 13/01/05. Elle leur sera livrée le 20/03/05.
Combien de jours doivent-ils attendre ?

3 **Recopie et relie les durées identiques.**

3 h •	• 240 s
4 min •	• 2 h
2 j •	• 180 min
120 min •	• 1 min
60 s •	• 48 h

4 **Exprime ces durées dans l'unité demandée.**

1 semaine 4 jours = … jours
2 h 30 min = … min
15 min 10 s = … s
3 j 4 h = … h
10 h = … min

PROBLÈMES

5 Tom, le petit frère de Soizic, boit un biberon toutes les 3 heures 30 min.
S'il a bu son lait à 6 h, à quelles heures seront les quatre biberons suivants ?

6 La chorale du Lamisol a commencé son tour de chant à 20 h 30 et l'a terminé à 22 h 45. Quelle a été la durée du tour de chant ?

7 Yanis s'est réveillé de la sieste à 14 h 50 après avoir dormi 1 h 20.
À quelle heure est-il allé se coucher ?

8 Marine a mis 35 minutes pour arriver à la gare de Brest, 10 minutes avant le départ du train. À quelle heure est-elle partie de chez elle ? Quelle est la durée du voyage ?

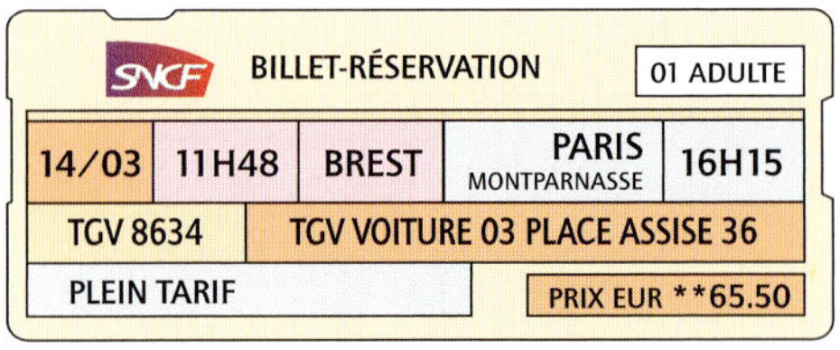

Elle a ensuite 50 minutes de trajet pour se rendre chez ses grands-parents.
À quelle heure arrivera-t-elle chez eux ?

9 Audric veut aller à la pêche à Douarnenez quand la marée sera basse, en première partie de journée. À quelle heure peut-il y aller ?

À quelle heure, ce même jour, la marée sera-t-elle de nouveau haute (pleine mer) ?

Calcule le temps que met la mer à remonter.

MARÉES 2005	DIMANCHE 17 JUILLET			
	Pleines mers		Basses mers	
	Matin	Soir	Matin	Soir
Saint-Malo	3.16	16.00	10.07	22.49
Paimpol	3.04	15.50	9.42	22.23
Perros-Guirec	2.34	15.14	9.05	21.42
Roscoff	2.16	15.00	8.49	21.26
L'Aberwrach	1.48	14.26	8.21	20.57
Brest	1.18	14.00	7.48	20.19
Douarnenez	1.06	13.51	7.40	20.11
Audierne	0.51	13.32	7.19	19.53
Concarneau	1.04	13.52	7.30	19.57
Port-Tudy	1.08	13.56	7.31	19.57
Etel	1.30	14.10	8.08	20.37
Belle-Île	1.13	14.01	7.29	19.55
Port-Navallo	1.32	14.21	7.44	20.11
Coefficients	45	47		

Source : Service Hydrographique et Océanographique de la Marine

JE TRAVAILLE SEUL(E)

Samir, Morgane, Maureen et Geoffray ont effectué un circuit d'acro-branches.

a) **Reproduis et complète le tableau.**

	Heure de départ	Durée	Heure d'arrivée
Samir		25 min	15 h 30
Morgane	15 h 15		15 h 44
Maureen	15 h 28	22 min	
Geoffray	15 h 34		16 h

b) **Classe les enfants du plus rapide au plus lent.**

À TOI DE JOUER...

L'horloge de Mamie sonne toutes les heures.
À midi, elle sonne 12 coups ; à 13 h : 1 coup ; à 14 h : 2 coups...
Combien de fois sonne-t-elle dans une journée entière ?

GRANDEURS ET MESURE

ESPACE ET GÉOMÉTRIE

6 Mesure de masses

CHERCHONS ENSEMBLE

Un litre (1 L) d'eau minérale *Ovive* contient 42 mg de calcium.
Quelle est la quantité de calcium contenue dans une bouteille de 1 L 1/2 ? dans un pack de six bouteilles ?

L'unité de mesure de masses est le gramme (g).

Multiples du gramme			gramme	Sous-multiples du gramme		
kilogramme	hectogramme	décagramme		décigramme	centigramme	milligramme
kg	hg	dag	g	dg	cg	mg
5	0	8	0			
			4	0	0	0

1 kg = 10 hg = 100 dag = **1 000 g** **1 g** = 10 dg = 100 cg = **1 000 mg**

Exemples : 5 kg et 80 g = 5 080 g
4 g = 40 dg = 400 cg = 4 000 mg

Il existe d'autres unités de mesure de masses :
– la tonne (t) = 1 000 kg ;
– le quintal (q) = 100 kg.

Attention ! Pour **effectuer des opérations** (additions ou soustractions) avec des nombres représentant des mesures de masses, ou pour comparer des mesures, celles-ci doivent **être exprimées dans la même unité**.

1 Quelle unité de mesure de masses utiliserais-tu pour indiquer la masse :
a) d'une feuille d'arbre ?
b) d'une encyclopédie ?
c) d'un renard ?
d) d'une règle ?
e) d'un avion ?
f) d'une poire ?

2 Range ces mesures de masses en ordre croissant.
4 000 g – 4 t – 400 kg – 400 hg

3 Convertis ces mesures dans l'unité demandée.
a) En cg : 18 dg – 27 g – 1 g 5 cg – 780 mg
b) En g : 4 kg – 2 kg 120 g – 5 kg 18 g – 2 kg 9 g – 10 kg – 7 kg 60 g
c) En kg : 3 t – 1 q 50 kg – 5 000 g – 4 600 g – 12 000 g – 150 hg

4 Recopie et mets le signe qui convient (>, < ou =)
300 mg ... 3 dg
43 dag ... 4 100 dg
700 cg ... 9 g
125 dg ... 12 g
6 kg ... 600 dag
82 hg ... 8 020 g

5 Choisis, à chaque fois, la bonne mesure.
a) La masse d'un vélo : 120 hg ou 1 200 g.
b) La masse d'un bébé : 31 dag ou 3 100 g.
c) La masse d'une chèvre : 5 000 hg ou 500 hg
d) La masse d'un œuf : 600 dg ou 6 g
e) La masse d'un pot de confiture plein : 3 600 mg ou 36 dag.

6 **Donne le prix d'un kilogramme de chaque aliment.**

9 Pour épouser son beau prince, la sorcière doit se transformer en une très belle jeune fille. Elle se souvient que la masse totale de l'élixir de beauté est 573 g. Peux-tu l'aider à le composer en choisissant les bons éléments ?

PROBLÈMES

7 Le boulanger range 20 baguettes de 250 g chacune dans un panier en osier. Quelle est la masse totale du pain ? Donne la réponse en kilogramme.

8 Cette étagère ne peut supporter plus de 4 kg. Est-elle en surcharge ? Si oui de combien ?

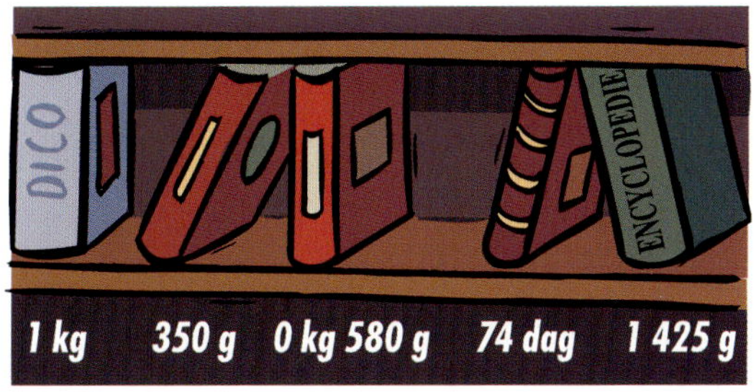

JE TRAVAILLE SEUL(E)

Recopie et complète.

8 kg = … g

23 g 4 dg = … mg

5 hg 6 dag 2 g = … g

7 kg 3 dag = … g

1 500 mg = … dg

1 370 mg = … cg

À TOI DE JOUER…

Une même masse peut avoir un poids différent selon l'endroit où elle se trouve.

Par exemple, une masse de 6 kg sur la Terre a un poids de 1 kg sur la Lune !

Reproduis et complète le tableau.

	Masse sur la Terre	Masse sur la Lune
Un homme	72 kg	
Une voiture	840 kg	
Un éléphant	1 800 kg	
Un chat	3 600 g	

7 Mesure de contenances

CHERCHONS ENSEMBLE

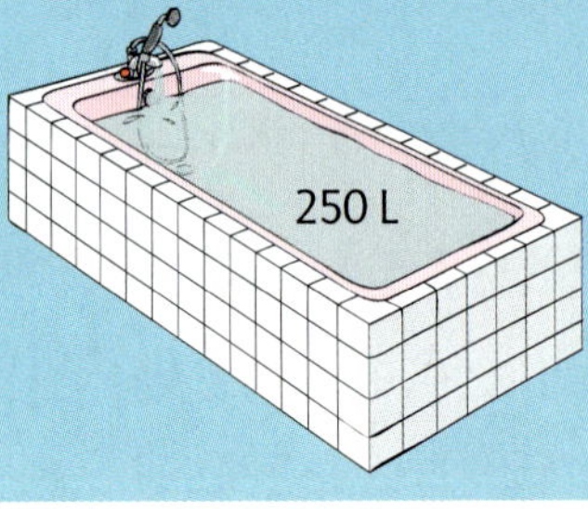

Combien de douches peux-tu prendre avec l'eau d'un seul bain ?

L'unité de mesure de contenances est le litre (L).

Multiples du litre			Sous-multiples du litre		
hectolitre	décalitre	litre	décilitre	centilitre	millilitre
hL	daL	L	dL	cL	mL
7	0	0			
		9	0	2	5

1 hL = 100 L 1 daL = 10 L **1 L** = 10 dL = 100 cL = **1 000 mL**

Exemples : 7 hL = 70 daL = 700 L 9 L et 25 mL = 9 025 mL

Attention ! Pour **effectuer des opérations** (additions ou soustractions) avec des nombres représentant des mesures de contenances, ou pour comparer des mesures, celles-ci doivent être **exprimées dans la même unité**.

1 Complète avec l'unité de mesure de contenances convenable.

a) Une bouteille de vin : 75 ...
b) Un bol : 50 ...
c) Un tonneau : 2 ...
d) Un verre : 10 ...
e) Un seau : 5 ...
f) Un autocuiseur : 8 ...

2 Recopie et complète.

30 daL = 300 ... | 900 L = 9 ...
12 L = 120 ... | 74 dL = 7 400 ...
2 000 cL = 2 ... | 18 hL = 1 800 ...

3 Convertis à chaque fois en litres.

7 hL – 14 daL – 200 cL – 930 dL – 8 000 mL – 3 000 cL – 90 daL

4 Recopie en convertissant dans l'unité demandée.

7 800 L = ... hL | 65 L = ... cL
90 L = ... daL | 13 L = ... dL
30 L = ... mL | 12 000 mL = ... L

5 Range ces récipients en ordre de contenance croissante.

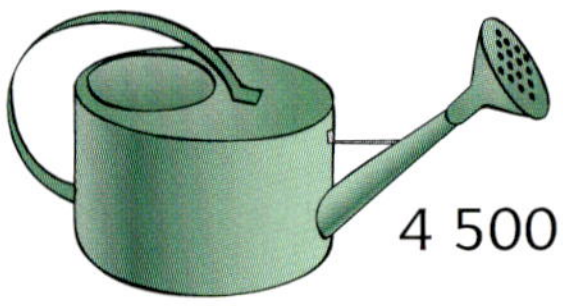

4 500 mL

35 dL

1 daL

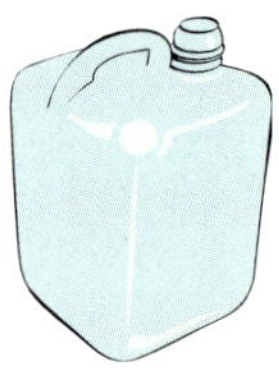

5 L

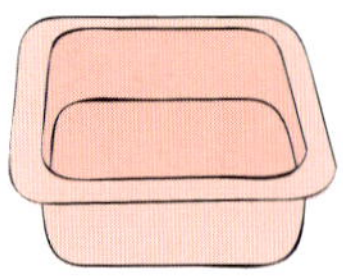

400 cL

6 **Recopie et complète avec le signe qui convient (>, < ou =)**

600 mL ... 6 dL	54 daL ... 5 200 dL
800 cL ... 9 L	437 dL ... 43 L
5 hL ... 500 L	140 L ... 2 hL

7 Émilien change l'eau de l'aquarium de son poisson rouge. Il doit verser 3 L d'eau dans le bocal. Combien de bouteilles doit-il remplir ?

8 Corentin boit 1 L 1/2 d'eau par jour. Quelle quantité aura-t-il bue pendant le mois de janvier ?

9

Exprime, en cL, la quantité de liquide bue par chacun des enfants.

JE TRAVAILLE SEUL(E)

Résous le problème.

Axel prépare un cocktail avec 2 L de jus d'orange, 1 L de jus de pamplemousse, 2 dL de jus de cassis et 10 cL de jus de fraise. Quelle quantité de cocktail obtient-il ?

À TOI DE JOUER...

Trouve la capacité (en L) de chacune de ces bouteilles de champagne.

GRANDEURS ET MESURE

ESPACE ET GÉOMÉTRIE

8 Mesure et nombres décimaux

CHERCHONS ENSEMBLE

Recopie et complète.

Le viaduc de Millau a une hauteur maximale de 340 m et une longueur de 2 400 m ou 2 ... et 400 m ou ... km.

Les nombres décimaux permettent d'exprimer des mesures non entières avec une seule unité.

Exemples :

Une voiture de 3 m et 85 cm
→ 3 unités et 85 centièmes
→ 3,85 m

Un paquet de 1 kg et 650 g
→ 1 unité et 650 millièmes
→ 1,650 kg

Une mesure sous la **forme d'un nombre décimal** peut s'écrire sous la **forme d'un nombre entier en changeant d'unité**.

Exemples :

1,342 km = 1 km et 342 m = 1 342 m
3,725 g = 3 g et 725 mg = 3 725 mg

1 Recopie en effectuant les conversions.

2 364 cm = ... m	743 g = ... hg	1 362 m = ... km	3 478 mg = ... g
365 mm = ... m	8 457 g = ... kg	3 212 m = ... hm	57 cg = ... g

2 Recopie en effectuant les conversions.

76,4 dg = ... mg	4,72 km = ... m	1,75 km = ... hm	12,7 g = ... cg
3,8 g = ... cg	15,25 m = ... cm	2,39 g = ... cg	6,07 dm = ... mm

3 Décompose chaque mesure comme dans l'exemple.

16,53 m = 1 dam 6 m 5 dm 3 cm = 1,653 dam = 165,3 dm = 1 653 cm

9,65 g – 35,4 hm – 7,46 dm – 3,55 L – 45,49 g – 10,7 cL – 56,09 m

4 Décompose chaque mesure comme dans l'exemple.

4 278 mm = 4 m 2 dm 7 cm 8 mm = 4,278 m = 42,78 dm = 427,8 cm

2 323 g – 512 cm – 9 400 m – 475 cL – 674 mg – 6 789 m – 478 dL

5 Recopie les valeurs égales à 32,50 m.

3,25 dam – 3,250 hm – 325 dm – 32 500 mm – 3 250 cm – 0,325 hm – 325 cm

6 Range ces mesures en ordre croissant.

a) 6,57 kg – 6 212 g – 64,3 kg – 324,5 dg – 6 900 cg – 645,8 g – 72 hg
b) 8 400 cm – 3,16 hm – 1,4 km – 937,5 dm – 263,8 m – 0,678 km – 543 m

PROBLÈMES

7 **Sauras-tu donner, en cm, la longueur totale du Trophée des Escargots ?**

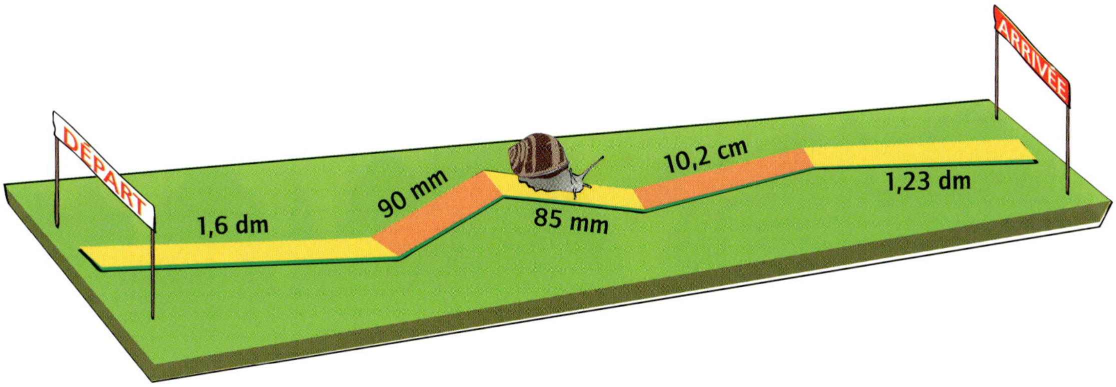

8 Une camionnette doit charger 24 colis pesant chacun 2,35 kg et 36 colis pesant chacun 1 700 g. Calcule, en g puis en kg, la masse totale transportée.

9 Un marathon est une course pédestre longue de 42,195 km.
Lorsqu'un coureur a parcouru 12 500 m, quelle distance lui reste-t-il encore à effectuer ?

10 Établis le classement de ces lanceurs de poids en fonction de la performance qu'ils ont chacun réalisée.

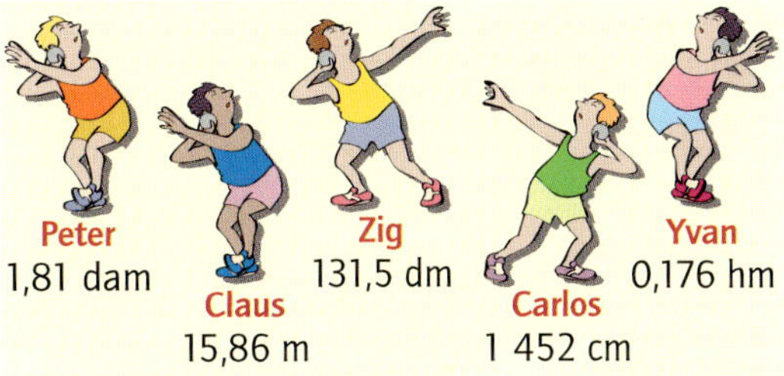

JE TRAVAILLE SEUL(E)

a) **Décompose chaque mesure comme dans l'exemple.**

5 721 mg = 5 g 7 dg 2 cg 1 mg
= 572,1 cg
= 57,21 dg
= 5,721 g

6 263 m – 0,375 km – 204 cg – 275 mm

b) **Résous le problème.**

Un podomètre enregistre le nombre de pas d'un marcheur. En le réglant à la longueur de son pas, le marcheur peut ainsi afficher la distance qu'il a parcourue.

Maurice a réglé son pas à 80 cm et son podomètre a enregistré 17 875 pas. Quelle distance, en km, l'instrument indique-t-il ?

À TOI DE JOUER...

Un kilogramme de crevettes est vendu 23 €.

Quelle est la valeur totale de ce stock ?

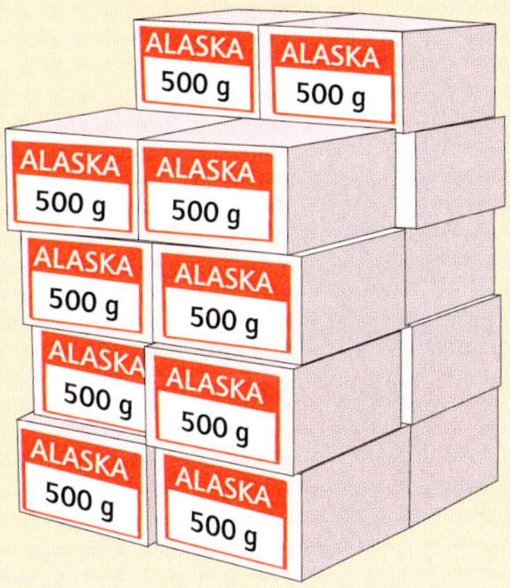

9 Mesure d'angles

CHERCHONS ENSEMBLE

À ton avis, quelle ouverture de ciseaux est la plus grande ?
Range ces dessins de la plus grande à la plus petite ouverture.

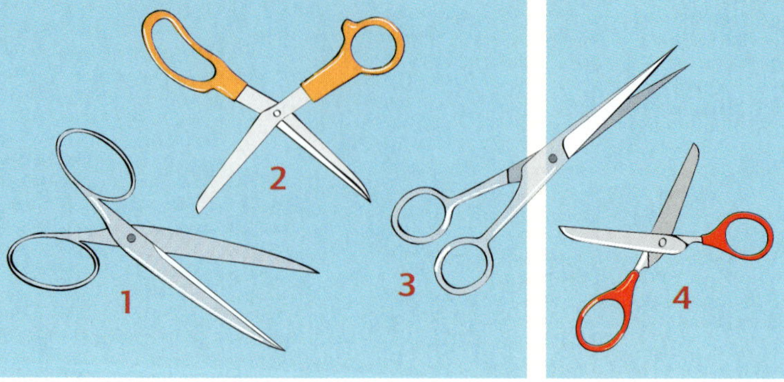

Deux demi-droites issues d'un même point forment un angle.

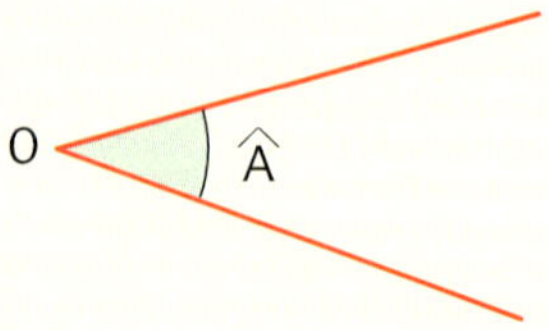

O est le sommet de l'angle $\widehat{A}$.
Les deux demi-droites sont les côtés de l'angle $\widehat{A}$.

On peut **comparer** des angles en les **découpant** et en les **superposant** ou en **utilisant un gabarit**.

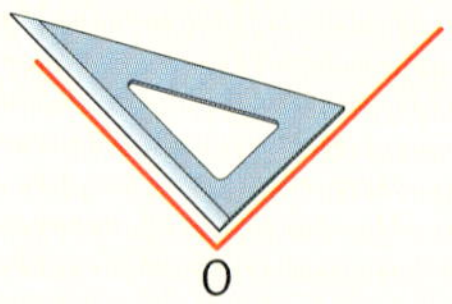

Un angle qui correspond à l'équerre est un **angle droit**.

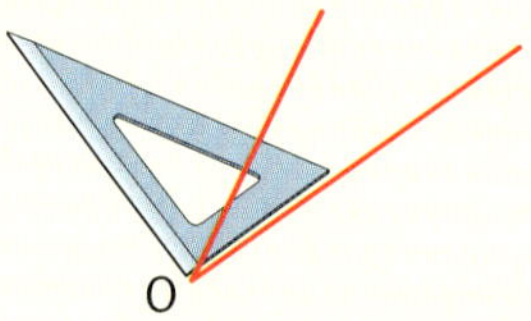

Un angle plus petit que l'angle droit est un **angle aigu**.

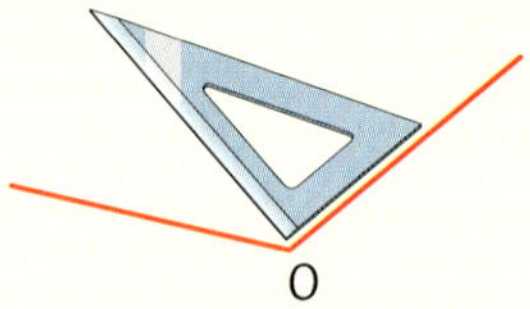

Un angle plus grand que l'angle droit est un **angle obtus**.

1 Fabrique un gabarit en suivant les consignes suivantes.

a) Trace un cercle de 3 cm de rayon et de centre O. Découpe-le.

b) Trace un segment qui passe par le centre de ce disque.

c) Découpe le long du segment en conservant bien le point O en évidence.

Ton gabarit est prêt.

Comment l'utiliser ?

a) Place le point O du gabarit sur le sommet de l'angle et le bord du gabarit sur l'un des côtés de l'angle.

b) Sur le gabarit, fais une marque dans le prolongement du deuxième côté.

c) Tu peux découper le gabarit pour reporter une mesure ou bien t'en servir pour comparer des angles.

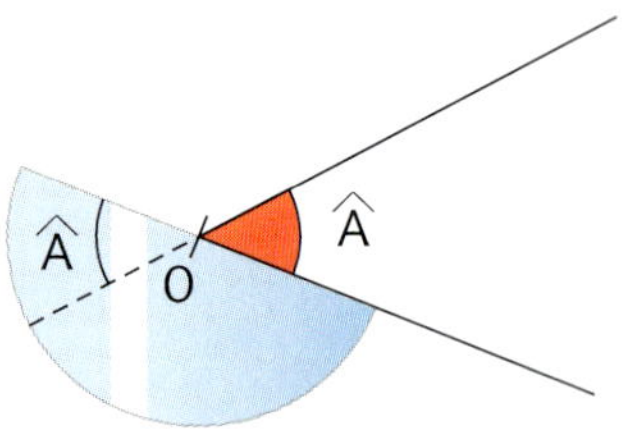

2 Recherche les angles plus grands que l'angle Â. Pour cela, tu peux te servir du gabarit que tu viens de fabriquer.

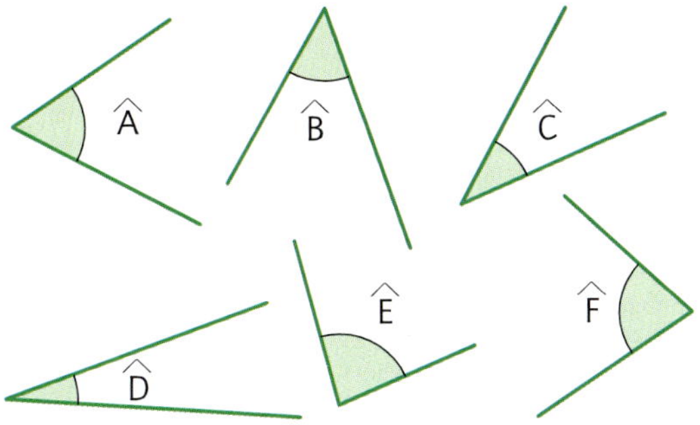

3 Décalque les angles suivants et découpe-les. Que constates-tu ?

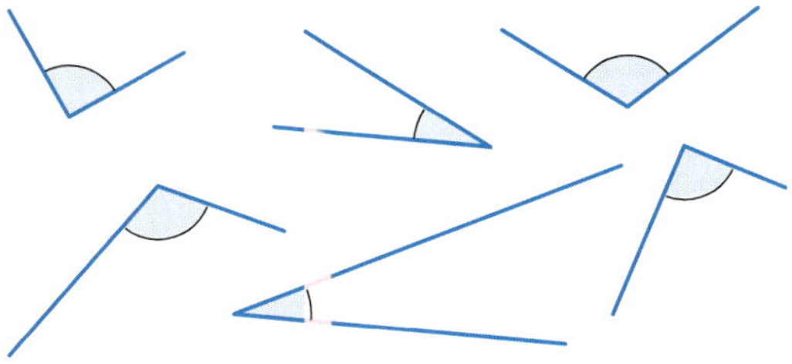

4 Trace à l'aide d'une règle et d'une équerre :

a) un angle droit ;
b) un angle obtus ;
c) un angle aigu.

5 Nomme les angles de cette figure, puis range-les du plus petit au plus grand.

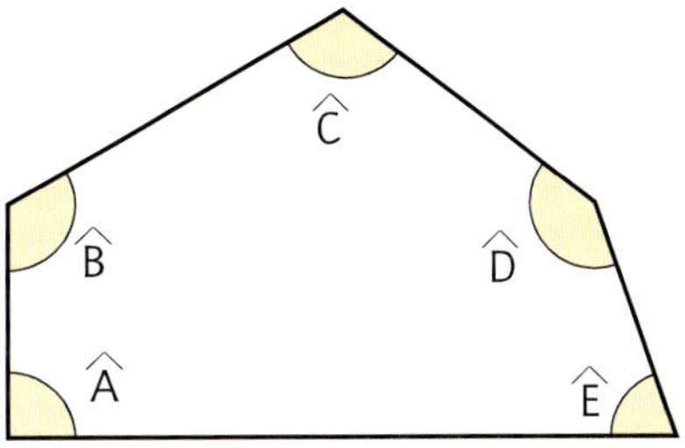

6 Reproduis ces angles à l'aide d'un gabarit. Vérifie ensuite tes tracés avec un calque.

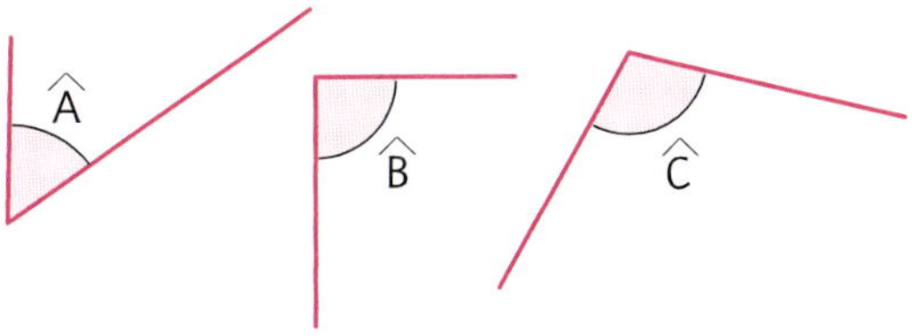

7 Trace :

a) un polygone ayant au moins un angle droit ;
b) un polygone ayant un angle droit, deux angles obtus et un angle aigu ;
c) un polygone ayant deux angles aigus et deux angles obtus.

JE TRAVAILLE SEUL(E)

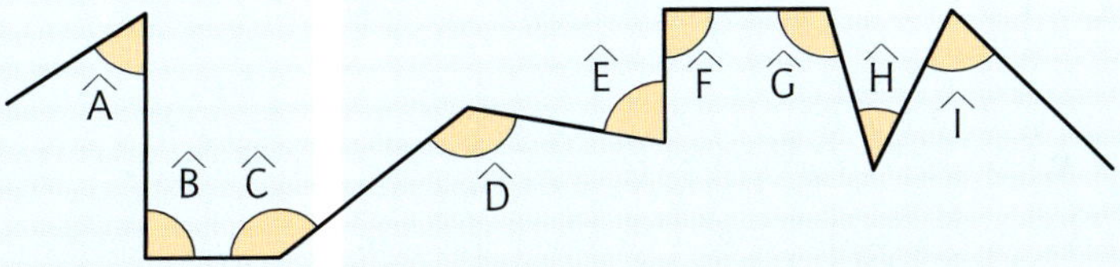

Reproduis et complète le tableau.

Aide-toi d'une équerre.

Angle...	Â	B̂	Ĉ	D̂	Ê	F̂	Ĝ	Ĥ	Î
aigu	X								
obtus									
droit									

À TOI DE JOUER...

Quels sont les angles que Croc-Angle peut avaler ?

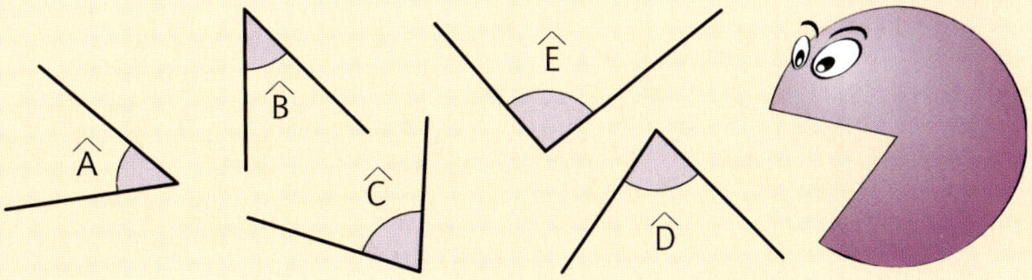

10 Mesure d'aires

CHERCHONS ENSEMBLE

Parmi ces figures, trouve celles qui ont la même aire.

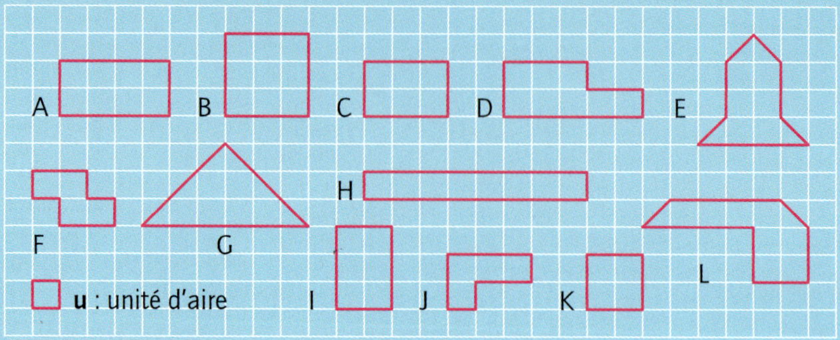

L'aire d'une figure est l'étendue de sa surface.

1) On peut exprimer l'aire à **l'aide d'une unité d'aire**.

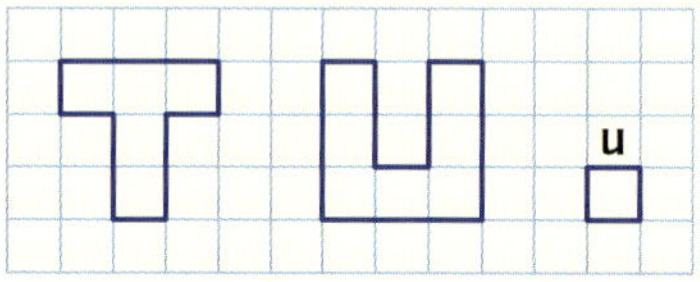

L'aire de la lettre T est égale à 5 u.
L'aire de la lettre U est égale à 7 u.

2) On peut également exprimer l'aire en **réalisant un encadrement**.

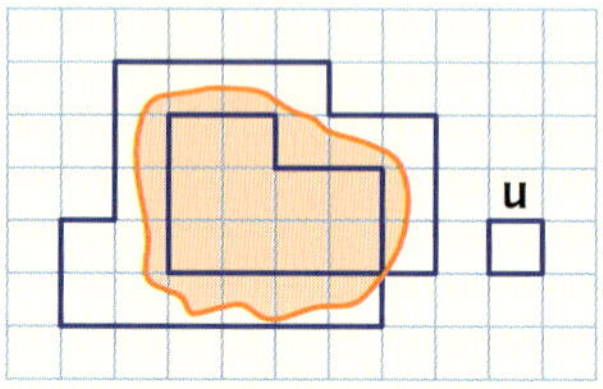

10 u < aire du dessin < 29 u

3) On peut aussi **calculer l'aire** de certains polygones :

Aire du rectangle :
longueur × largeur
$L \times \ell$

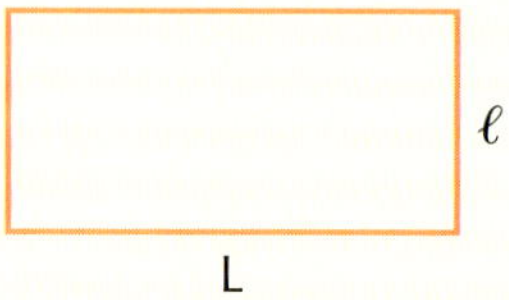

Aire du carré :
côté × côté
$c \times c$

L'aire d'un carré de 1 cm de côté est égale à 1 cm carré : on écrit 1 cm^2.
L'aire d'un carré de 5 cm de côté est 25 cm^2.

1 **Retrouve les aires des différentes figures.**

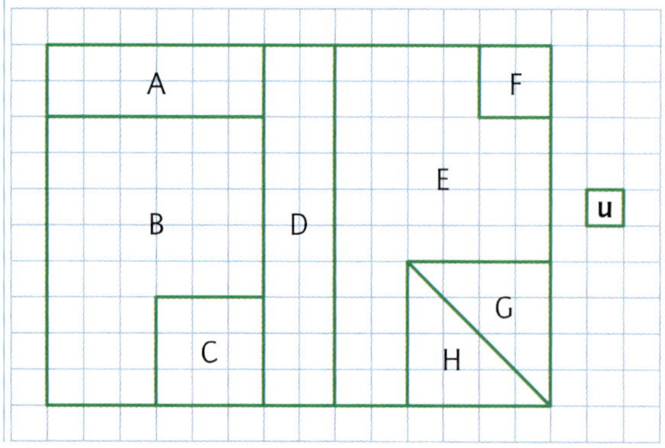

2 **Sur ton cahier, construis deux figures différentes, mais qui ont la même aire.**

3 **Trace un carré de 4 cm de côté, puis un rectangle de 8 cm de long et de 2 cm de large. Calcule leur aire. Que constates-tu ?**

4 **Trace un carré qui a une aire de 36 cm^2 puis deux rectangles différents qui auront la même aire que le carré.**

5 Compare ces deux figures en utilisant les différentes unités d'aire proposées. Reproduis et complète le tableau. Que constates-tu ?

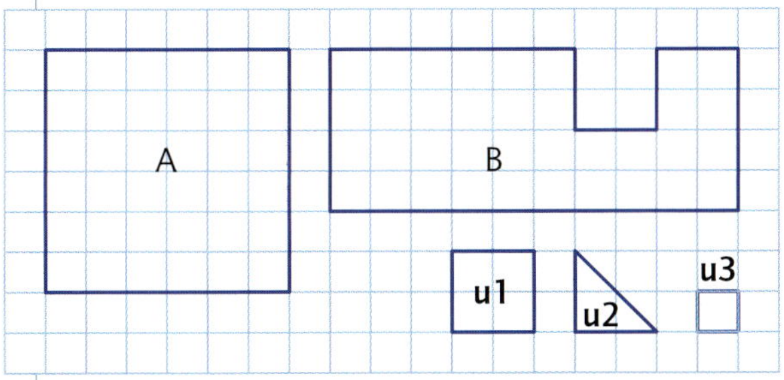

	A	B
u1		
u2		
u3		

6 Quelle surface a la plus grande aire : le carré ou le disque ? Explique pourquoi.

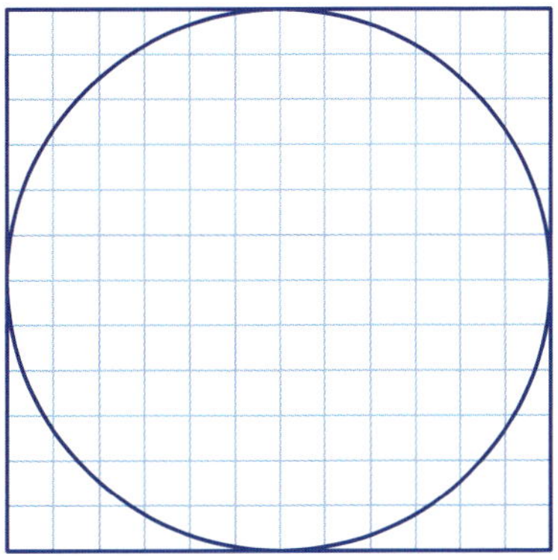

7 Donne l'aire de ce disque en réalisant un encadrement et en prenant le carreau comme unité.

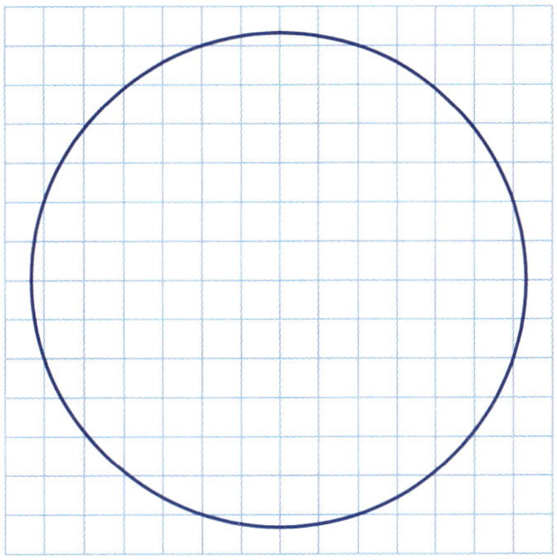

JE TRAVAILLE SEUL(E)

Reproduis et complète le tableau suivant.

	Mesures (en cm)	Aire (en cm^2)
Carré	$c = 5$	
Rectangle	$L = 5$ et $\ell = 3$	
Rectangle	$L = 10$ et $\ell = 7$	
Carré	$c = 12$	
Carré	$c = \ldots$	64
Rectangle	$L = 6$ et $\ell = \ldots$	24

À TOI DE JOUER...

Range ces figures selon leur aire de la plus grande à la plus petite.

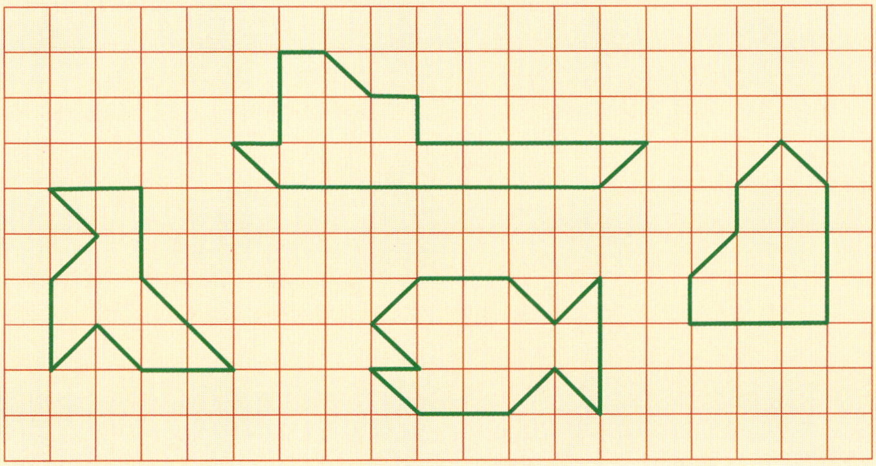

GRANDEURS ET MESURE

ESPACE ET GÉOMÉTRIE

11 Aires et périmètres

CHERCHONS ENSEMBLE

Trace un rectangle ABCD dont le périmètre est égal à 32 cm et dont la longueur est égale à 10 cm.
Quelle est son aire ?

Le **périmètre** d'un polygone correspond à la somme des longueurs de ses côtés.

L'**aire** d'un polygone correspond à la mesure de sa surface.

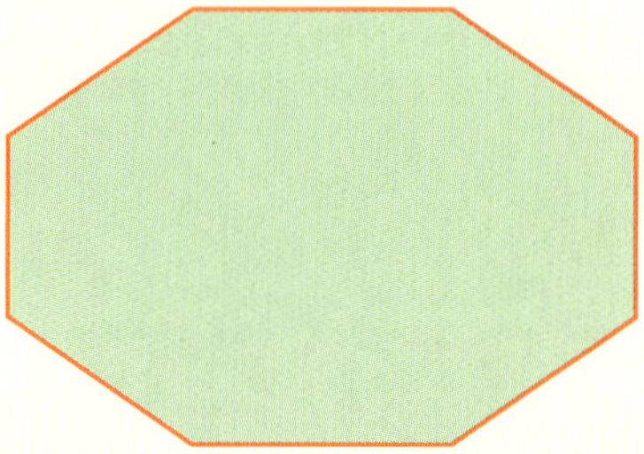

Deux polygones ayant la même aire n'ont pas forcément le même périmètre.
Deux polygones ayant le même périmètre n'ont pas forcément la même aire.

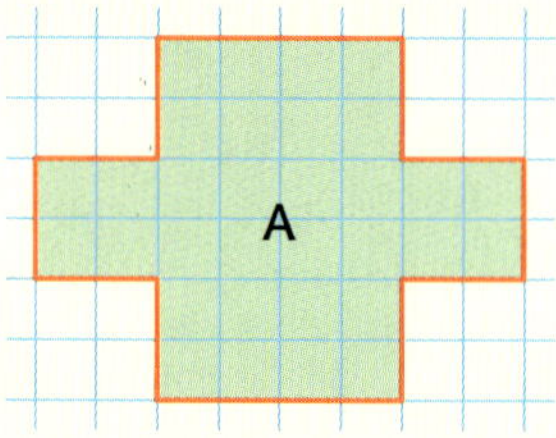

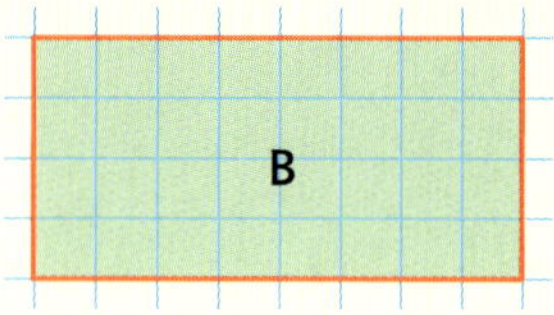

aire de A = aire de B
périmètre de A > périmètre de B
périmètre de A = périmètre de C
aire de A > aire de C

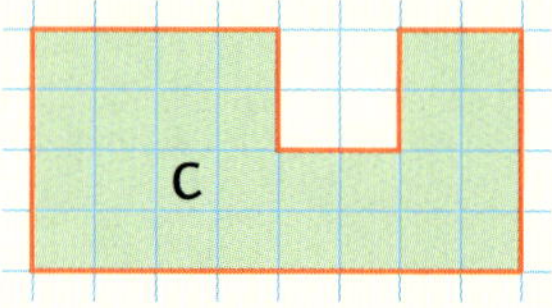

1 **Retrouve parmi les figures ci-dessous :**
– celles qui ont le même périmètre ;
– celles qui ont la même aire.

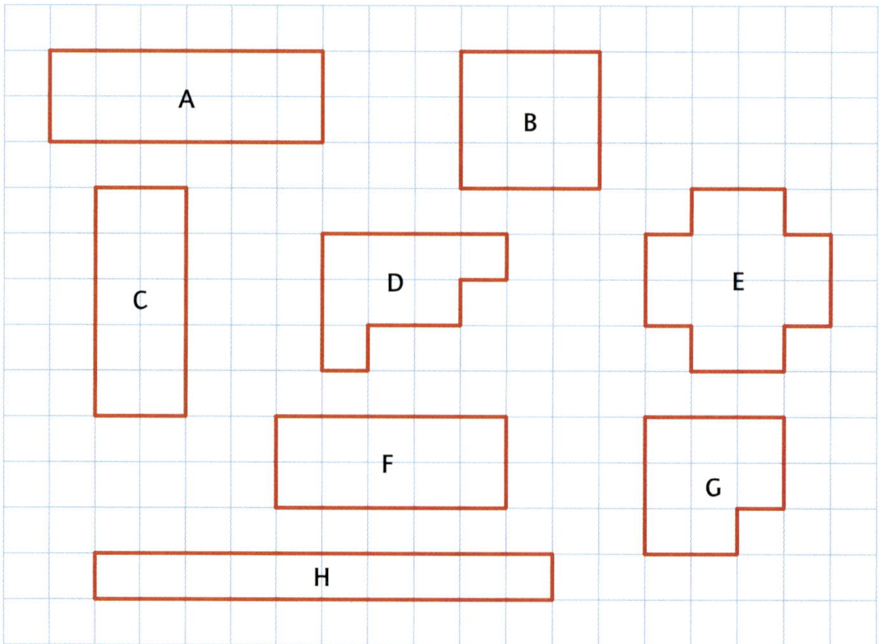

2 **Construis sur du papier quadrillé :**

a) deux polygones différents de même périmètre mais d'aire différente ;

b) deux polygones différents de même aire mais de périmètre différent ;

c) deux polygones différents de même périmètre et de même aire.

3 **Reproduis et complète le tableau suivant.**

	Longueur (en cm)	Largeur (en cm)	Périmètre (en cm)	Aire (en cm^2)
Rectangle 1	9	4		
Rectangle 2	10		30	
Rectangle 3		7		56
Rectangle 4	15	9		
Rectangle 5	20			200

4 **Reproduis et complète le tableau suivant.**

	Côté (en cm)	Périmètre (en cm)	Aire (en cm^2)
Carré 1	9		
Carré 2		40	
Carré 3			25
Carré 4	12		
Carré 5		200	

5 **a) Reproduis cette figure ABCDEF sur ton cahier.**
Calcule son périmètre et son aire.
Pour calculer l'aire, décompose cette figure en deux rectangles.

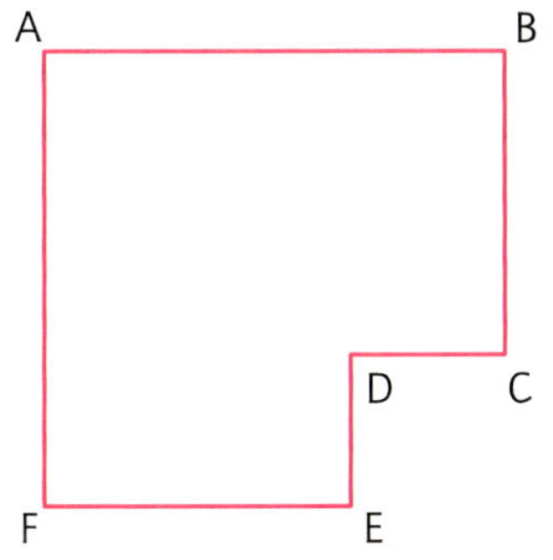

AB = 6 cm
BC = 4 cm
CD = 2 cm
DE = 2 cm
EF = 4 cm

Attention !
La figure est réduite.

b) Trace le segment AC.
Quelle est l'aire du triangle ABC.

c) Prolonge les segments BC et FE jusqu'à ce qu'ils se coupent au point H.
Calcule l'aire de la figure DCHE.

6 **a) Sur ton cahier, trace la figure A.**

b) Trace maintenant une figure B avec une aire plus grande que celle de la figure A, mais dont le périmètre sera plus petit.

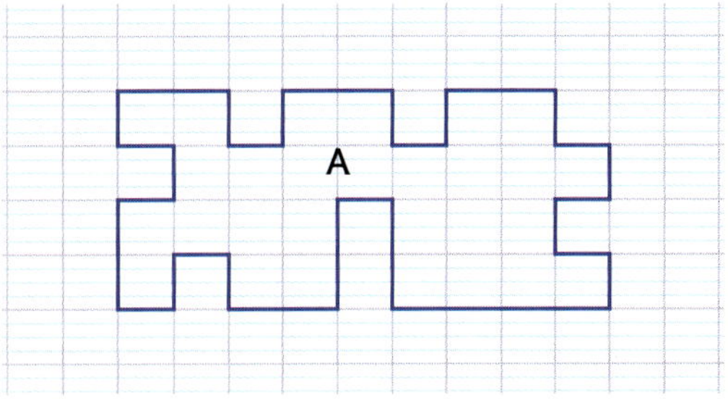

7 **Parmi tous les rectangles de 24 cm de périmètre dont les mesures de la longueur et de la largeur correspondent à un nombre entier de centimètres, quel est celui qui a la plus grande aire ?**

JE TRAVAILLE SEUL(E)

Construis un carré qui aura la même aire qu'un rectangle de 9 cm de longueur et 1 cm de largeur.
Qui du carré ou du rectangle a le plus grand périmètre ?

À TOI DE JOUER...

Qui a raison ?

SYNTHÈSE

1 Observe ce drapeau finlandais.

a) Calcule le périmètre du drapeau et son aire totale.

b) Calcule l'aire de chaque partie blanche.

c) Quelle est l'aire de la partie bleue ?

2 Classe ces différents récipients du plus petit au plus grand, selon leur contenance.

320 dL
Amphore (Grèce)
VIe siècle av. J.-C.

735 mL
Bouteille (France)
IIIe-IVe siècle.

230 cL
Vase à boire (Grèce)
VIe siècle av. J.-C.

1 320 mL
Coupe (Grèce)
1300-1250 av. J.-C.

3 La Transat Jacques Vabre (Le Havre – Salvador)

Ce sont J.-P. Dick et L. Peyron (monocoques), P. Bidégorry et L. Lemonchois (multicoques) qui ont remporté l'édition 2005 de la transat reliant Le Havre à Salvador. Ils étaient partis le samedi 5 novembre à 15 h 00 (monocoques) et dimanche 6 novembre à 15 h 00 (multicoques) et ont franchi la ligne d'arrivée le samedi 19 novembre à 0 h 19 (monocoques) et le dimanche 20 novembre à 16 h 46 (multicoques).

a) Calcule la durée de leur traversée.

b) La distance totale de la course est d'environ 4 500 milles. Le mille marin ayant une longueur de 1 852 mètres, calcule en mètres puis en kilomètres, la longueur de cette course.

4 Sacha prend un cours de natation le samedi et un autre le mardi durant 5 semaines.

Combien de temps, en heures et minutes, auront duré ses cours ?

PISCINE DES SAULES

Cours de natation

Mardi :	17 h 00	à	18 h 45
Mercredi :	16 h 00	à	16 h 45
	16 h 50	à	17 h 30
	17 h 40	à	18 h 10
Jeudi :	17 h 30	à	18 h 00
Samedi :	10 h 00	à	10 h 30
	10 h 30	à	11 h 00
	11 h 00	à	11 h 30

5 **Observe cet extrait de carte.**

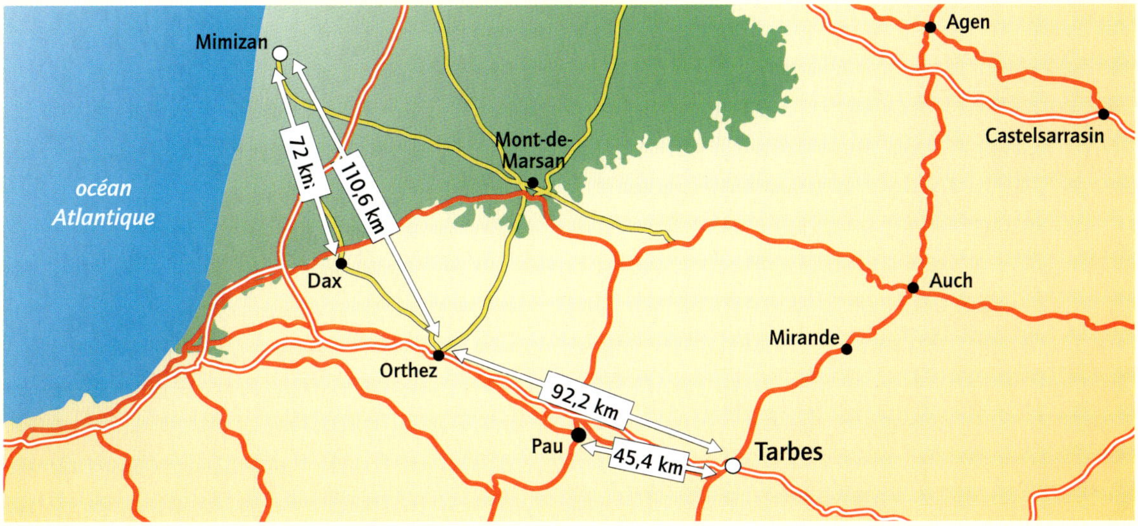

a) Calcule la distance séparant Dax d'Orthez.

b) Calcule la distance séparant Orthez de Pau.

c) Calcule la distance séparant Mimizan de Tarbes.

6 **Classe ces oiseaux du plus léger au plus lourd.**

Le moineau friquet :
2 200 cg

Le geai des chênes :
170 g

La grive draine :
1 200 dg

La mésange à longue queue :
8 000 mg

JE TRAVAILLE SEUL(E) - CORRIGÉS

Page 117

a) 830 mm = 83 cm
4 m et 600 mm = 46 dm
63 cm et 5 mm = 635 mm
8 700 mm = 8 m et 7 dm

b) 1896 : 3 m et 3 cm (3 030 mm)
1912 : 3 m et 95 cm (39 dm et 5 cm)
1928 : 4 m et 20 cm (420 cm)
1960 : 4 m et 70 cm (4 700 m)
1964 : 5 m et 10 cm (5 m et 100 cm)
1976 : 5 m et 50 cm (55 dm)
1996 : 5 m et 92 cm (592 cm)

Page 119

a) 23 000 m = 23 km
74 hm et 2 m = 7 402 m
3 km et 194 m = 3 194 m
3 700 m = 37 hm
11 km et 40 m = 11 040 m

b) 100 − 7 = 93 ; 93 × 15 = 1 395
Largeur de la cour :
1 395 cm, c'est-à-dire 13 m et 95 cm

Page 121

a)

	Handball	Basket-ball	Volley-ball	Tennis
Longueur (en m)	40	26	**18**	35
Largeur (en m)	20	**14**	9	**18**
Demi-périmètre (en m)	**60**	40	**27**	53
Périmètre (en m)	**120**	**80**	54	**106**

b) volley-ball – basket-ball – tennis – handball

Page 123

M. Duchemin peut prendre le train de 11 h 28.
Il se réveille à :
11 h 10 min + 35 min = 11 h 45 min.
Il peut donc prendre le train de 11 h 48 et il a perdu 20 min.

Page 125

a)

	Heure de départ	Durée	Heure d'arrivée
Samir	**15 h 05**	25 min	15 h 30
Morgane	15 h 15	**29 min**	15 h 44
Maureen	15 h 28	22 min	**15 h 50**
Geoffray	15 h 34	**26 min**	16 h

b) Maureen – Samir – Geoffray – Morgane

Page 127

8 kg = 8 000 g
23 g et 4 dg = 23 400 mg
5 hg 6 dag 2 g = 562 g
7 kg et 3 dag = 7 030 g
1 500 mg = 15 dg
1 370 mg = 137 cg

Page 129

2 L = 200 cL ; 1 L = 100 cL ; 2 dL = 20 cL
200 + 100 + 20 + 10 = 330 cL,
c'est-à-dire 3 L et 30 cL

Page 131

a) 6 263 m = 6 km 2 hm 6 dam 3 m
= 626,3 dam
= 62,63 hm
= 6,263 km

0,375 km = 0 km 3 hm 7 dam 5 m
= 37,5 dam
= 3,75 hm

204 cg = 2 g 4 cg
= 20,4 dg
= 2,04 g

275 mm = 2 dm 7 cm 5 mm
= 27,5 cm
= 2,75 dm

b) 80 × 17 875 = 1 430 000
L'instrument indique 14,30 km.

Page133

Angle...	$\hat{A}$	$\hat{B}$	$\hat{C}$	$\hat{D}$	$\hat{E}$	$\hat{F}$	$\hat{G}$	$\hat{H}$	$\hat{I}$
aigu	X				X			X	X
obtus			X	X			X		
droit		X				X			

Page 135

	Mesures (en cm)	Aire (en cm^2)
Carré	c = 5	**25**
Rectangle	L = 5 et ℓ = 3	**15**
Rectangle	L = 10 et ℓ = 7	**70**
Carré	c = 12	**144**
Carré	c = **8**	64
Rectangle	L = 6 et ℓ = **4**	24

Page 137

Aire du rectangle : 9 cm^2.
Il faut dessiner un carré de 3 cm de côté.
Périmètre du rectangle (en cm) : (9 + 1) × 2 = 20.
Périmètre du carré (en cm) : 3 × 4 = 12.
Le rectangle a donc le périmètre le plus grand.

Espace et géométrie

Les cartes : semblables et différentes

Une carte est une représentation en réduction d'une portion de terrain vue du dessus.

1 **Au XVIIIe siècle**, la France a été entièrement cartographiée par Cassini*. Cette carte était divisée en 180 feuilles. **Au XIXe siècle**, celle-ci a été remplacée par la carte d'État-Major (267 feuilles en noir et blanc). **Aujourd'hui**, la France est couverte par de très nombreuses cartes. Les plus précises sont les cartes IGN au 1/25 000e (1 cm sur la carte représente 25 000 cm – 250 m – dans la réalité).

* Cassini : famille de géographes français. César François (1714-1784), le père, commença à cartographier la France et son fils Jean-Dominique (1748 - 1845) termina la *carte de Cassini*.

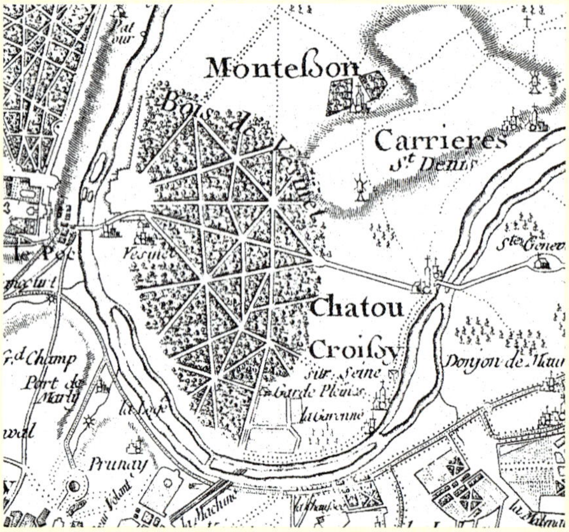

Extrait de la carte de Cassini, première feuille, 1756.

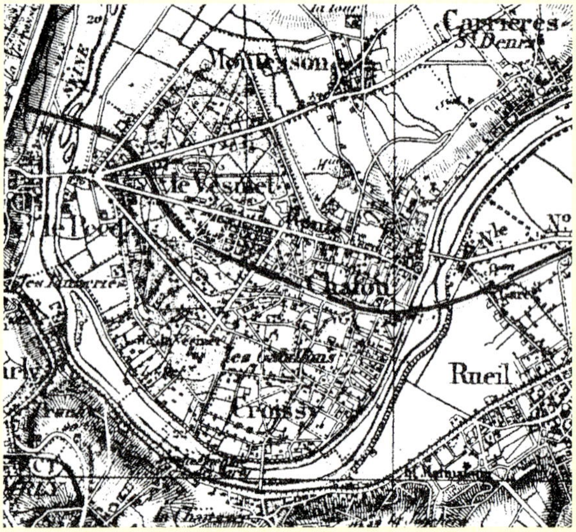

Extrait de la carte d'État-Major, Paris, 1889.

2 On utilise différents types de cartes, en fonction des informations dont on a besoin.

– Les **cartes topographiques** représentent le paysage par divers symboles : le relief, les cours d'eau, les forêts, les lieux habités, les cultures, les voies de communication.

– Les **cartes historiques** comme celles de l'Empire romain au IIe siècle après J.-C., de la France à la veille de la Révolution de 1789...

– Les **cartes thématiques** illustrent un phénomène qui caractérise l'espace représenté : la végétation, les densités de population, le tourisme...

3 Chaque carte a une **échelle**. Celle-ci indique par quel nombre les dimensions réelles ont été divisées pour pouvoir représenter la carte.

Exemple : une carte au 1/100 000e indique que toutes les distances ont été divisées par 100 000. Sur cette carte, une distance de 10 km (1 000 000 cm) sera donc représentée par : 1 000 000 divisé par 100 000 = 10 cm.

Plus le dénominateur de l'échelle est petit, plus la surface représentée est précise et détaillée.

Extrait de la carte IGN Top 250 n° 102, « Normandie ».
Échelle : 1/250 000e (1 cm pour 2,5 km).

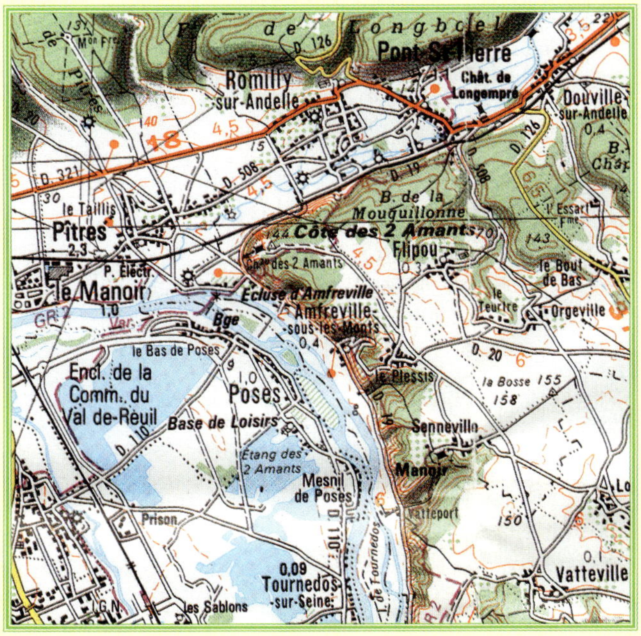

Extrait de la carte IGN série verte n° 8, « Paris Rouen ».
Échelle : 1/100 000e (1 cm pour 1 km).

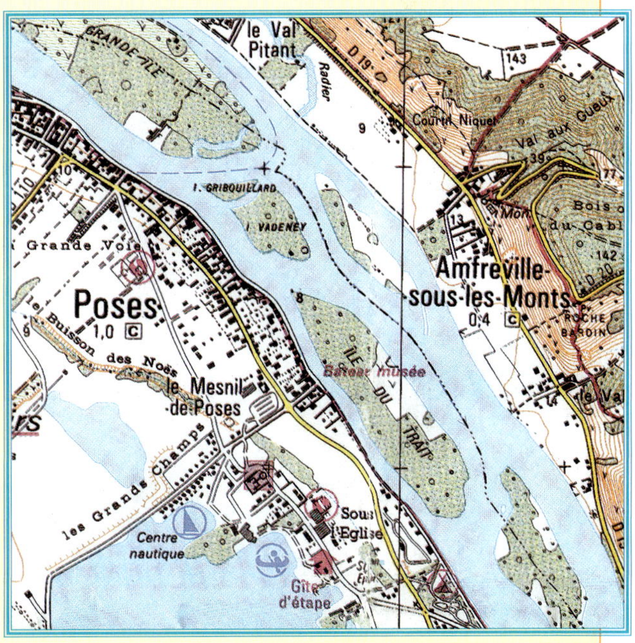

Extrait de la carte IGN Top 25, 2012 OT, « forêt de Bord-Louviers ».
Échelle : 1/25 000e (1 cm pour 250 m).

1 Quadrillages, plans et cartes

Le plan et la carte représentent une portion de terrain vue de dessus.
Ils sont souvent tracés sur un **quadrillage** pour faciliter le repérage.

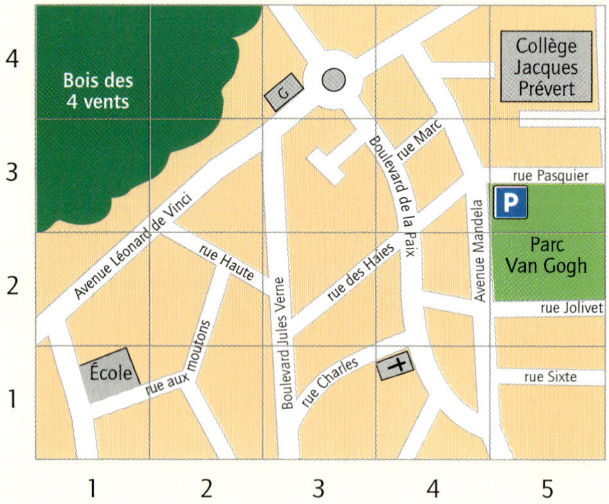

Exemple :
L'église se trouve dans la case (4 ; 1).
Le collège Jacques Prévert se trouve dans la case (5 ; 4).
Le **premier nombre** indique les coordonnées de l'**axe horizontal**.
Le **second nombre** indique les coordonnées de l'**axe vertical**.
On peut également utiliser des lettres pour coder l'un des deux axes.

1 **Observe ce plan du centre de Quimper (Finistère).**

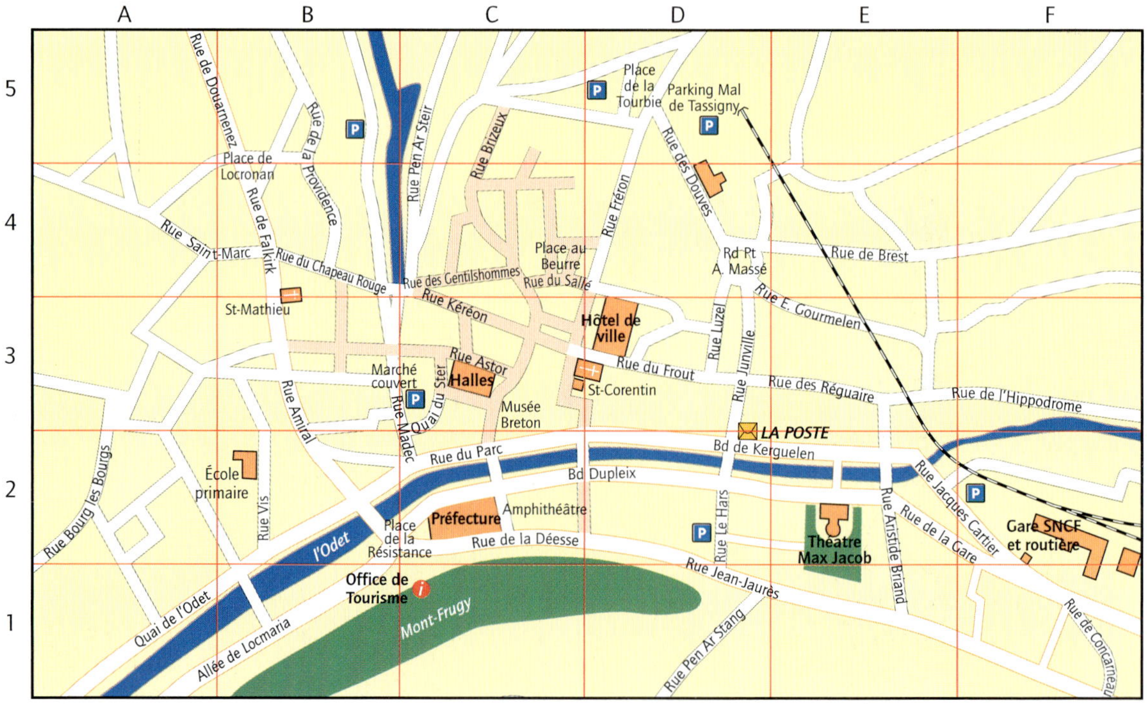

a) Indique les coordonnées de la gare SNCF, de l'hôtel de ville et de la préfecture.
b) Leslie a 4 ans. Peut-elle être inscrite dans l'école située case (B ; 2) ?
c) Indique le nom de deux boulevards bordant la rivière l'Odet.
d) Tu dois te rendre au théâtre Max Jacob en partant du parking Mal de Tassigny. Indique ton itinéraire.

2 **Observe le dessin représentant le village de vacances « Les Bouquetins ». Pierrick en a tracé le plan.**

Plan de Pierrick

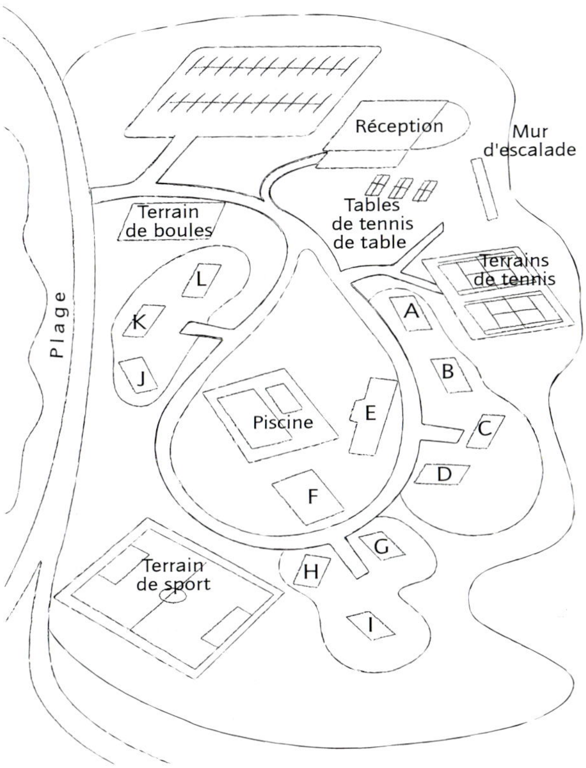

a) Pierrick a fait trois erreurs. Sauras-tu les retrouver.

b) Pierrick loge au pavillon K. Il sort de chez lui, tourne à gauche et entre dans le troisième pavillon qui se trouve à sa droite. Dans quel pavillon se trouve-t-il maintenant ?

c) Lou est au pavillon A. Indique-lui le chemin le plus court pour se rendre à la plage.

À TOI DE JOUER…

Reproduis ce quadrillage sur ton cahier. Marque les nœuds codés ci-dessous, puis relie-les entre eux dans l'ordre.

(5 ; 3) – (2 ; 3) – (3 ; 2) – (7 ; 2) – (8 ; 3) – (5 ; 3) – (5 ; 7) – (8 ; 4) – (1 ; 4) – (5 ; 8) – (5 ; 7)

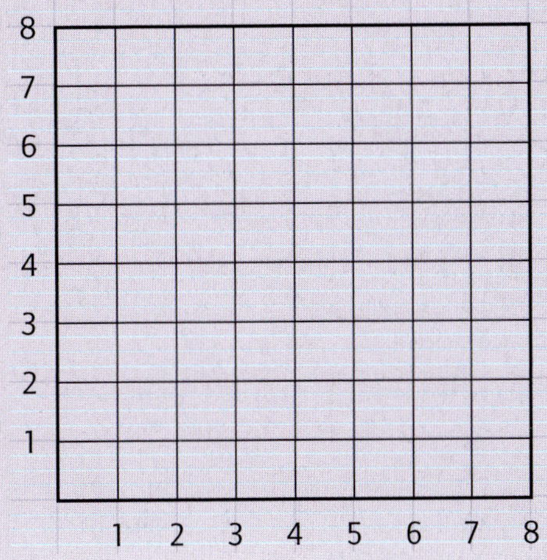

JE TRAVAILLE SEUL(E)

Smaïl a tracé, sur son cahier, un quadrillage de 8 carreaux sur 8 carreaux. Il a codé les nœuds, puis a représenté une lettre de l'alphabet. Sauras-tu retrouver laquelle à partir de ces coordonnées ?

(7 ; 7) – (2 ; 7) – (2 ; 2) – (7 ; 2) – (7 ; 5) – (4 ; 5) – (4 ; 4) – (6 ; 4) – (6 ; 3) – (3 ; 3) – (3 ; 6) – (7 ; 6) – (7 ; 7).

2 Droites perpendiculaires

CHERCHONS ENSEMBLE

Décalque ce dessin. À l'aide de ton équerre, identifie les angles droits et marque-les.

Les droites d_1 et d_2 sont **perpendiculaires**.
On note $d_1 \perp d_2$.

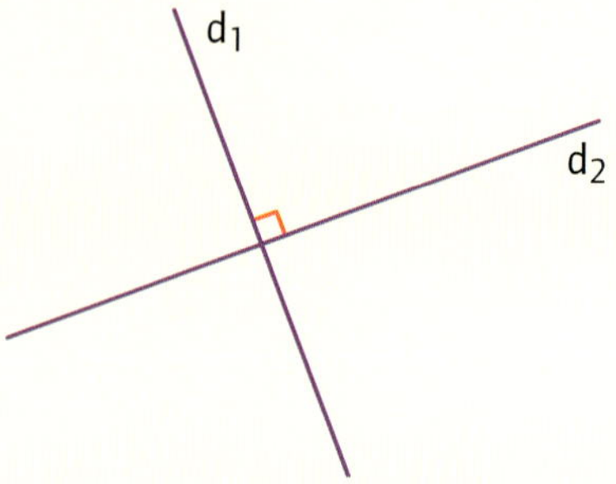

Deux droites perpendiculaires sont deux droites qui se coupent à **angle droit**.

1 **Utilise ton équerre pour trouver les droites perpendiculaires entre elles.**

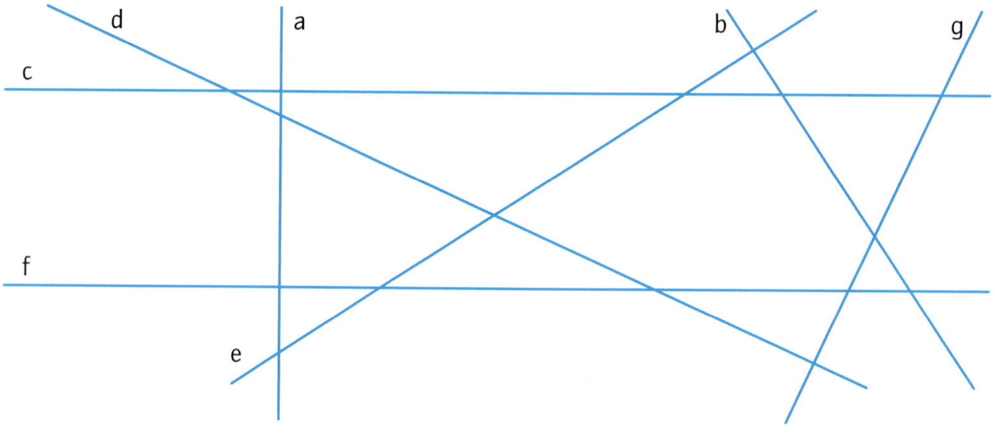

2 **Sur ton cahier, marque les points A, B et C. Trace une droite d_1 passant par les points A et B. Trace ensuite une droite d_2, passant par C, et perpendiculaire à d_1.**

3 **Utilise ton équerre pour trouver les angles droits de ces polygones. Complète ensuite la phrase.**

Les angles droits sont les angles $\widehat{A}$, ...

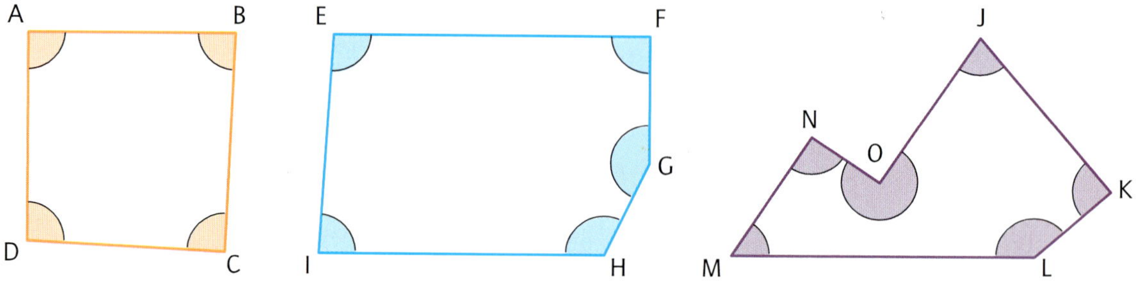

4 Trace un cercle de centre O et marque un point A sur le cercle. Marque ensuite un point B sur le cercle tel que les trois points A, O et B soient alignés. Marque ensuite sur le cercle deux autres points C et D tels que le segment AB soit perpendiculaire au segment CD.

5 Reproduis et continue cette figure sur un demi-cercle.

Attention !
La figure est réduite.

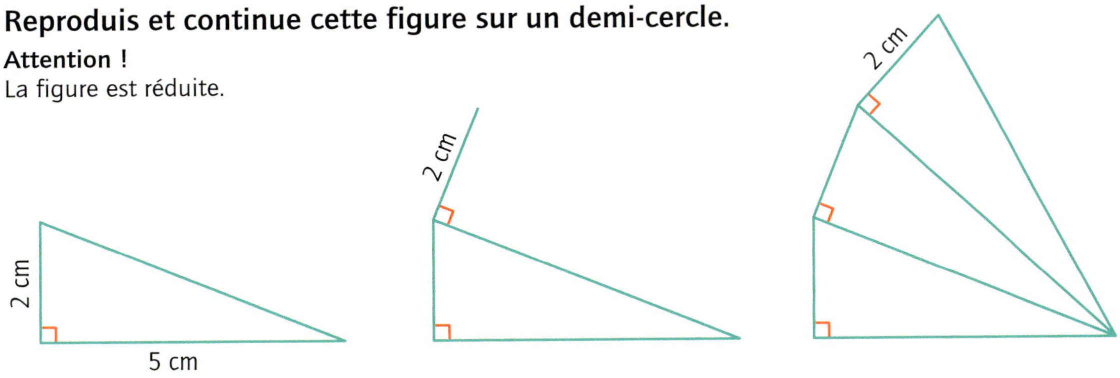

6 Reproduis cette figure sur une feuille blanche.

JE TRAVAILLE SEUL(E)

Reproduis, sur ton cahier, la droite d passant par les deux points A et B. Trace ensuite la droite d_1 perpendiculaire à d et passant par C et la droite d_2 perpendiculaire à d et passant par D.

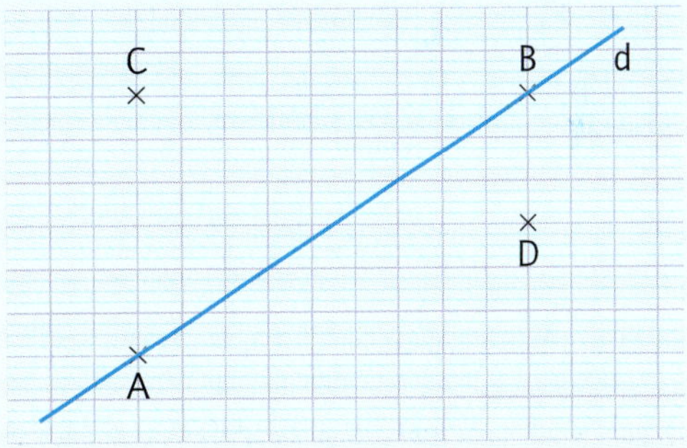

À TOI DE JOUER...

Reproduis cette frise.

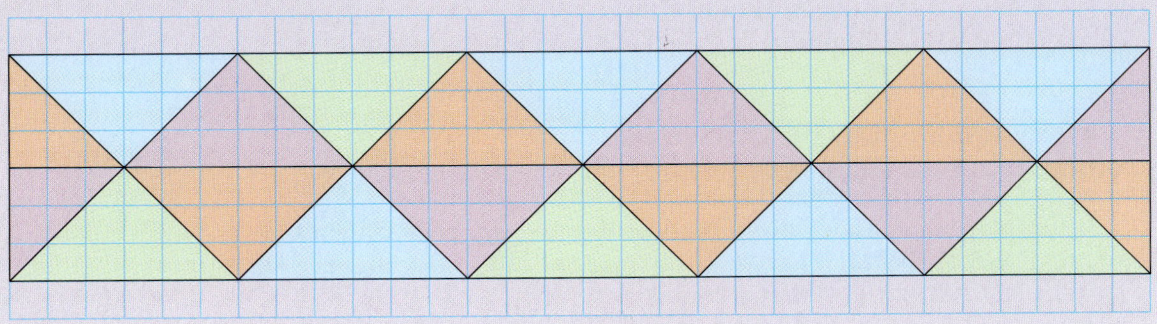

3 Droites parallèles

CHERCHONS ENSEMBLE

a) Prends une feuille de papier et réalise le pliage en suivant les étapes 1 à 4.

Déplie la feuille et repasse les 5 plis au crayon (étape 5). Tu as tracé 5 droites : d, d_1, d_2, d_3 et d_4.

b) Que peux-tu dire des droites d et d_1 ? d et d_2 ? d_1 et d_2 ? d_2 et d_3 ? d_3 et d_4 ?

Des droites parallèles sont des droites dont l'écartement est constant.

Comment construire deux droites parallèles ?

1) Trace une droite d_1. Puis à l'aide de ton équerre et de ton crayon à papier, trace deux droites perpendiculaires à d_1.

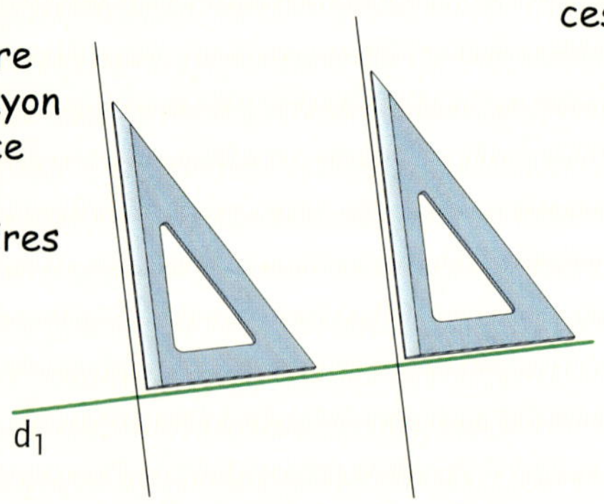

2) En utilisant ta règle graduée, marque sur ces deux droites un point situé à 2 cm de d_1.

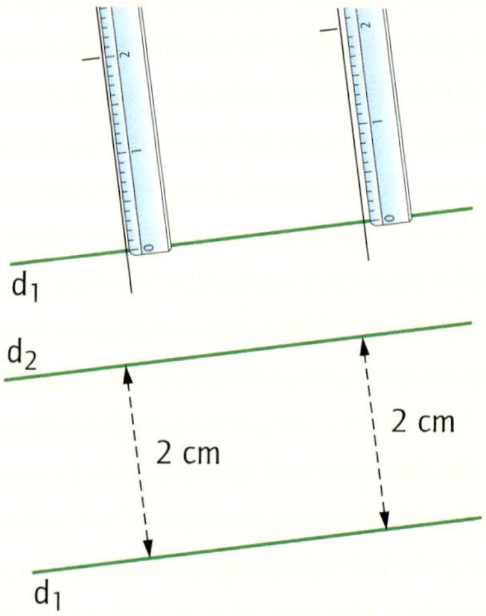

3) Avec ta règle, trace la droite d_2 passant par les deux points marqués.
d_1 et d_2 sont deux droites parallèles distantes de 2 cm l'une de l'autre. On note $d_1 // d_2$.

1 **Trace, sur ton cahier, deux droites parallèles en utilisant simplement une règle ? Que faut-il faire ?**

2 **Sur une feuille blanche, trace deux droites, d_1 et d_2, distantes de 5 cm.**

3 **Sur le dessin ci-contre, trouve les droites parallèles entre elles et mesure leur écartement.**

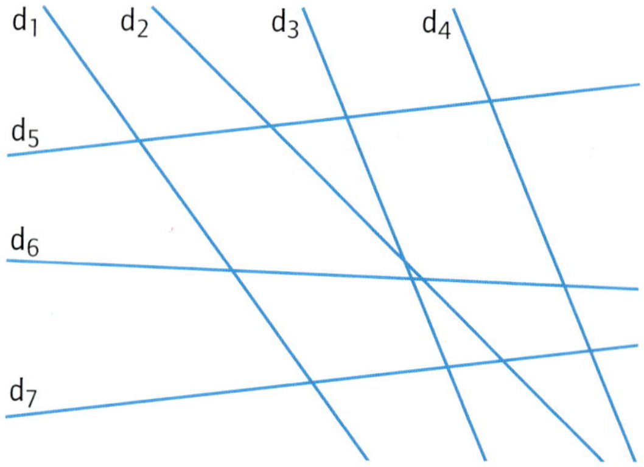

4 Trace, sur ton cahier, une droite d et marque deux points A et B, comme sur la figure ci-dessous.
Trace une droite d_1 perpendiculaire à d passant par A et une droite d_2 perpendiculaire à d passant par B.
Que remarques-tu ?

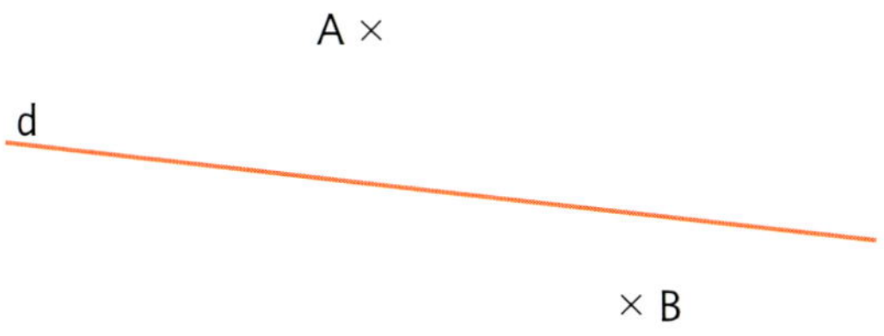

5 a) Trace deux demi-droites d_1 et d_2 ayant le point O pour origine (observe la figure ci-contre).

b) Marque sur d_1 et d_2 les points A, B, C et D tels que OA = AB et OC = OD.

c) Trace la droite d_3 passant par A et C et la droite d_4 passant par B et D.
Que peux-tu dire des droites d_3 et d_4 ?
Vérifie tes conclusions à l'aide de ton équerre.

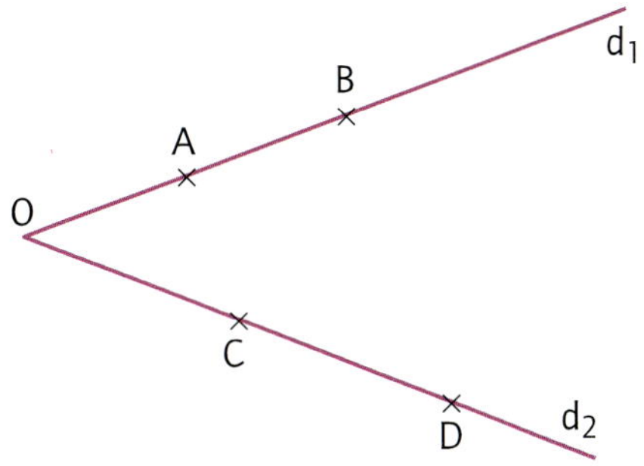

JE TRAVAILLE SEUL(E)

Vrai ou faux ?

a) Un triangle peut avoir deux côtés parallèles.

b) On peut toujours construire une droite parallèle à deux autres droites parallèles.

c) Quand deux droites sont parallèles, une droite perpendiculaire à l'une est aussi perpendiculaire à l'autre.

d) Deux droites parallèles ont au moins un point d'intersection.

À TOI DE JOUER...

Reproduis et continue cette figure de façon à ce que le plus grand carré mesure 16 carreaux de côté.

Repasse ensuite avec quatre crayons de couleur différents les côtés parallèles entre eux.

Colorie ensuite la figure comme tu le souhaites.

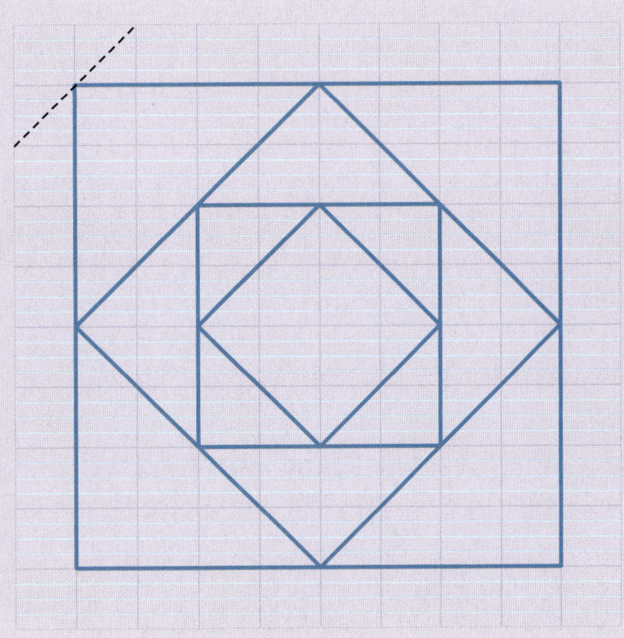

ESPACE ET GÉOMÉTRIE

4 La symétrie (1)

CHERCHONS ENSEMBLE

Que représente la droite rouge pour cette figure ? Pourrais-tu tracer une autre droite ayant la même propriété ?

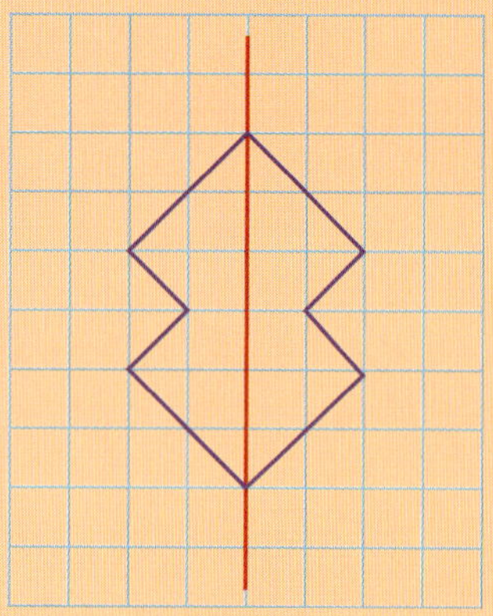

Un axe de symétrie est une ligne droite qui partage une figure en deux parties que l'on peut superposer par pliage.

Une figure peut avoir plusieurs axes de symétrie.

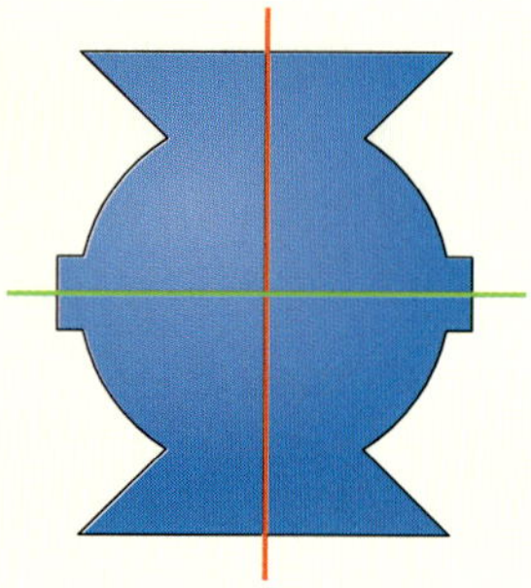

Ces figures sont symétriques par rapport à l'axe rouge.

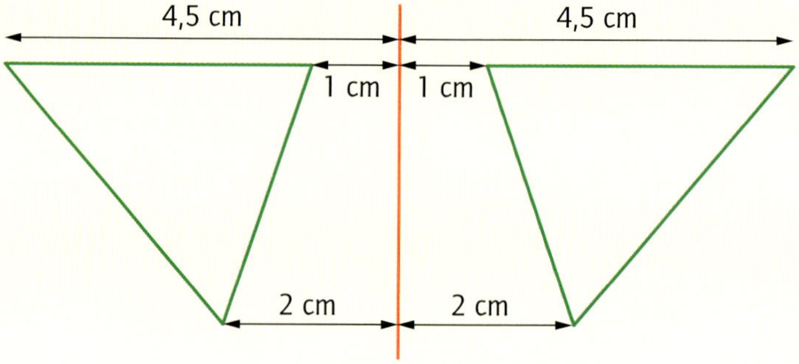

1 **Indique, dans chaque cas, si les figures sont symétriques par rapport à la droite d.**

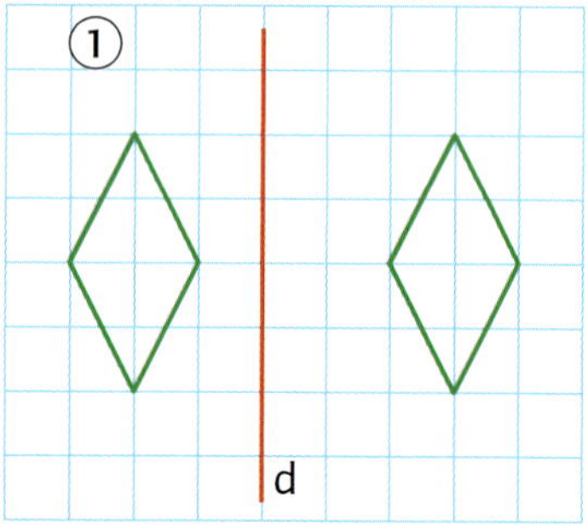

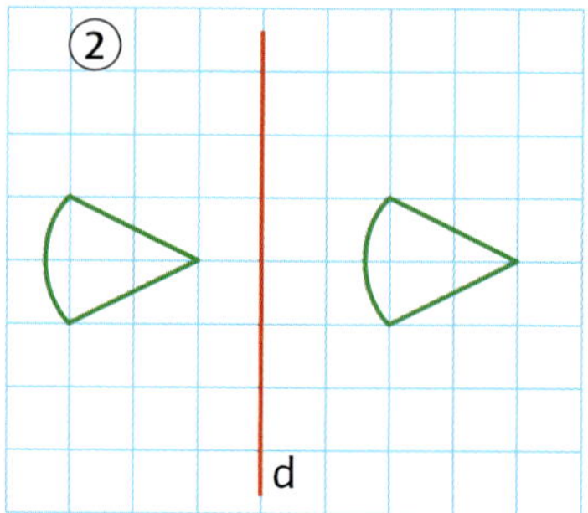

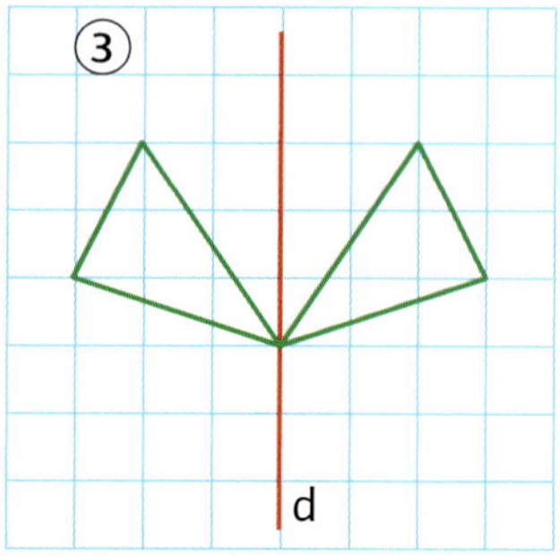

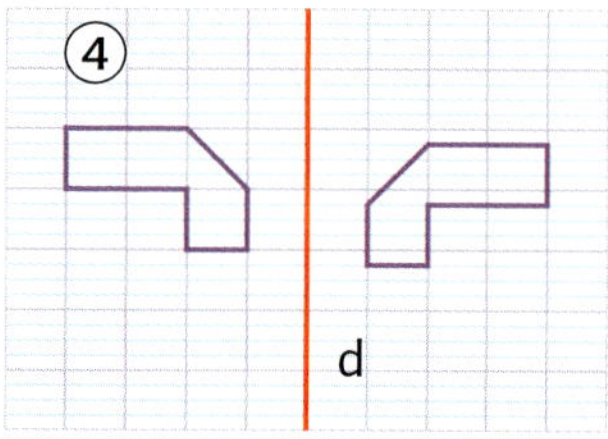

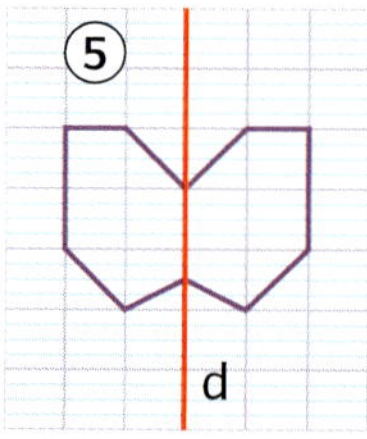

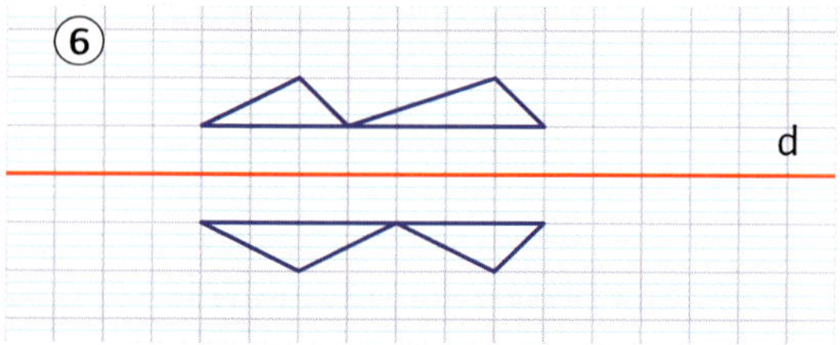

2 **Reproduis ces lettres sur ton cahier, puis trace leurs axes de symétrie quand c'est possible.**

A B C D E F G H I J

3 **Observe ces figures. Indique, dans chaque cas, si elles sont symétriques par rapport à la droite d. Si tu hésites, tu peux les décalquer, les colorier et vérifier par pliage.**

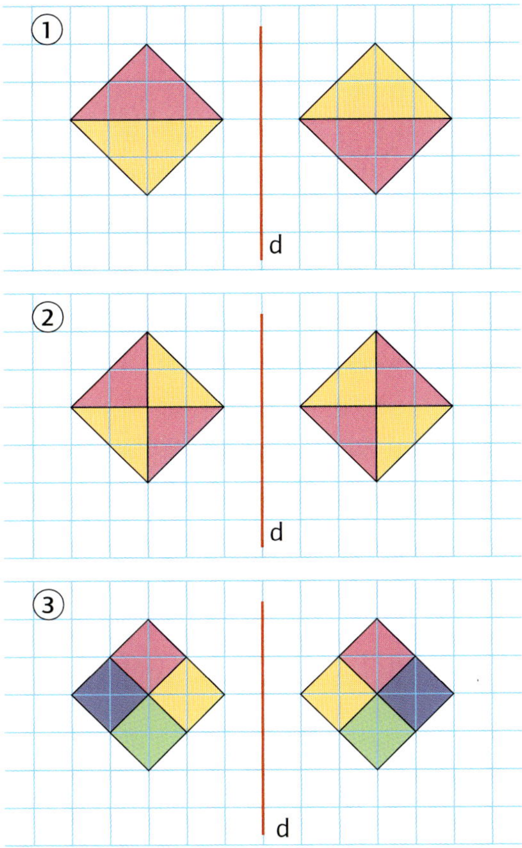

4 **Ces figures peuvent être classées en ordre croissant par rapport à leur nombre d'axes de symétrie. Effectue ce classement.**

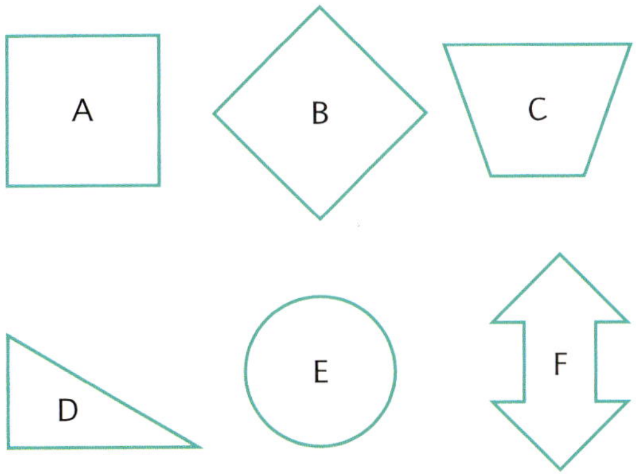

5 **Reproduis ces figures sur ton cahier et trace leurs axes de symétrie.**
Toutes les figures ont **au moins** un axe de symétrie.

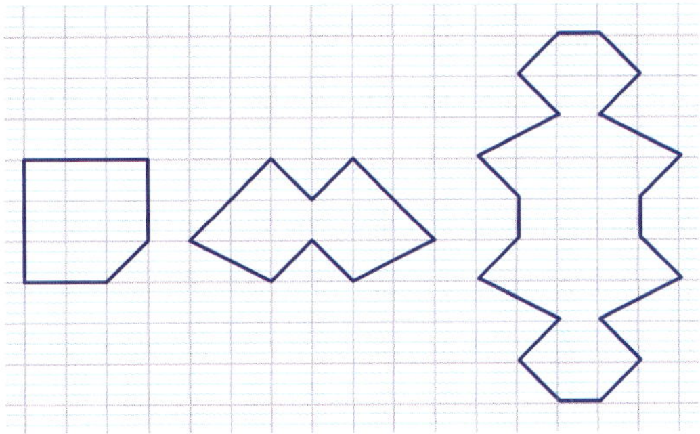

JE TRAVAILLE SEUL(E)

Morgane a voulu tracer le symétrique de trois lettres. Son travail est-il juste ? Si tu penses avoir trouvé des erreurs, reproduis les figures sur ton cahier en les corrigeant.

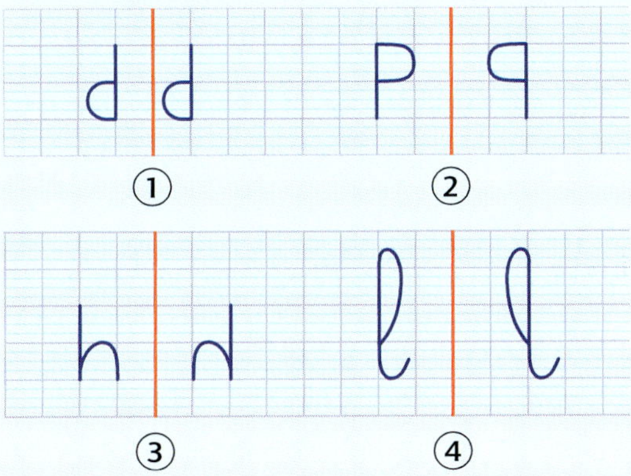

À TOI DE JOUER...

Indique combien cette rose des vents comporte d'axes de symétrie.
Tu peux la décalquer et tracer ses axes de symétrie.

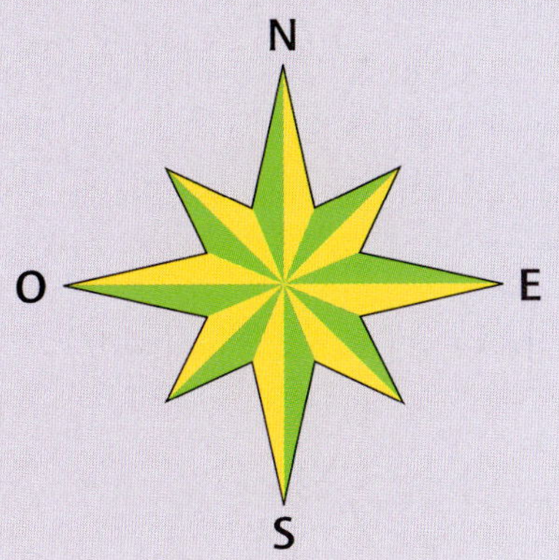

5 La symétrie (2)

CHERCHONS ENSEMBLE

Reproduis ces figures, puis trace leur symétrique par rapport à l'axe rouge.

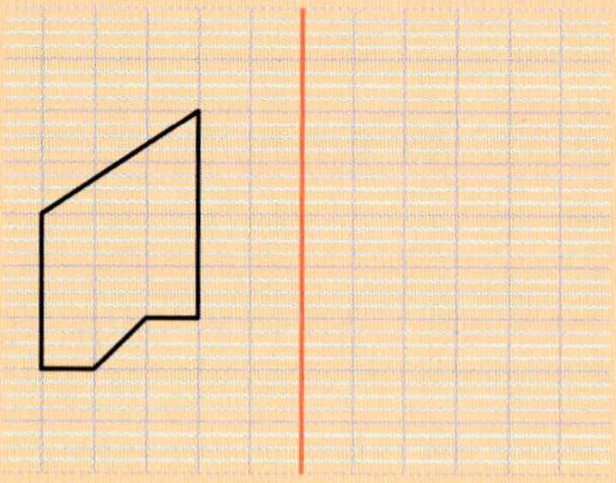

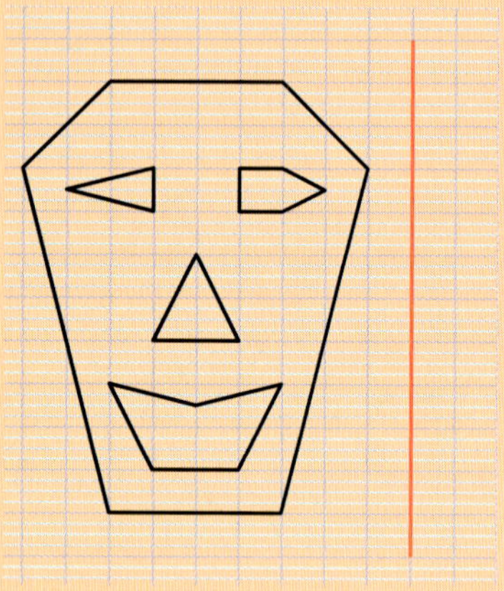

On peut **construire le symétrique** d'une figure à l'aide d'un **papier calque**, par **pliage et découpage** ou en prenant des **repères** par rapport à l'axe de symétrie, par exemple **sur un quadrillage**.

Je décalque la figure et je retourne mon calque pour reproduire la figure.

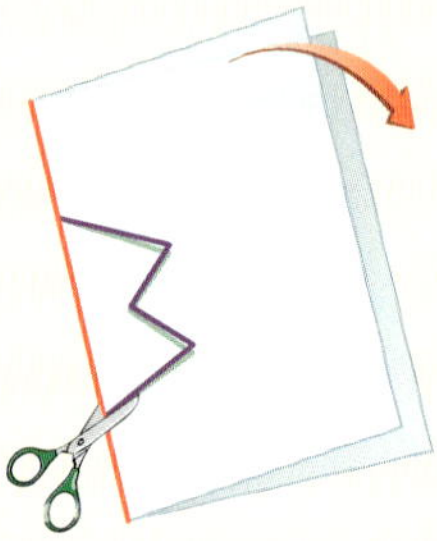

Je plie ma figure autour de son axe de symétrie, puis je découpe.

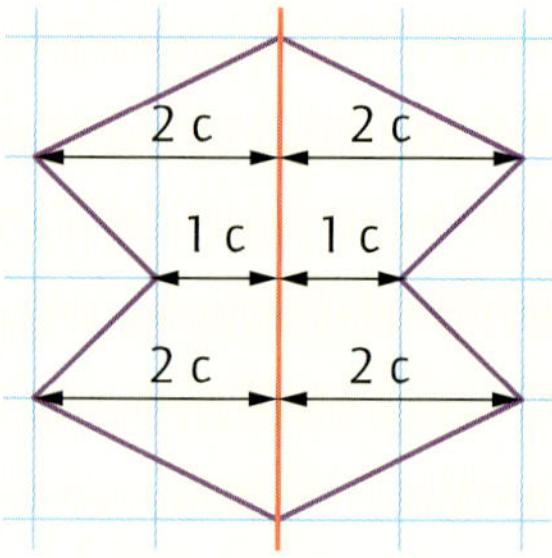

Je prends des repères sur mon quadrillage.

1 **Reproduis ces figures sur ton cahier et trace leur symétrique par rapport à l'axe rouge.**

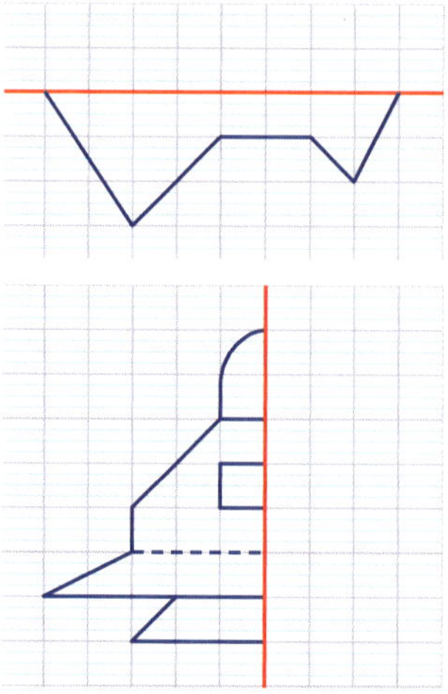

2 **À l'aide de papier calque, reproduis cette figure, puis construis le symétrique de la figure par rapport à la droite d.**

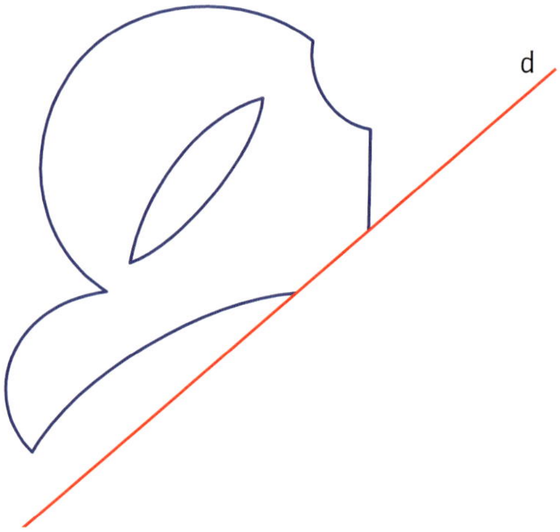

3 a) Reproduis cette figure sur ton cahier.
b) Complète-la par rapport à la droite d qui est son axe de symétrie.

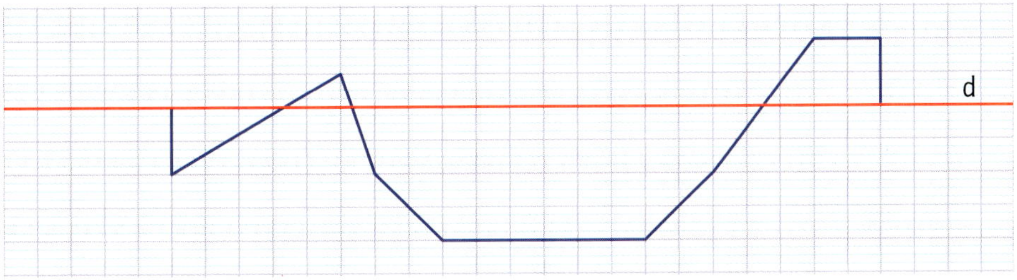

4 a) Reproduis sur une feuille blanche la droite d et le segment AB.
b) Construis ensuite un segment CD, symétrique de AB par rapport à d. Aide-toi des indications du dessin.

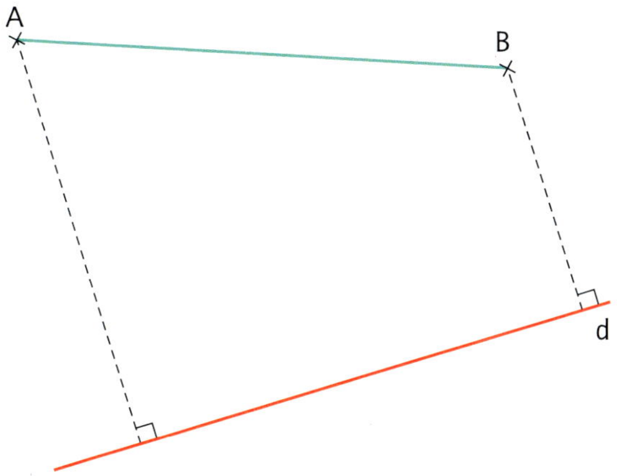

JE TRAVAILLE SEUL(E)

a) Reproduis la figure ci-dessous sur ton cahier.
b) Construis ensuite le symétrique de cette figure par rapport à d_1.
c) Construis ensuite le symétrique de la figure obtenue par rapport à d_2.

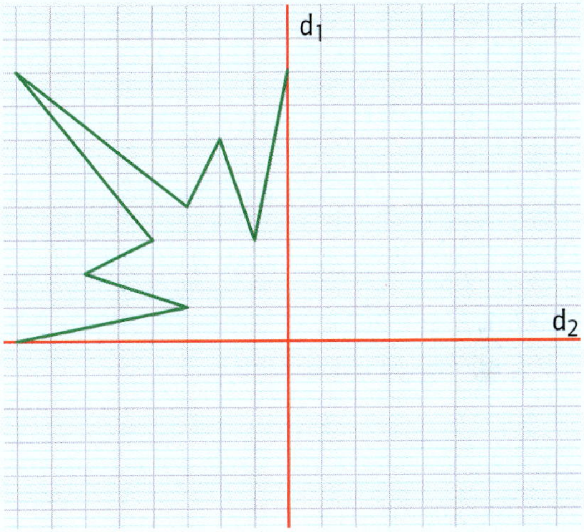

À TOI DE JOUER...

Reproduis et continue cette frise.
Le segment en pointillés n'est pas à reproduire. Il t'indique seulement que chaque étoile est symétrique par rapport à celle qui la précède.

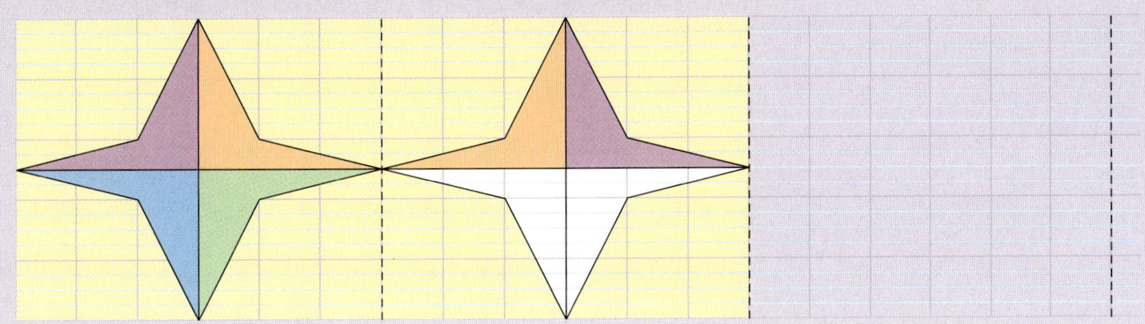

6 Les polygones

CHERCHONS ENSEMBLE

Cherche les points communs entre ces différentes figures.

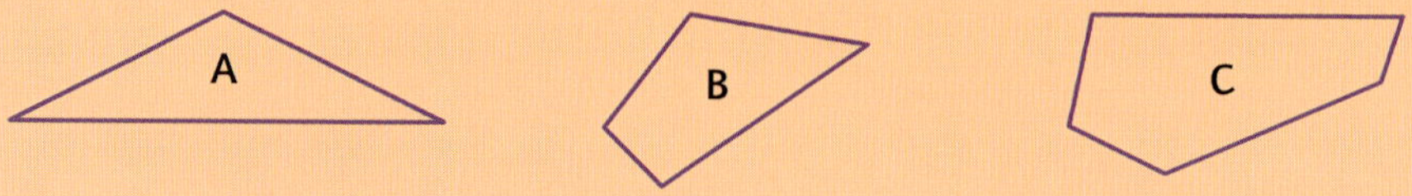

Un polygone est une région délimitée par une ligne brisée fermée.

Dans un polygone, la droite qui joint deux sommets non consécutifs s'appelle une **diagonale**.

Exemple : BD est une diagonale du polygone ABCD.

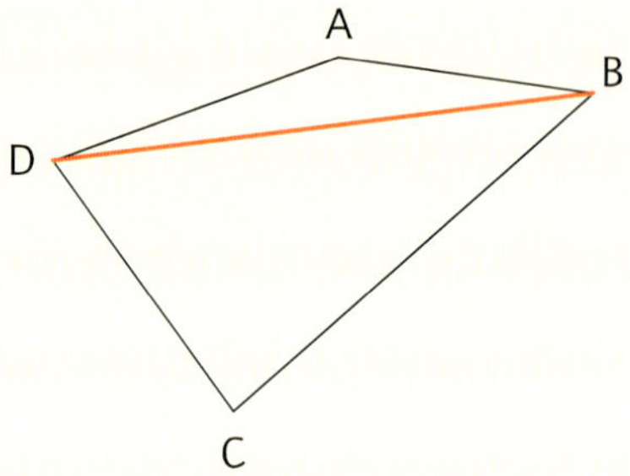

Les polygones ont des noms différents en fonction de leur nombre de côtés.

Exemples :

3 côtés	4 côtés	5 côtés	6 côtés	8 côtés
triangle	quadrilatère	pentagone	hexagone	octogone

Un **polygone régulier** a autant d'axes de symétrie que de côtés.

Exemple : quadilatère régulier → 4 côtés et 4 axes de symétrie.

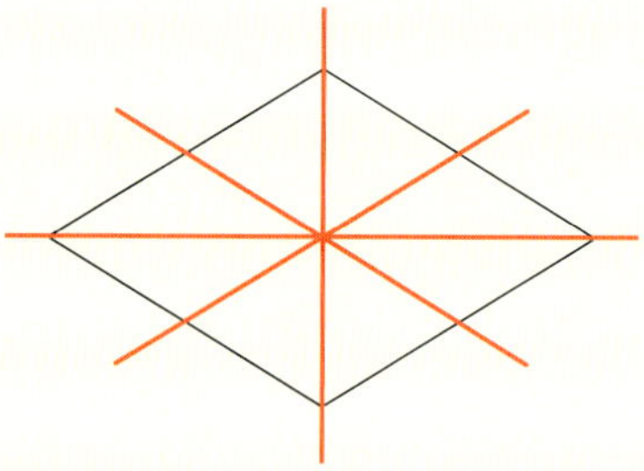

1 **Parmi ces figures, lesquelles sont des polygones ?**

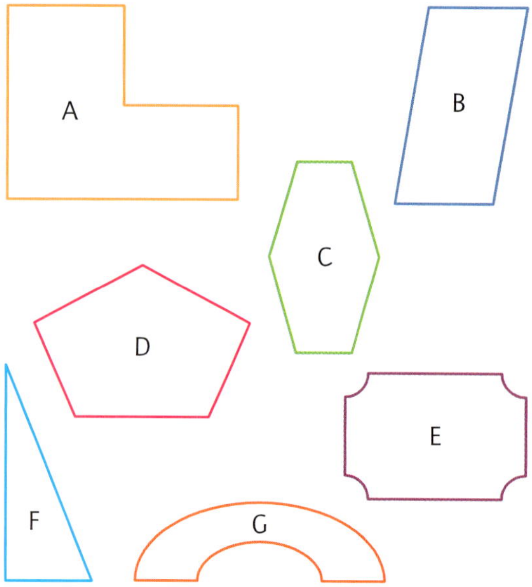

2 **Sur ton cahier, reproduis trois fois ce polygone, puis trace à chaque fois une diagonale afin de délimiter :**

a) un triangle et un quadrilatère ;

b) un triangle et un pentagone ;

c) deux triangles et un hexagone.

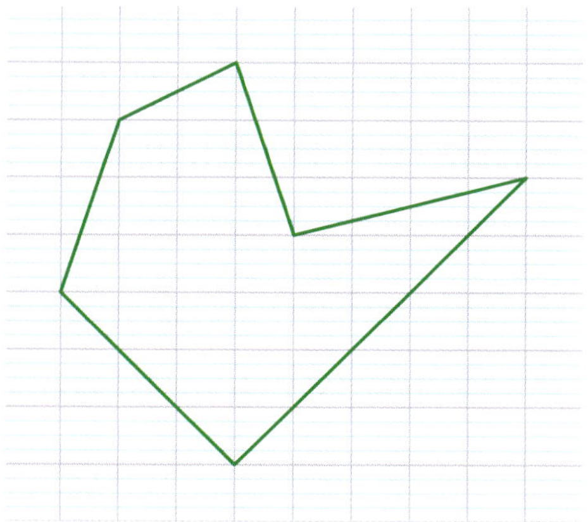

3 **Reproduis ces polygones sur ton cahier.**

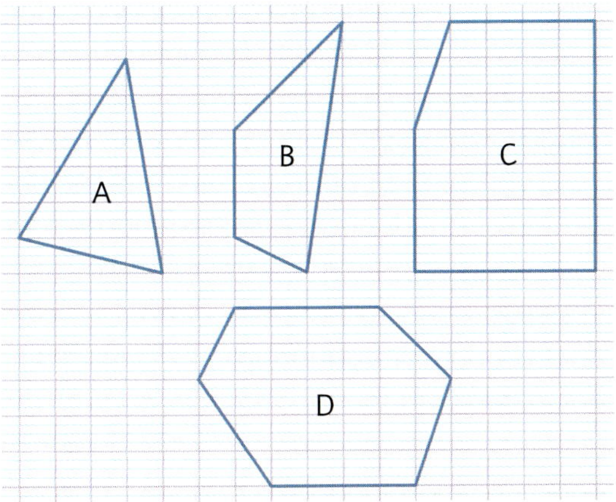

Reproduis et complète le tableau.

	Nombre de côtés	Nombre de sommets
Polygone A		
Polygone B		
Polygone C		
Polygone D		

4 **Utilise ton compas pour construire un hexagone à partir du modèle ci-dessous. Quelle est la particularité de cet hexagone ?**

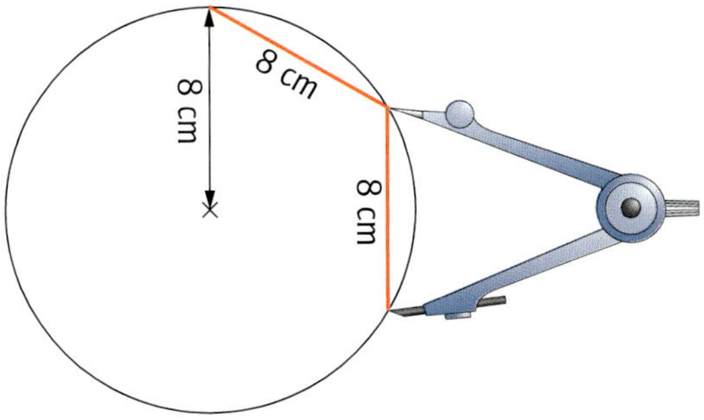

JE TRAVAILLE SEUL(E)

1) Cherche dans un dictionnaire le nombre de côtés de chacun de ces polygones.
un heptagone – un décagone – un dodécagone

2) Aide-toi ensuite d'un atlas ou d'un dictionnaire pour savoir lesquels de ces pays d'Europe ont dans leur drapeau un dodécagone.
La République tchèque – l'Autriche – la Suède – la Pologne – l'Irlande – la Suisse – la Lettonie – la Grèce

5 **Je suis un pentagone et j'ai deux angles droits.**
Qui suis-je ?

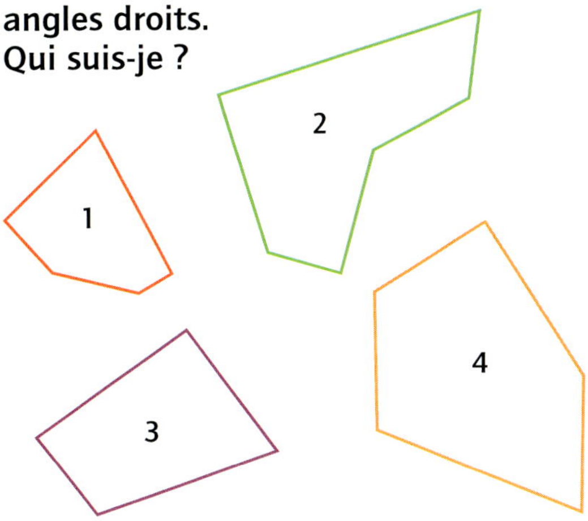

6 **Parmi les polygones ci-dessous, trouve les polygones réguliers.**
Justifie ta réponse.

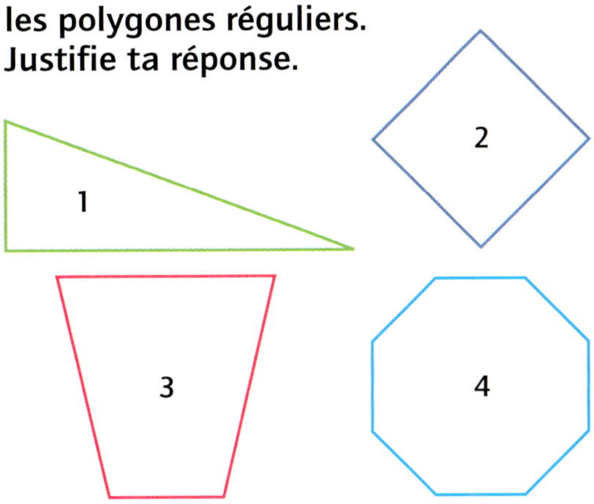

À TOI DE JOUER...

Construis cette figure en l'agrandissant et colorie-la librement.
Trace d'abord le cercle, puis construis l'hexagone comme dans l'exercice 4. Termine par les deux triangles qui formeront l'étoile.

ESPACE ET GÉOMÉTRIE

7 Les parallélogrammes

CHERCHONS ENSEMBLE

Sur un papier calque, trace deux droites parallèles. Recommence ensuite ce travail en variant l'écartement des droites. Découpe les bandes obtenues, puis superpose-les comme sur le schéma.

Repasse l'intersection des deux bandes à l'aide d'un crayon de couleur.
Tu obtiens une figure ABCD.
Que peux-tu dire des segments AB et CD et des segments BC et AD ?

Un quadrilatère dont les côtés opposés sont parallèles est un parallélogramme.

Les diagonales se coupent en leur milieu.

Le losange	Le rectangle	Le carré
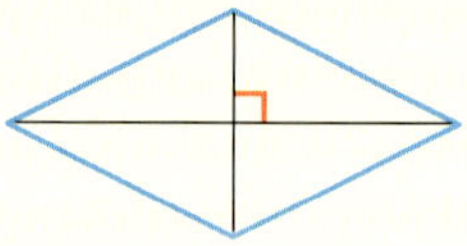	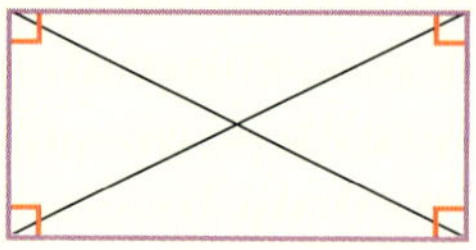	
Ses 4 côtés sont égaux. Ses diagonales sont perpendiculaires.	Il a 4 angles droits. Ses diagonales sont de longueurs égales.	Il a 4 angles droits. Ses 4 côtés sont égaux. Ses diagonales sont perpendiculaires et de longueurs égales.

1 Observe les figures suivantes, puis reproduis et complète le tableau. Observe l'exemple.

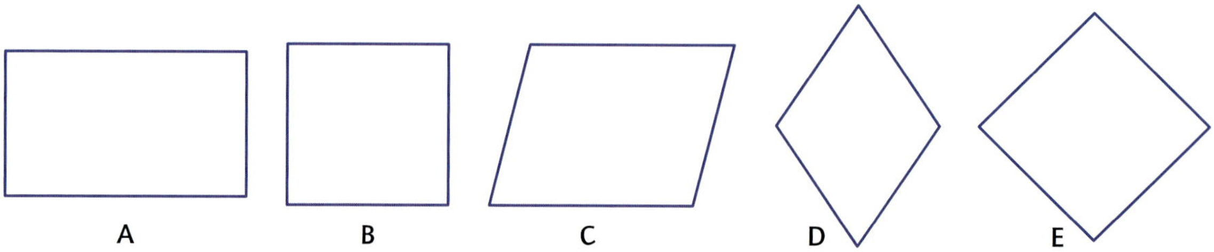

	Côtés opposés parallèles	4 côtés de même longueur	4 angles droits	Nom
A	X		X	rectangle
B				
C				
D				
E				

2 **Sur ton cahier, construis ces figures en utilisant une règle et une équerre.**

a) Un rectangle dont les côtés mesurent 7 cm et 4 cm.

b) Un carré dont les côtés mesurent 5 cm.

c) Un parallélogramme dont les côtés mesurent 6 cm et 2 cm.

Trace les diagonales pour chacun de ces parallélogrammes.

3 **Construis la figure suivante.**

a) Trace deux droites perpendiculaires xy et st qui se coupent en O.

b) Sur Ox et Oy, place deux points A et B tels que OA = OB = 3 cm.

c) Sur Os et Ot, place deux points C et D tels que OC = OD = 5 cm.

d) Joins les points ACBD.

Quelle figure as-tu obtenue ?

4 **Comment s'appelle cette figure ?**

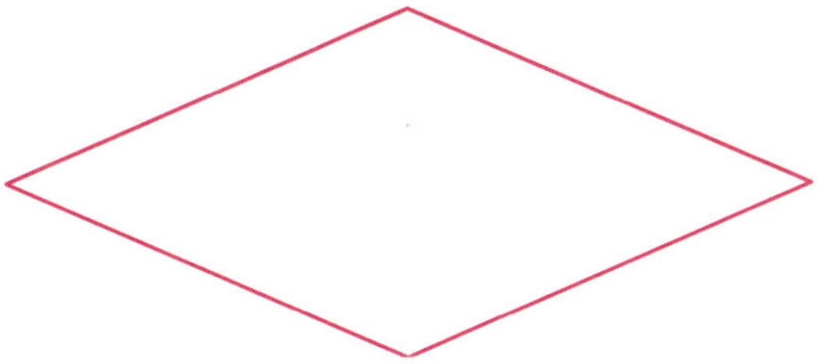

À l'aide de papier calque ou d'un gabarit, compare ses angles. Que constates-tu ?

5 **a) Construis ces quadrilatères en tenant compte des mesures indiquées.**
b) Sur chaque figure, marque le milieu de chaque côté et joins ces milieux.
c) Donne le nom des nouveaux quadrilatères obtenus. Justifie tes réponses.

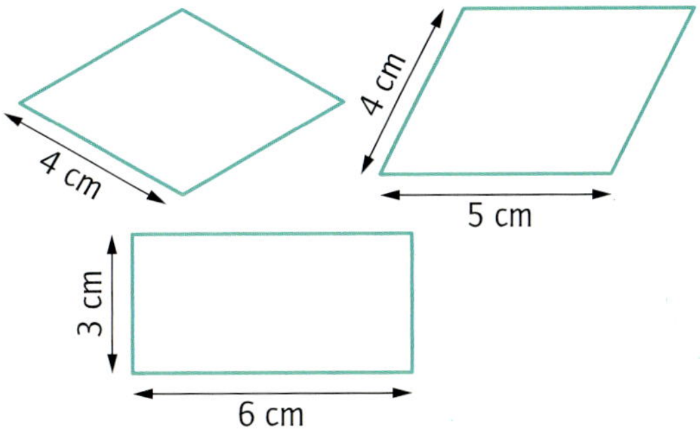

6 **Trace ces figures à l'aide d'une règle et d'une équerre.**

a) Un carré dont les diagonales mesurent 5 cm.

b) Un rectangle dont les diagonales mesurent 7 cm.

c) Un losange dont les diagonales mesurent 5 cm et 3 cm.

7 **a) Trace deux droites sécantes (qui se coupent) d_1 et d_2. Place un point A sur l'une de ces droites. À partir du point A, trace le rectangle ABCD qui aura pour diagonales un segment de d_1 et un segment de d_2.**
b) Que dois-tu faire si tu veux obtenir un losange ?

JE TRAVAILLE SEUL(E)

Observe cette figure. Retrouve tous les carrés et tous les rectangles. Nomme-les.

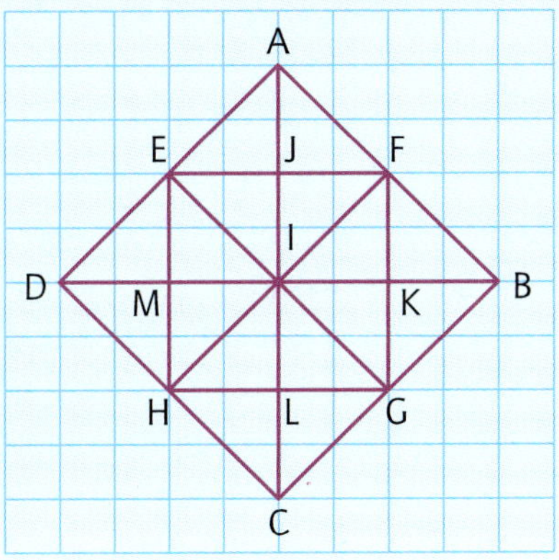

À TOI DE JOUER...

Je suis un parallélogramme.
J'ai deux côtés opposés qui mesurent 15 mm.
Mes diagonales ne sont pas de longueurs égales.
Qui suis-je ?

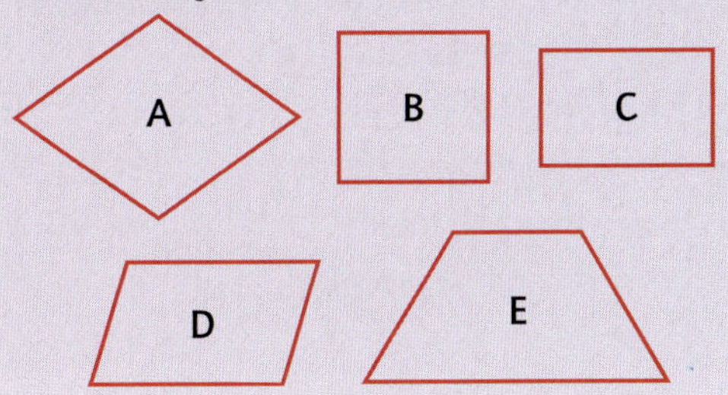

8 Les triangles

CHERCHONS ENSEMBLE

Peux-tu construire un triangle avec ces trois segments ? Pourquoi ?

Un polygone à trois côtés est un triangle.
Le triangle ABC a **deux côtés égaux** et **deux angles égaux** : c'est un **triangle isocèle**.
Le triangle DEF a **trois côtés égaux** et **trois angles égaux** : c'est un **triangle équilatéral**.
Le triangle GHI a **un angle droit** : c'est un **triangle rectangle**.

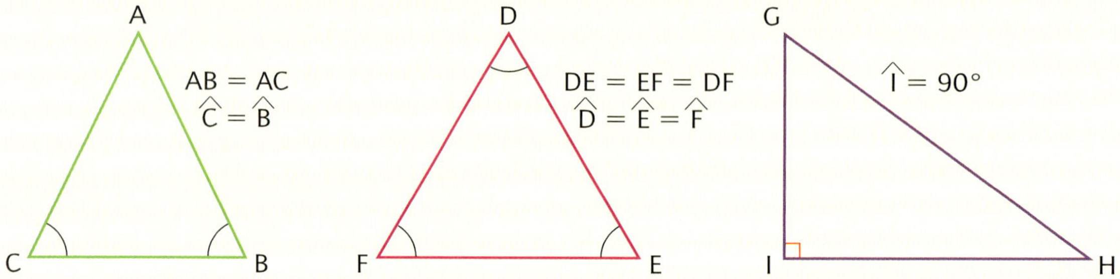

1 **Nadège doit construire le triangle ABC correspondant à ces dimensions :**
AB = 4 cm BC = 6 cm AC = 5 cm.

a) Observe les étapes de sa construction.

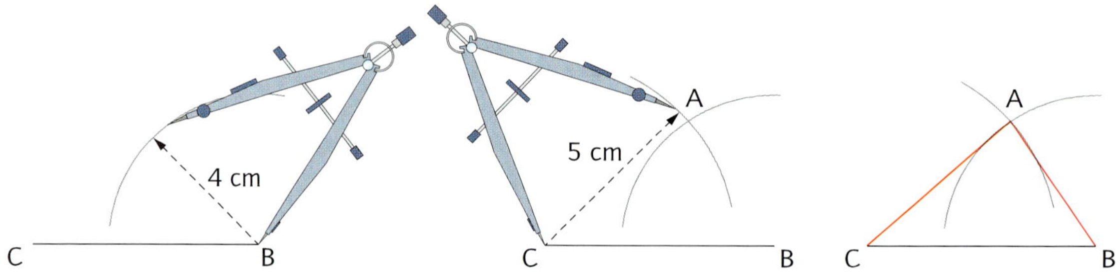

b) À ton tour, construis les deux triangles suivants.
Triangle DEF ➔ DE = 3 cm EF = 5 cm DF = 7 cm.
Triangle GHI ➔ GH = 7 cm HI = 11 cm GI = 8 cm.

2 **Observe et mesure ces triangles, puis classe-les :**
triangle isocèle : … ;
triangle équilatéral : … ;
triangle rectangle : … ;
triangle quelconque : … .
Que constates-tu pour le triangle OMN ?

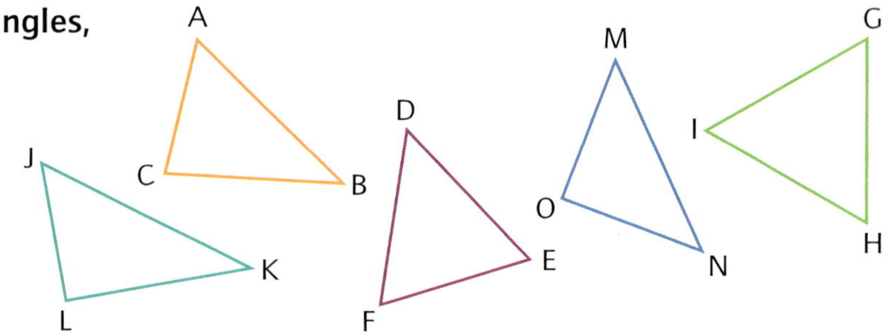

3 **Parmi ces affirmations, certaines sont fausses. Lesquelles et pourquoi ?**

a) Louis : « J'ai construit un triangle dont les côtés mesurent 6 cm, 3 cm et 10 cm. »

b) Valentine : « On ne peut pas construire de triangle rectangle ayant deux angles droits. »

c) Maélis : « Un triangle isocèle a deux côtés égaux et deux angles égaux. »

d) Yanis : « Un triangle peut à la fois être rectangle et équilatéral. »

PROBLÈMES

4 Trace une droite d et place un point O sur cette droite. Trace ensuite un demi-cercle de centre O coupant la droite d aux points M et L. Place un point K sur le demi-cercle et trace le triangle KLM. Que peux-tu dire de ce triangle ?

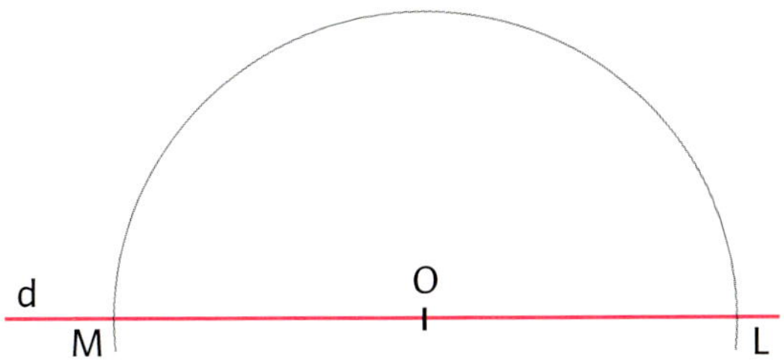

5 Sur un calque, reproduis deux fois le triangle ABC. Découpe les triangles, puis colle-les sur une autre feuille en superposant le point B d'un triangle sur le point C de l'autre et le point C de l'un sur le point B de l'autre.

a) Quelle figure obtiens-tu ?

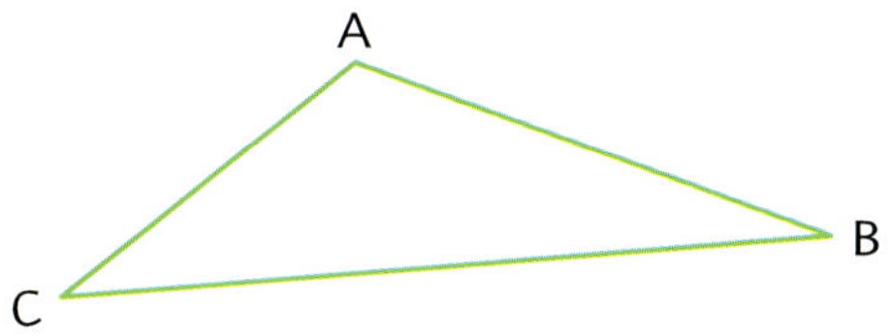

b) Quelle figure aurais-tu obtenue si le rectangle ABC avait été un triangle rectangle ?

c) Quelle figure aurais-tu obtenue si le rectangle ABC avait été un triangle rectangle isocèle ?

JE TRAVAILLE SEUL(E)

Trace un triangle isocèle RST :
RS = RT = 9 cm
TS = 5 cm

a) Cherche l'axe de symétrie de ce triangle, puis trace-le.

b) Que peux-tu dire des deux figures obtenues ?

À TOI DE JOUER...

Sur une grande feuille blanche, reproduis cette figure à partir des indications suivantes :

AB = AD = BC = CD = 12 cm

BD = EB = ED = BG = DG = 9 cm

DH = HF = FB = 3 cm

Utilise la règle et le compas ! Colorie ensuite la figure comme tu veux.

Attention !
Sur le modèle, la figure est réduite.

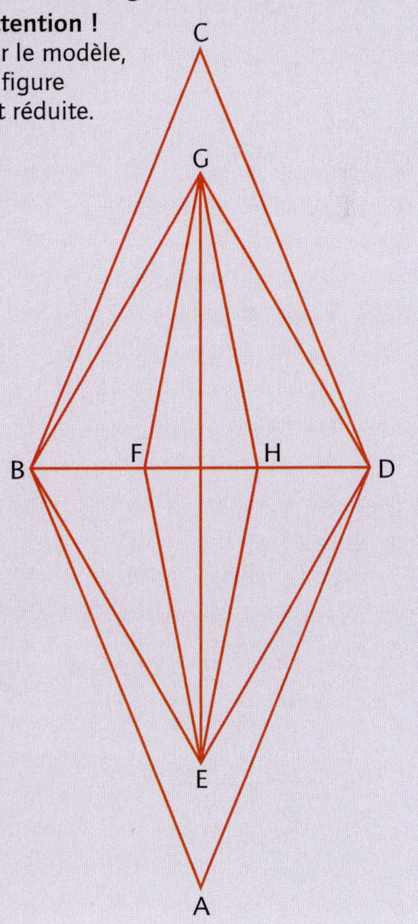

ESPACE ET GÉOMÉTRIE

9 Décomposer une figure en figures plus simples

CHERCHONS ENSEMBLE

Reproduis ces lettres sur une feuille quadrillée.

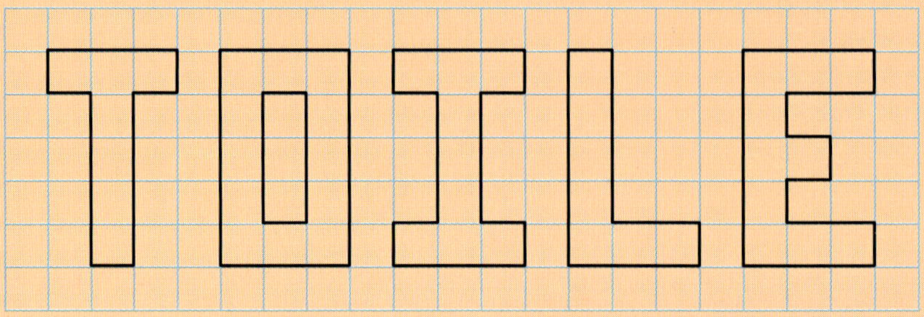

Décompose-les en polygones simples (carré ou rectangle) en faisant le moins de morceaux possibles.

Une figure peut se décomposer en figures plus simples.

Exemple : cette figure peut se décomposer en deux rectangles et un triangle.

On constate qu'il y a **plusieurs possibilités**.

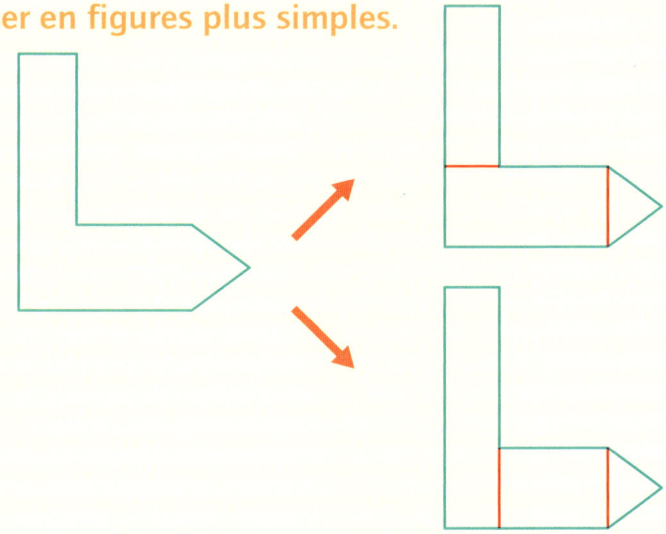

1 **Observe ce tangram. Reproduis-le. De quels polygones se compose-t-il ?**

2 **Construis un rectangle de 10 cm de longueur et 6 cm de largeur. Décompose-le en 16 triangles.**

3 a) **À partir de 6 triangles comme ci-contre, quelle(s) figures peux-tu obtenir : un hexagone, un parallélogramme, un pentagone, un triangle ?**

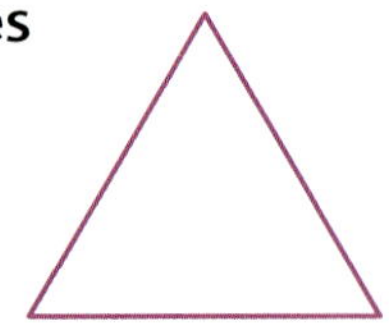

b) **Si tu n'avais que 4 de ces triangles, quelle(s) figure(s) pourrais-tu obtenir ?**

3 **Reproduis cette cocotte sur une feuille quadrillée.**
Décompose cette figure en carrés, rectangles et triangles. Compare ce que tu as obtenu avec ton voisin.

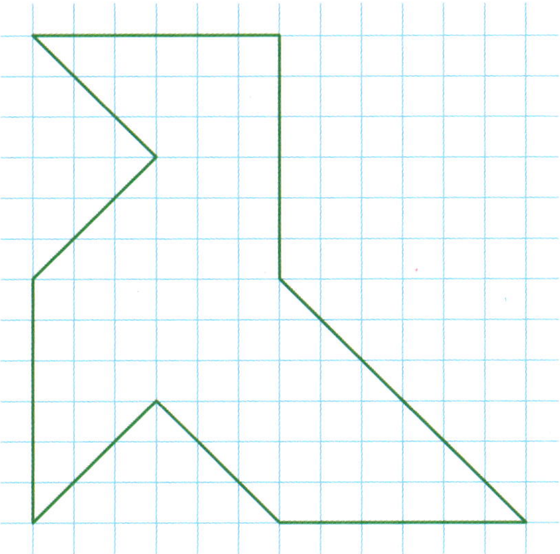

4 **Reproduis cette figure sur une feuille quadrillée, puis décompose-la en figures simples.**

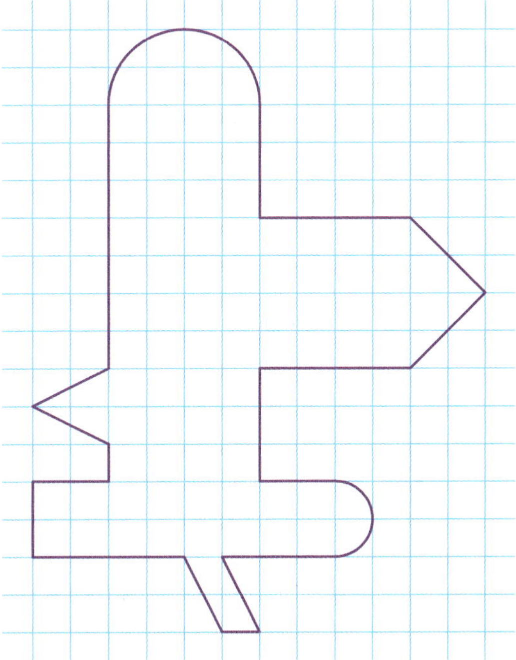

JE TRAVAILLE SEUL(E)

a) **Décalque deux fois cette figure. Décompose-la uniquement en carrés. Trouve deux solutions.**

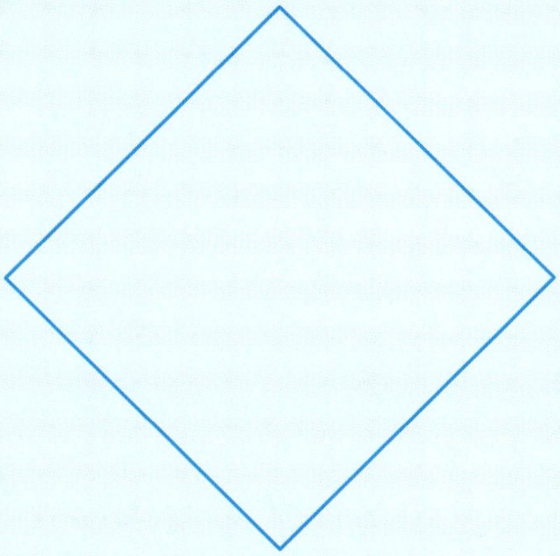

b) **Construis trois carrés de 6 cm de côté. Décompose :**

– le premier uniquement en rectangles identiques ;

– le deuxième uniquement en triangles identiques ;

– le troisième uniquement en un carré et quatre triangles.

À TOI DE JOUER...

Reproduis deux fois chaque figure, puis découpe-les.
Réalise de nouvelles figures à l'aide des gabarits que tu viens d'obtenir.

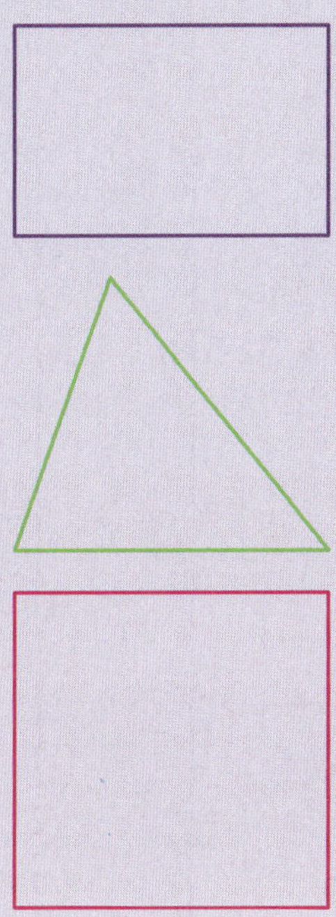

10 Les solides (1)

CHERCHONS ENSEMBLE

J'ai 6 faces, 12 arêtes et 8 sommets.
Qui suis-je ?
Retrouve toutes les possibilités.

Pour décrire un solide, on précise le nombre de faces et la nature de chaque face, le nombre d'arêtes et le nombre de sommets.

Exemple :

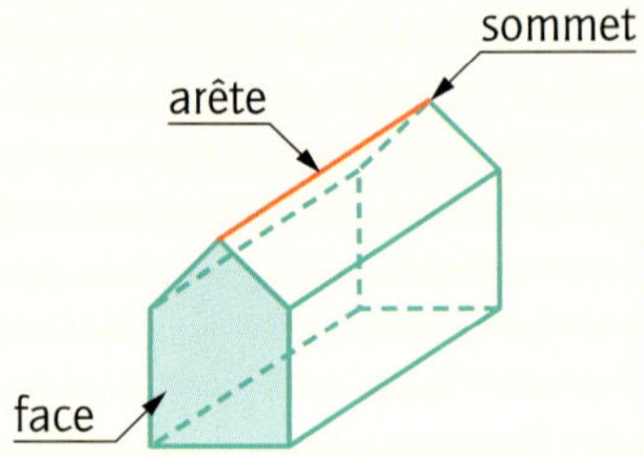

Ce solide comporte 7 faces, 15 arêtes et 10 sommets.
Le **patron d'un solide** est une figure composée de toutes les faces du solide et qui permet, par pliage, de construire le solide.

1 **Observe ces solides.**
Reproduis, puis complète le tableau.

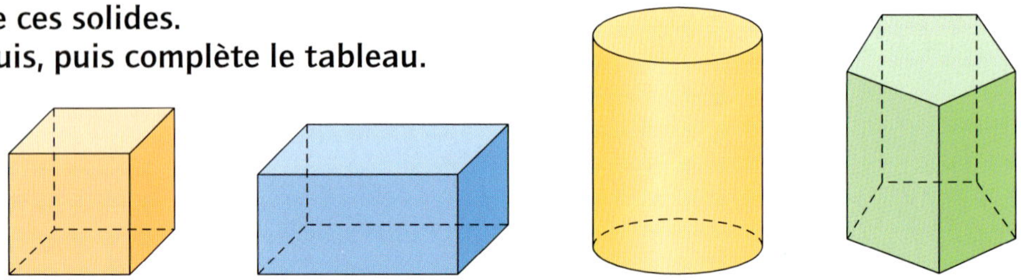

A B C D

	Nombre de faces	Forme des faces	Nombre d'arêtes	Nombre de sommets
A				
B				
C				
D				

2 **Compte le nombre de faces, d'arêtes et de sommets de chaque solide.**

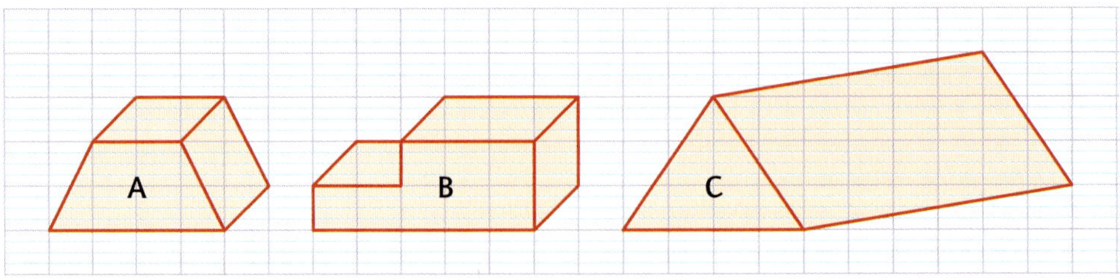

3 **Associe à chaque solide son patron.**

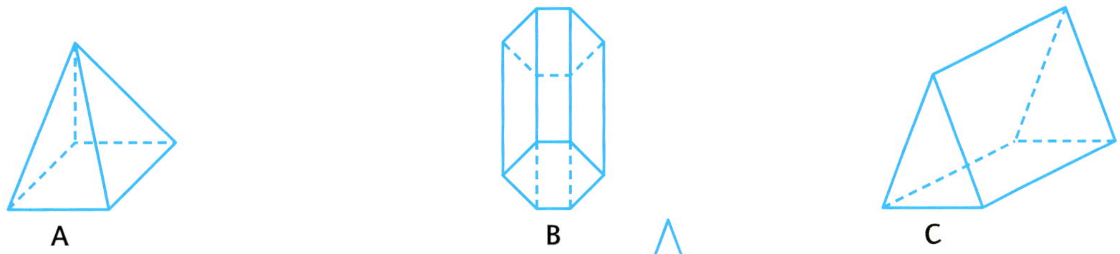

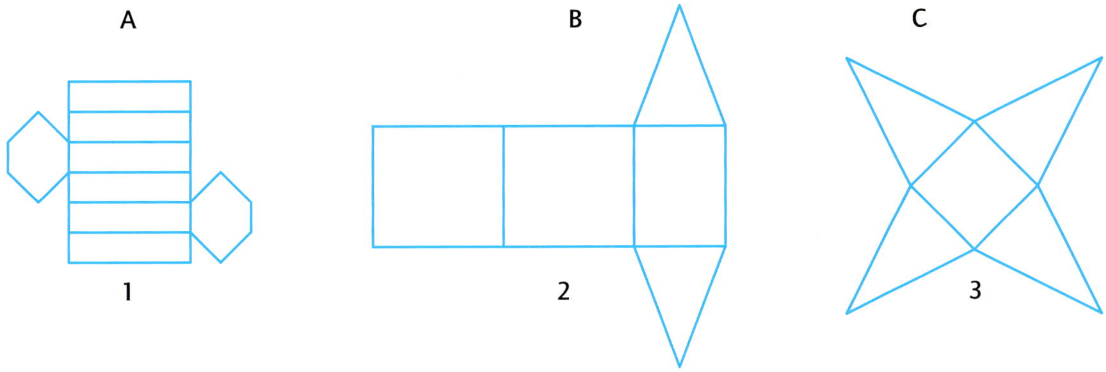

4 Lorsque l'on représente un solide, on dessine en pointillés les arêtes que l'on ne voit pas.
Dessine les solides A et C de l'exercice 2 en faisant apparaître les pointillés.

5 **Reproduis ce patron sur ton cahier, puis colorie de la même couleur les arêtes qui se toucheront après pliage et assemblage.**

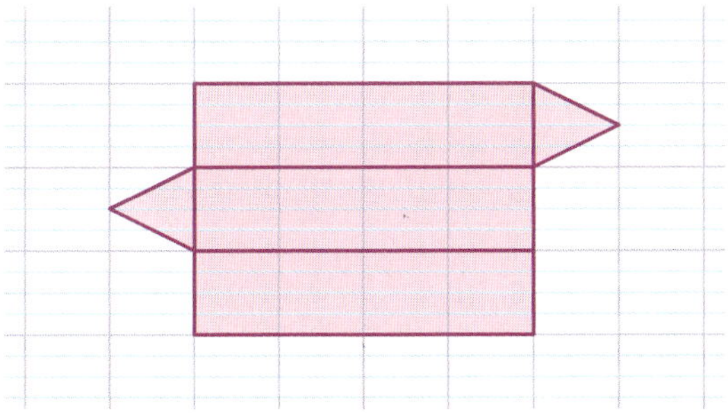

6 **Reproduis ce patron sur une feuille blanche. Tous les triangles sont équilatéraux.**
Découpe-le et assemble-le avec du ruban adhésif pour obtenir le solide.

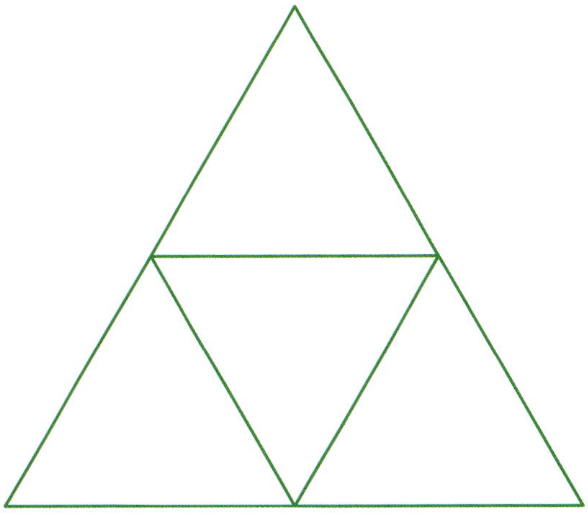

JE TRAVAILLE SEUL(E)

Quels sont les solides qui auraient pu laisser de telles empreintes ?

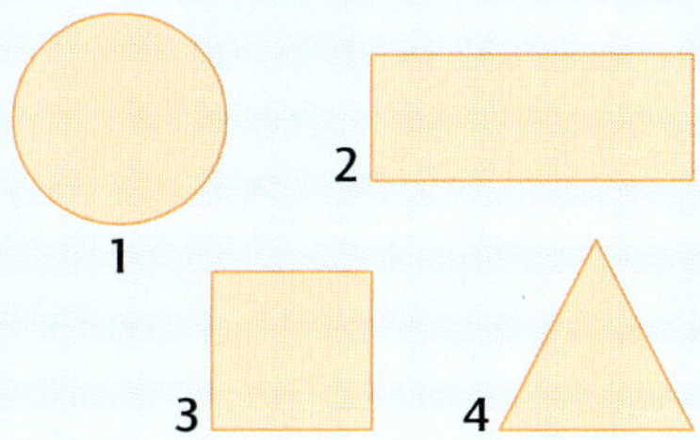

À TOI DE JOUER...

Voici le début d'une frise. Reproduis-la sur ton cahier et continue-la.

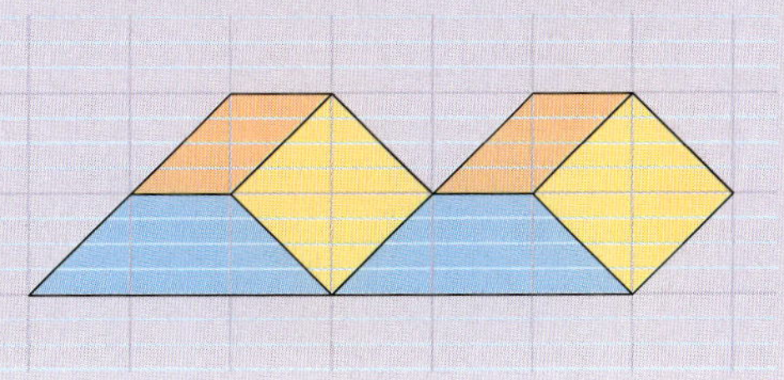

ESPACE ET GÉOMÉTRIE

11 Les solides (2)

CHERCHONS ENSEMBLE

Réalise le patron de ce solide pour construire cette boîte.
Matériel : règle, équerre, ciseaux, ruban adhésif.

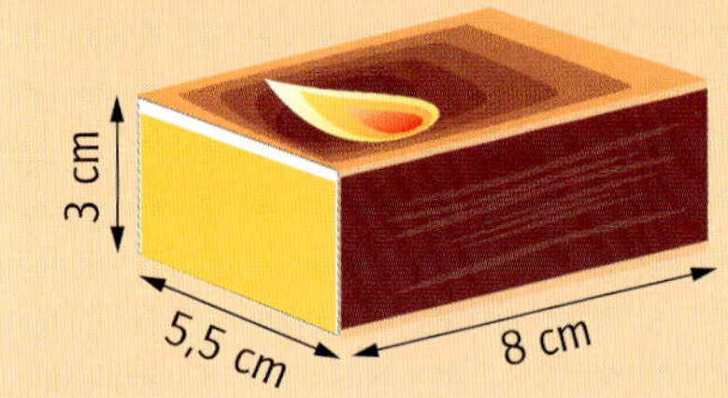

Un **cube** a six faces carrées, huit sommets et douze arêtes.

Le **parallélépipède rectangle** a six faces rectangulaires, huit sommets et douze arêtes.

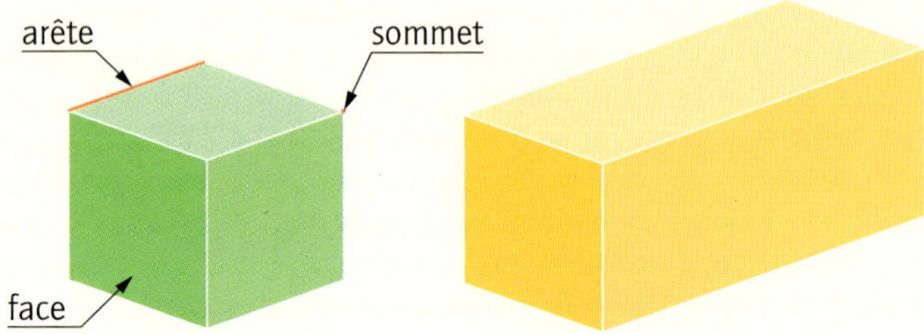

1 **Observe autour de toi pour rechercher des objets qui ont la forme d'un cube et des objets qui ont la forme du parallélépipède rectangle.**

2 **Vrai ou faux ?**

a) Un cube et un parallélépipède rectangle ont le même nombre de sommets.

b) Les faces du parallélépipède rectangle sont identiques deux à deux.

c) Toutes les faces du cube sont identiques.

d) Un parallélépipède rectangle peut avoir quatre faces identiques.

3 **Sur un cube, à l'aide d'une équerre, recherche les angles droits formés par les arêtes. Combien y en a-t-il ?**

4 **Combien de cubes ont été utilisés pour réaliser chaque assemblage ?**

A

B

5 **Reproduis et complète ces quatre figures pour obtenir quatre patrons de cube.**

6 **Observe le parallélépipède rectangle ABCDEFGH.**

a) Nomme trois arêtes parallèles.

b) Nomme deux arêtes perpendiculaires.

c) Quelle est la face opposée à BCHG ?

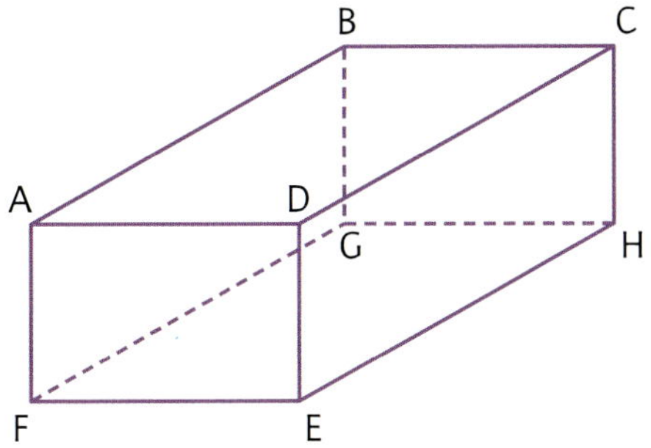

7 **Quelle est la longueur totale des arêtes de ce cube ?**

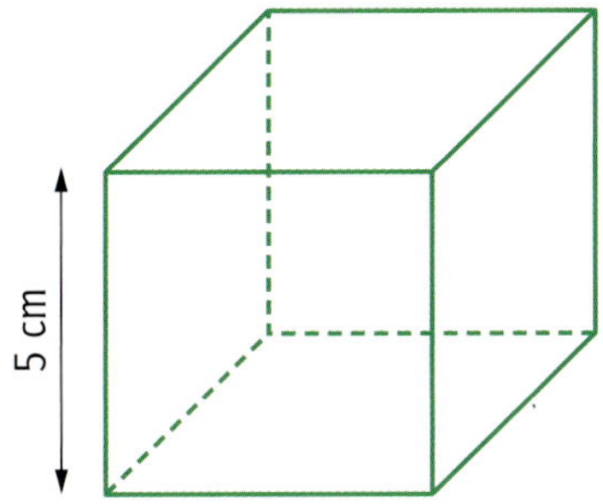

8 **Léo a une boîte en forme de parallélépipède rectangle. Il veut y ranger des petits cubes de 1 cm d'arête. Combien peut-il en mettre en tout ?**

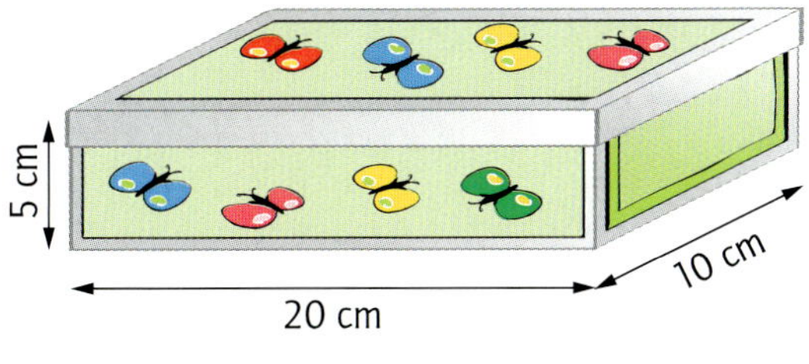

JE TRAVAILLE SEUL(E)

Avec des petits cubes identiques, on veut fabriquer un cube plus grand. On veut en utiliser le moins possible, combien en faudra-t-il ?

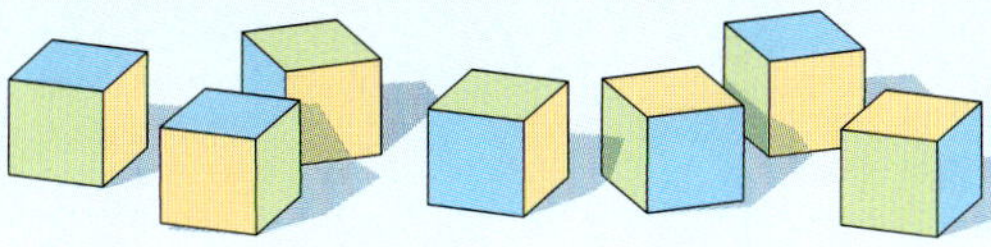

9 **L'un de ces trois patrons ne permet pas de réaliser la construction du parallélépipède rectangle. Lequel et pourquoi ?**

Tu peux vérifier en décalquant ces patrons et en essayant de construire les solides.

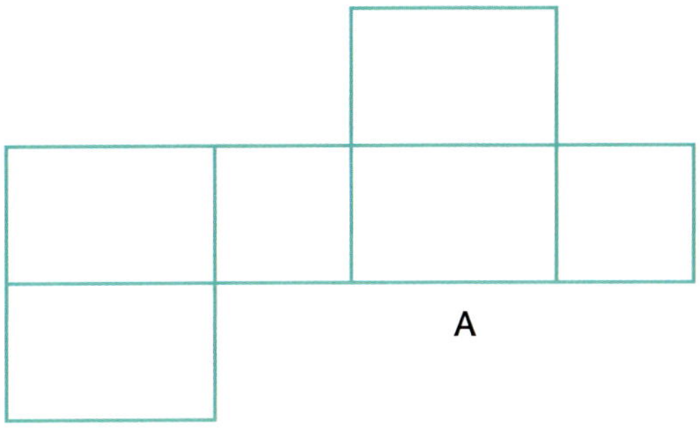

A

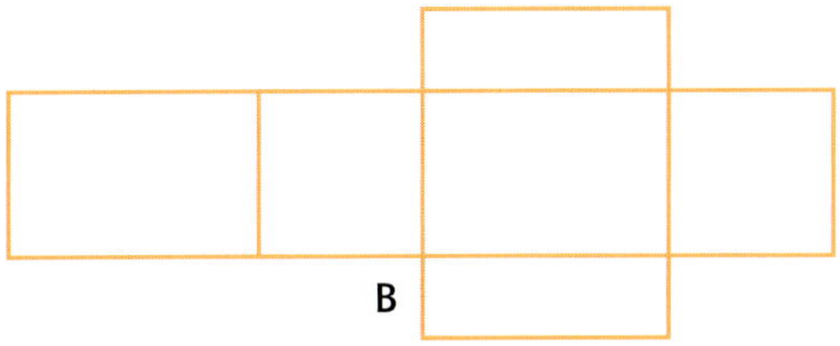

B

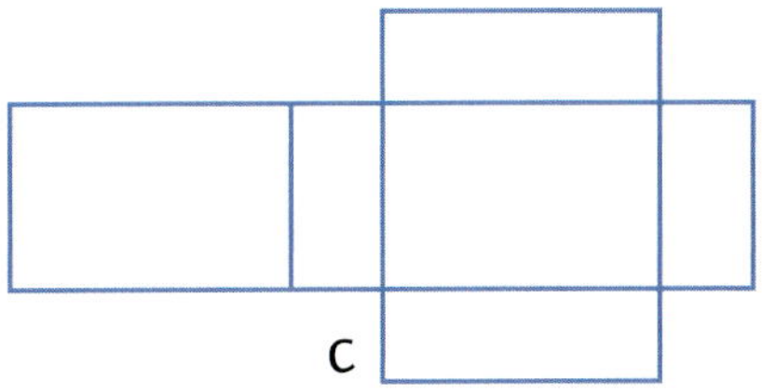

C

À TOI DE JOUER...

Voici le patron d'un dé. Deux faces opposées totalisent 7 points.

Quel nombre est inscrit sur le dessous du cube ?

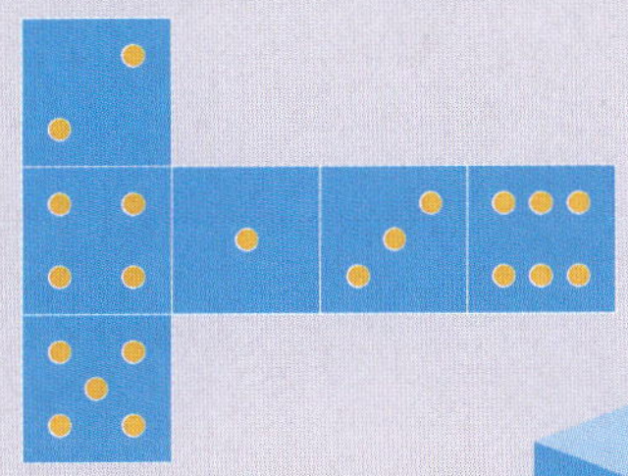

ESPACE ET GÉOMÉTRIE

12 Agrandissement ou réduction de figures

CHERCHONS ENSEMBLE

Observe bien ces deux figures.
Que constates-tu ?

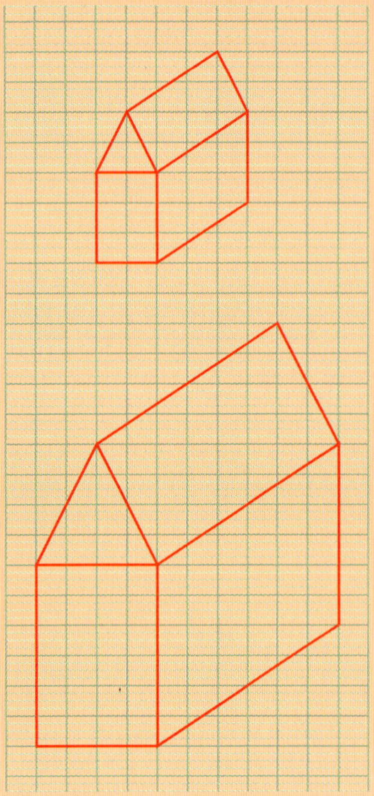

Quand on agrandit ou que l'on réduit une figure, toutes les mesures de longueurs sont multipliées ou divisées par le même nombre.

Exemple :

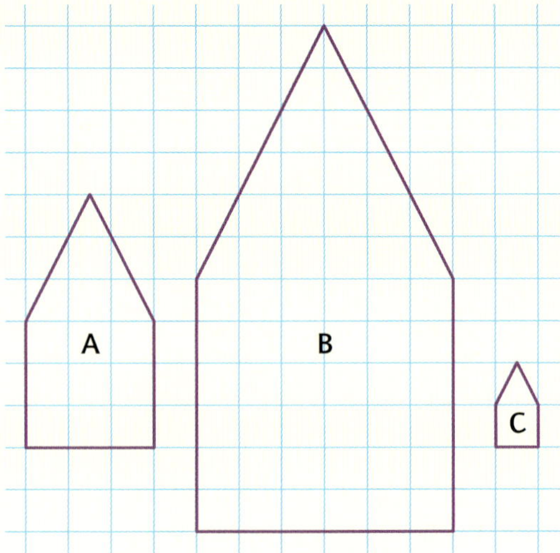

Pour passer de la **figure A à la figure B**, on multiplie la mesure de chaque côté par 2.

On dit que la figure B est la reproduction de la figure A **à l'échelle 2**.

Pour passer de la **figure A à la figure C**, on divise la mesure de chaque côté par 3.

On dit que la figure C est la reproduction de la figure A **à l'échelle1/3**.

1 **Reproduis cette figure pour qu'elle soit 3 fois plus grande.**

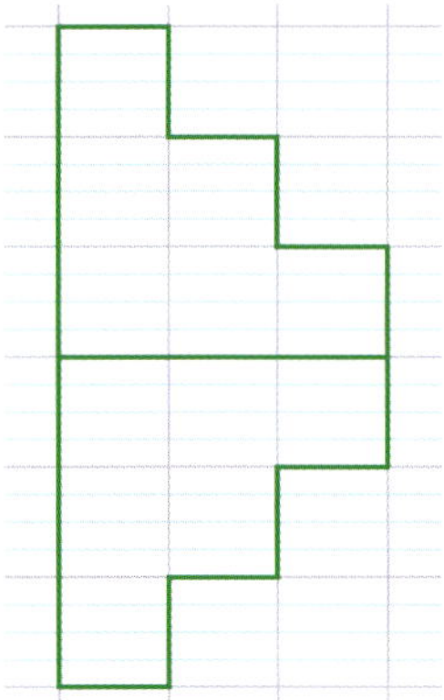

2 **Reproduis cette figure pour qu'elle soit deux fois plus petite.**

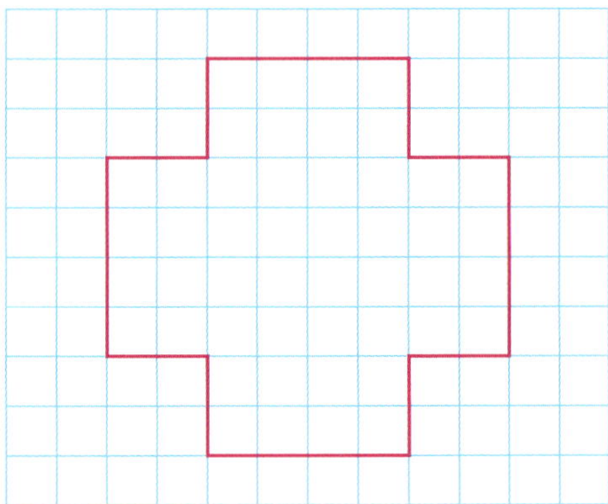

3 Observe cette figure. Reproduis-la dans un carré de 4 carreaux de côté.
Quelle est l'échelle de cette nouvelle figure ?

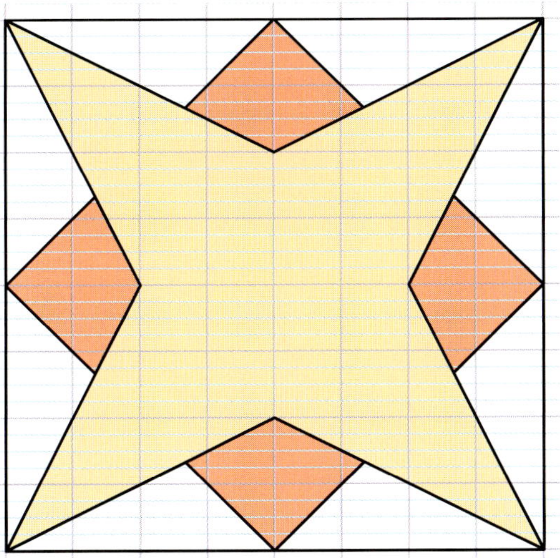

4 Voici le plan d'une maison.
Deux carreaux représentent 1 m.
Dessine un nouveau plan de cette maison sur du papier quadrillé : tu choisiras quatre carreaux pour représenter 1 m.

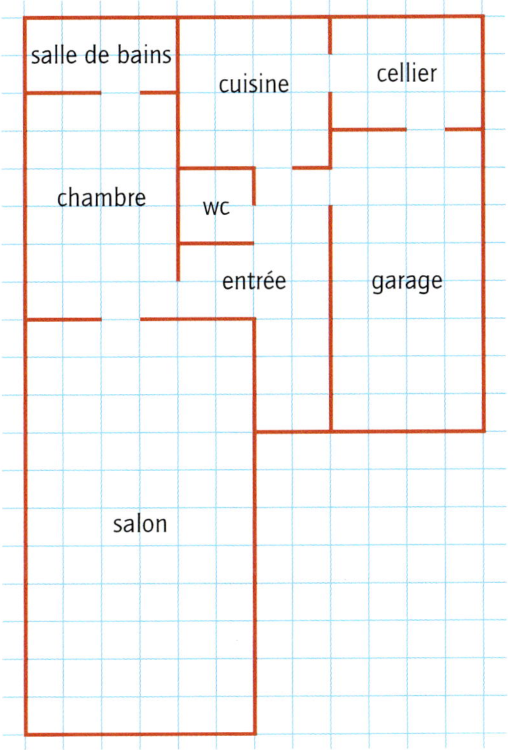

5 a) Mesure tous les segments de cette figure, puis reproduis et complète le tableau.

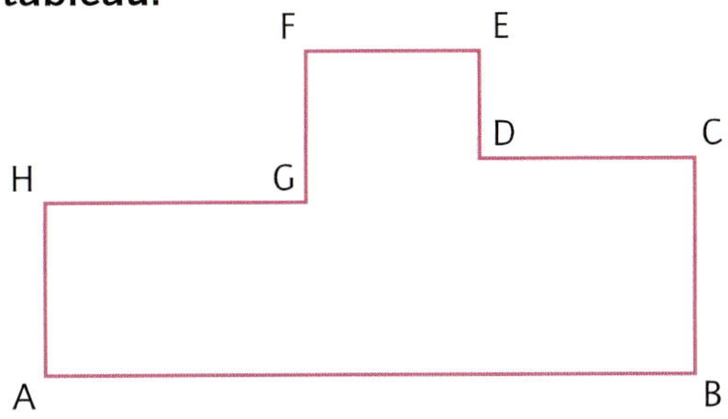

	AB	BC	CD	DE	EF	FG	GH	HA
Mesure en mm								
Mesure en mm								
Mesure en mm								

× 3

divisé par 2

b) Construis les deux figures avec les nouvelles mesures que tu viens de calculer.

6 Reproduis à l'échelle 3 les deux figures ci-dessous.

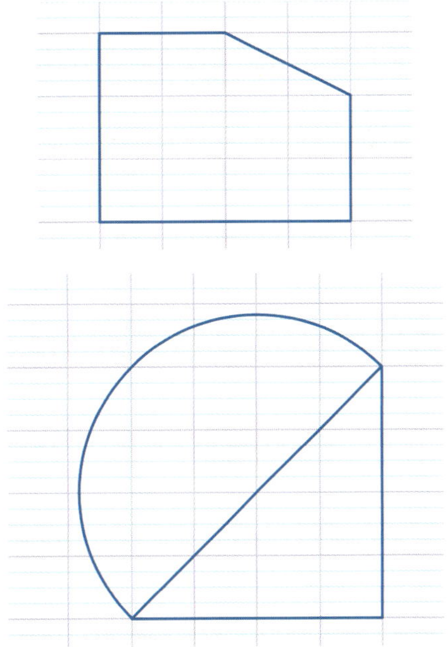

7 a) Trace un carré EFGH de 16 cm de côté ainsi que ses deux diagonales.
Trace ensuite le cercle passant par les quatre sommets du carré.
b) Reproduis maintenant cette figure à l'échelle 1/2, puis à l'échelle 1/4.

8 a) Trace un triangle équilatéral de 3 cm de côté.
b) Reproduis cette figure à l'échelle 2.
c) Reproduis cette figure à l'échelle 3.

9 Sur une feuille quadrillée, construis une tour trois fois plus grande que celle-ci.

10 Reproduis ce losange à l'échelle 4.

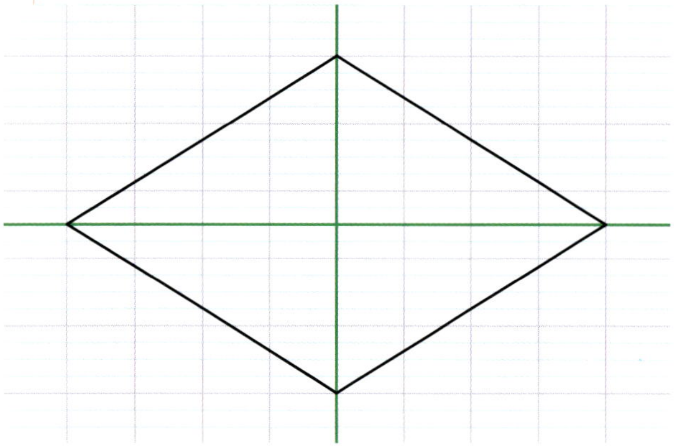

11 Observe ces quatre figures.
Retrouve l'échelle qui permet de passer de l'une à l'autre.

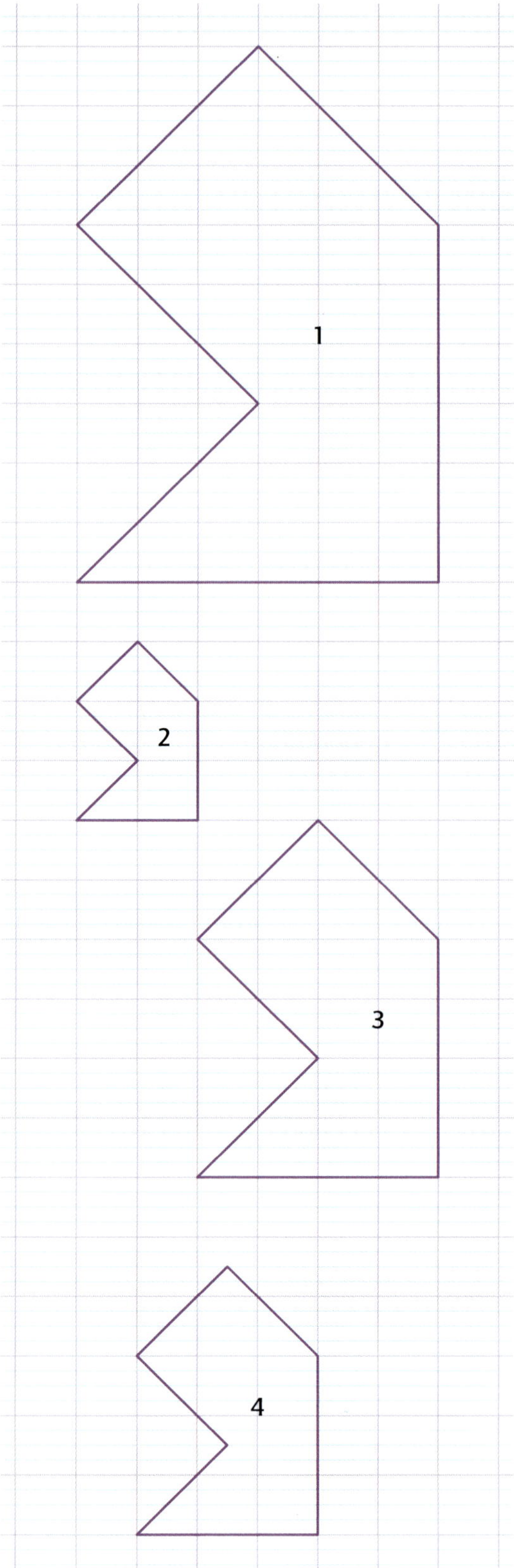

12 Reproduis deux fois cette figure :

a) en multipliant par 3 toutes ses dimensions ;

b) en divisant par 2 toutes ses dimensions.

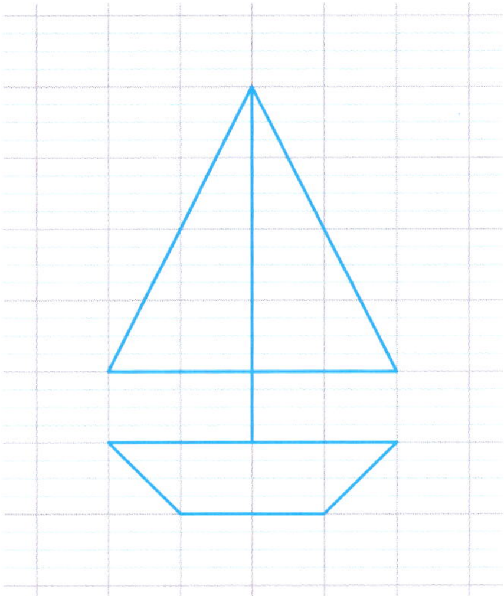

13 Compare les reproductions B et C à la figure d'origine A. Pour les figures B et C, indique l'échelle utilisée.

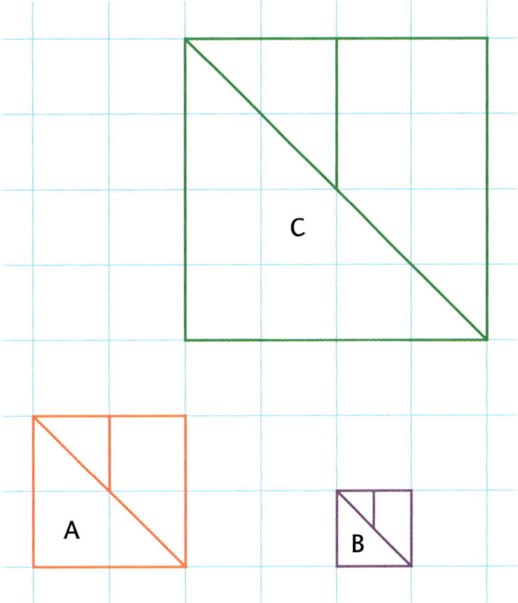

JE TRAVAILLE SEUL(E)

Reproduis ces figures géométriques en triplant toutes les dimensions.

À TOI DE JOUER...

Reproduis cette frise pour qu'elle soit deux fois plus grande.

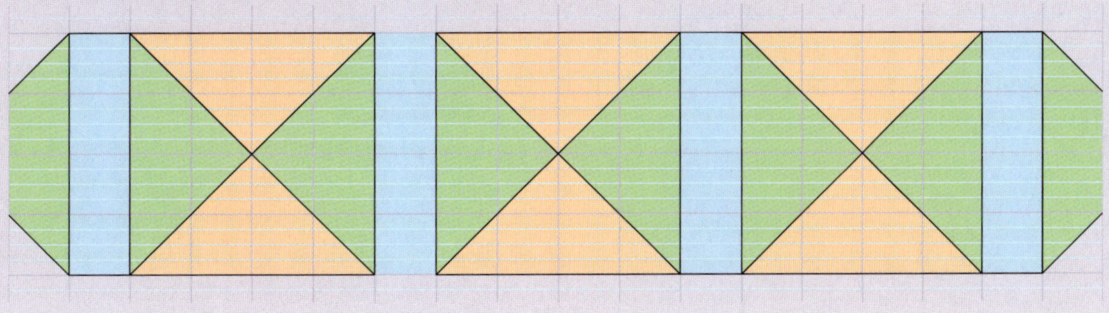

13 Programmes de construction

Pour tracer une figure géométrique, on peut suivre un programme de construction ou bien trouver une démarche d'après l'observation d'un modèle.

On doit utiliser des **instruments** pour que les tracés soient précis : la règle, l'équerre, le compas.

1 Trace la figure qui correspond à ce programme de construction

a) Trace un segment AB de 8 cm.

b) Trace le segment AD mesurant 6 cm et perpendiculaire à AB.

c) Trace le segment BC mesurant 6 cm et perpendiculaire à AB.

d) Trace le 4e côté du rectangle ABCD.

e) Marque le point E, milieu de AB.

f) Trace les segments EC et ED.

2 a) Observe cette figure, puis écris le programme de construction qui correspond.

b) Construis-la.

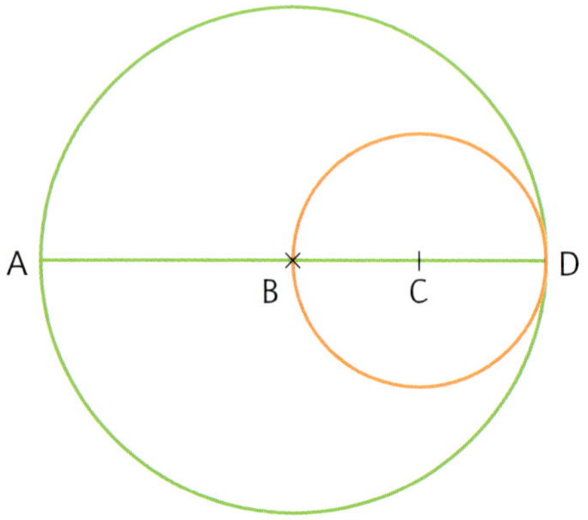

3 Trace la figure qui correspond à ce programme de construction.

a) Trace un segment AB de 4 cm.

b) Trace un cercle de centre A et dont le rayon mesure plus de 2 cm.

c) Conserve le même écartement de compas et trace le cercle de centre B. Les cercles se coupent en deux points : E et F.

d) Trace le segment EF.

e) Relie les points AEBF.

4 Trace la figure qui correspond à ce programme de construction.

a) Trace un carré ABCD.

b) Trace ses diagonales. Elles se coupent en M.

c) Trace un arc de cercle de centre M, de rayon MA, tel qu'il aille de A à B.

d) Trace un arc de cercle de centre M, de rayon MC, tel qu'il aille de C à D.

5 a) Observe cette figure. Écris le programme de construction qui correspond.

b) Construis-la.

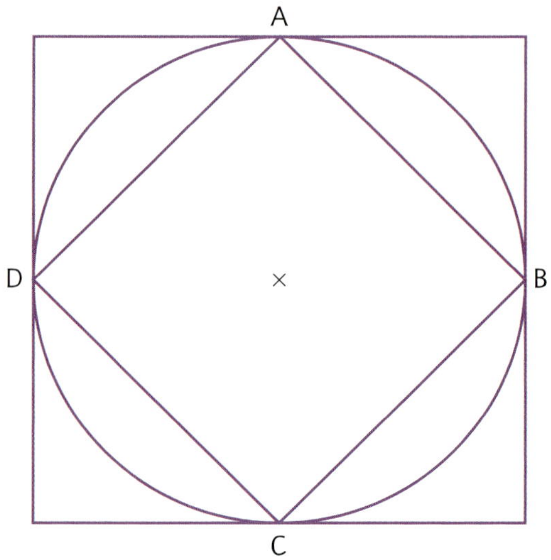

6 À quelle figure chaque programme correspond-il ?

Programme 1

a) Trace un carré ABCD de 4 cm de côté.

b) Trace la diagonale BD.

c) Marque le milieu S de BD.

d) Trace le segment SC.

Programme 2

a) Trace un carré GHIJ de 4 cm de côté.

b) Construis le segment GT ayant J pour milieu.

c) Trace le segment TI.

Programme 3

a) Trace un carré PQRS de 4 cm de côté.

b) Marque le point X milieu de RS.

c) Trace les segments XP et XQ.

A

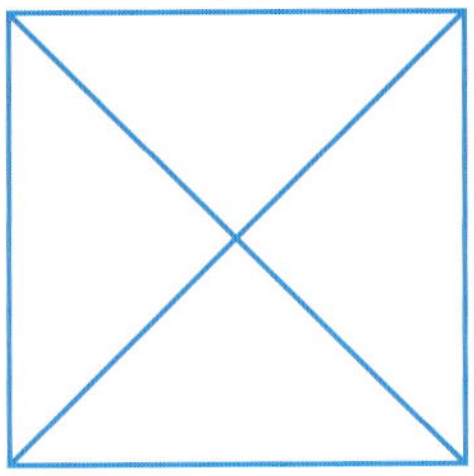

B

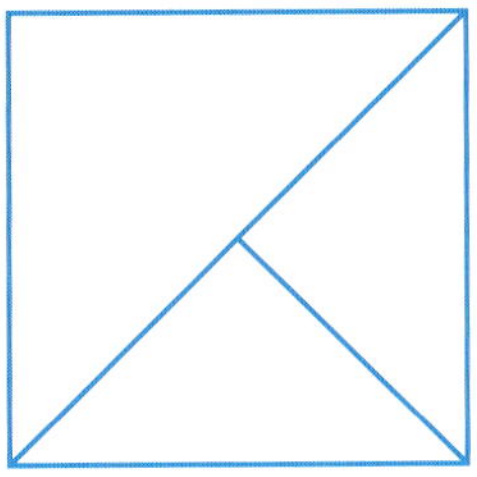

C

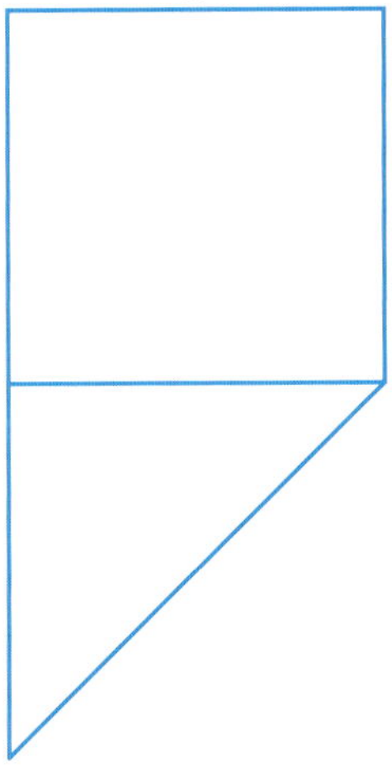

D

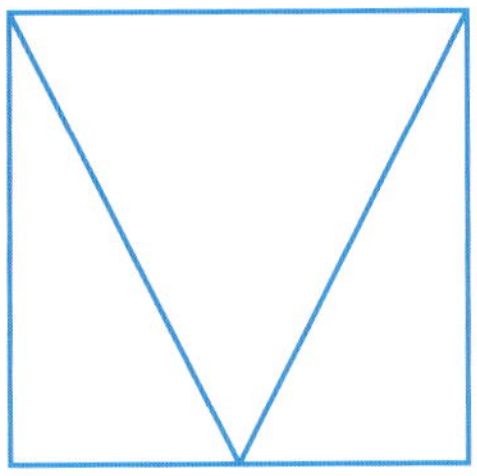

7 Trace la figure qui correspond à ce programme de construction.

a) Trace un cercle de centre O et de rayon 4 cm.

b) Trace un diamètre AB de ce cercle.

c) Marque le milieu F du segment AO.

d) Trace la perpendiculaire au segment AO qui passe par le point F. Elle coupe le cercle en deux points : G et H.

e) Trace les triangles GBH et GAH.

8 Trace la figure qui correspond à ce programme de construction

a) Trace un rectangle de 6 cm sur 4 cm.

b) Trace, à l'extérieur du rectangle, les quatre demi-cercles ayant les côtés du rectangle comme diamètres.

JE TRAVAILLE SEUL(E)

Trace la figure qui correspond à ce programme de construction.

a) Trace un triangle équilatéral de 3 cm de côté. Le nommer ABC.

b) Trace le cercle de centre C passant par A et B.

c) Trace le cercle de centre B passant par A et C.

d) Trace le cercle de centre A passant par B et C.

À TOI DE JOUER...

Reproduis cette frise sur ton cahier.

ESPACE ET GÉOMÉTRIE

SYNTHÈSE

1 Observe cet extrait de plan de Paris.

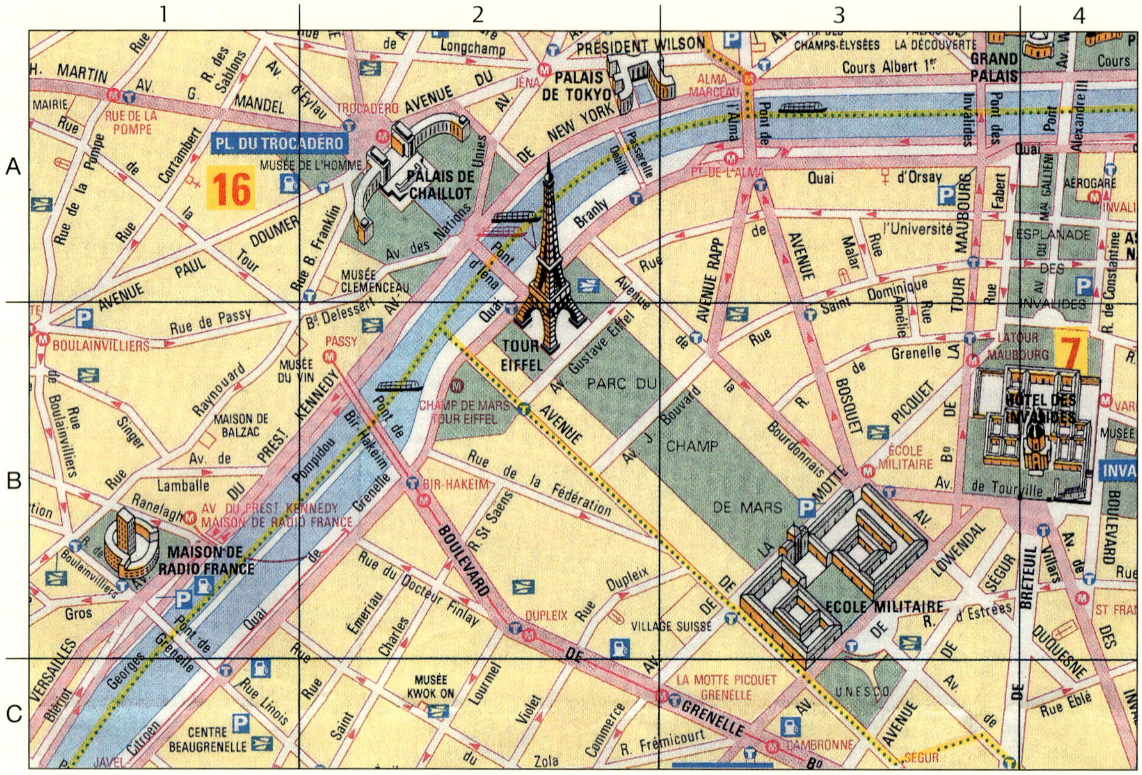

a) À l'aide du quadrillage, indique les coordonnées du Palais de Chaillot, de l'École militaire, de la Maison de Radio France.

b) Cite des voies (rues, avenues...) perpendiculaires entre elles.

c) Indique des voies (rues, avenues...) parallèles entre elles.

d) Tu es à la Maison de Radio France, comment te rends-tu à la tour Eiffel ?

2 Observe le dessin de la maison.

Si tu devais en réaliser le patron, indique lesquels de ces polygones il te faudrait utiliser et combien.

Ne tiens pas compte des cheminées.

Triangle	
Carré	
Rectangle	
Pentagone	
Hexagone	

3 **Dans cette figure :**

a) Nomme un hexagone.

b) Nomme un quadrilatère ayant deux et seulement deux côtés parallèles.

c) Nomme un rectangle.

d) Nomme deux triangles ayant des particularités différentes. Cite ces particularités.

e) Nomme deux quadrilatères symétriques. Quel est leur axe de symétrie ?

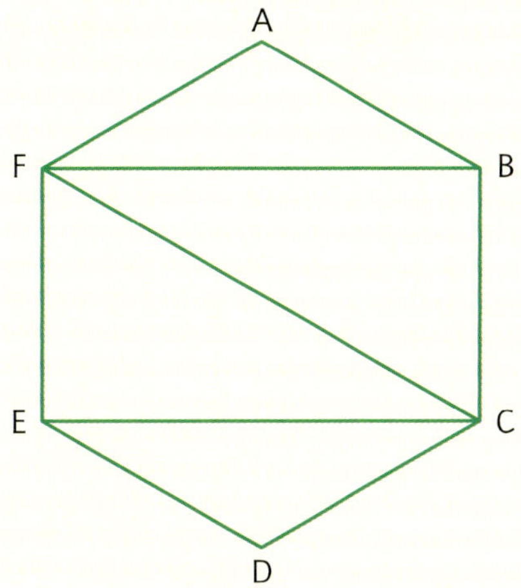

4 a) **De combien de pavés en bois de cèdre est constitué cet assemblage ?**

Carl André, *Foyer*, 1980,
Centre Georges Pompidou, Paris.

Tous les pavés ont pour mesure :
L = 90 cm, l = 30 cm
et h = 30 cm.

b) **Quelle est la longueur totale de l'assemblage ?**

c) **Quelle est sa hauteur ?**

5 **À l'aide de papier calque, reproduis cette figure représentant la moitié d'un masque africain.**

Construis ensuite son symétrique par rapport à la droite rouge.

Utilise le pliage ou le papier calque.

Tu pourras ensuite librement colorier ton masque.

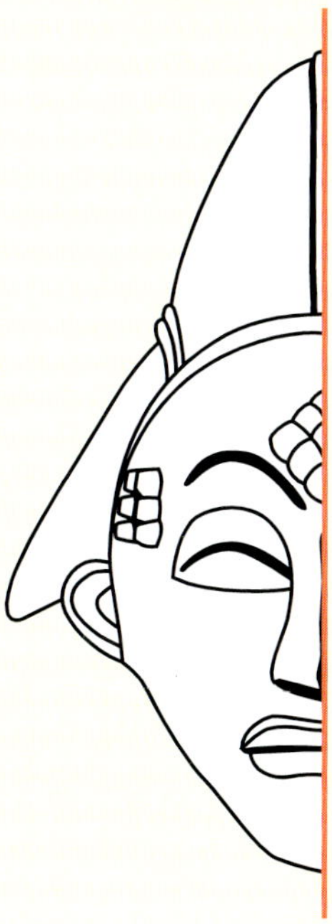

Masque Pounou, Gabon,
bois polychrome,
Centre Georges Pompidou, Paris.

ESPACE ET GÉOMÉTRIE

JE TRAVAILLE SEUL(E) - CORRIGÉS

Page 145
Smaïl a tracé la lettre G.

Page 147

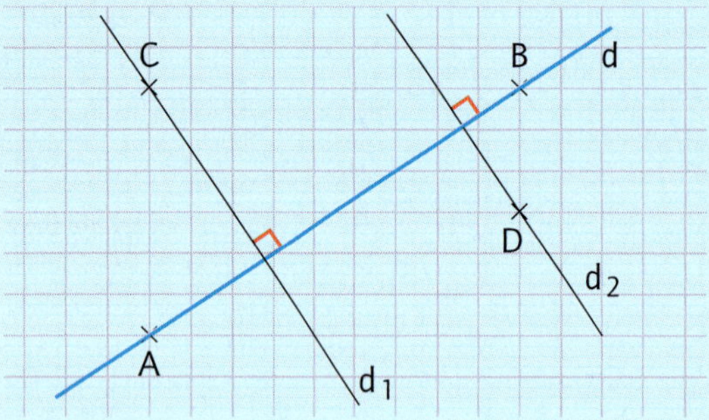

Page 149
a) Faux
b) Vrai
c) Vrai
d) Faux

Page 151
Morgane a fait deux erreurs.

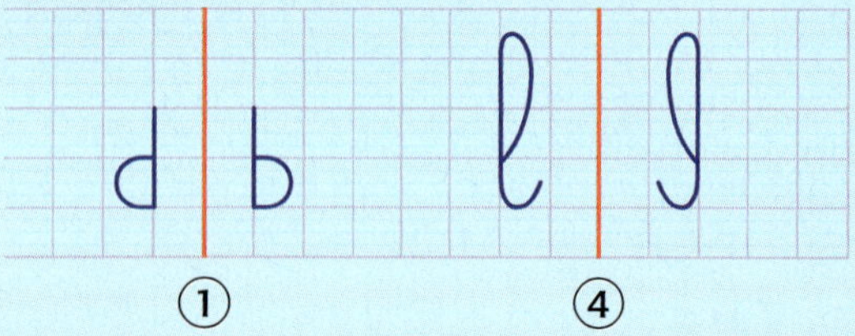

Page 153

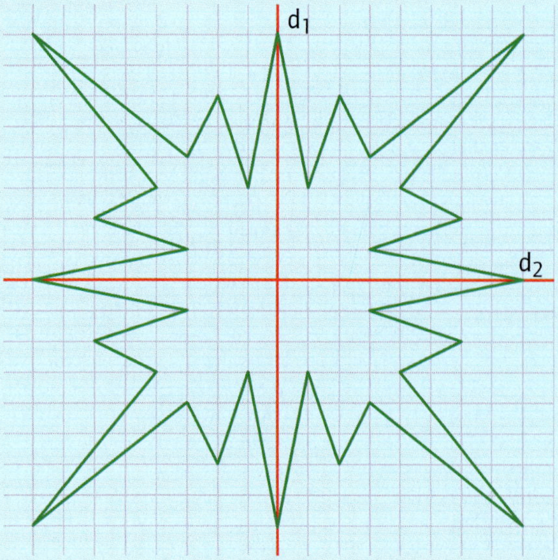

Page 155

1) Un heptagone est un polygone à 7 côtés.
Un décagone est un polygone à 10 côtés.
Un dodécagone est un polygone à 12 côtés.

2) La Suisse, la Suède et la Grèce ont un dodécagone dans leurs drapeaux.

Page 157

Il y a dix carrés :
ABCD – EFGH – DEIH – EAFI – IFBG – HIGC – EJIM – JFKI – IKGL – MILH

Il y a huit rectangles :
DAFH – HFBC – EABG – EGCD – EFKM – MKGH – EJLH – JFGL

Page 159

a) Figure ci-dessous.

b) Les deux figures obtenues sont des triangles rectangles.

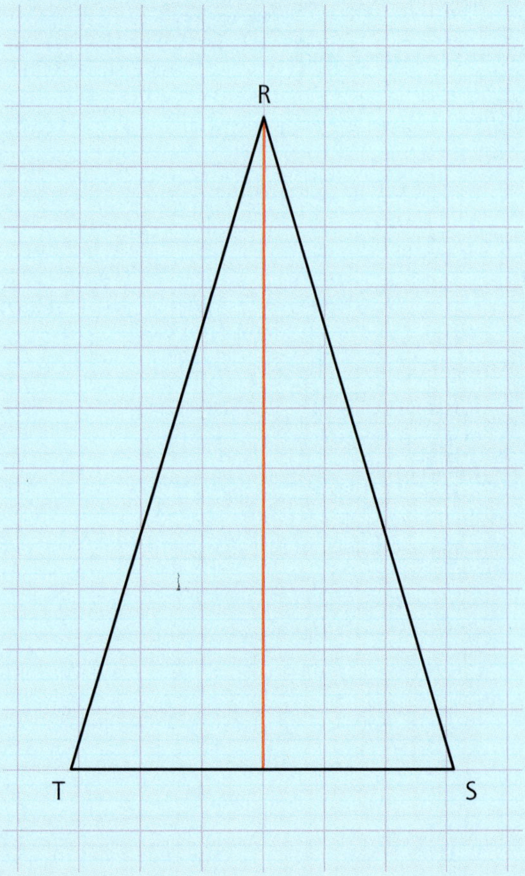

Page 161

a) Voici deux solutions.

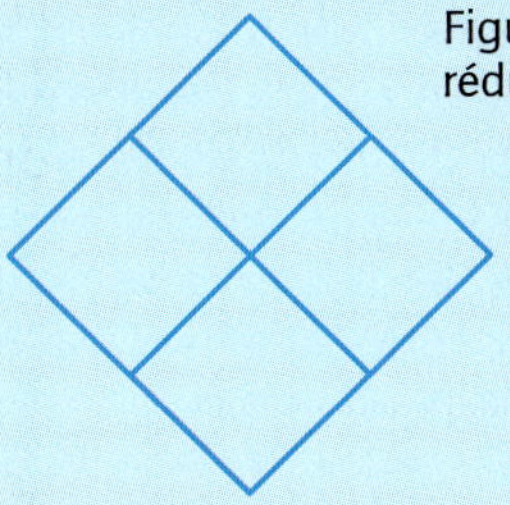

Figures réduites

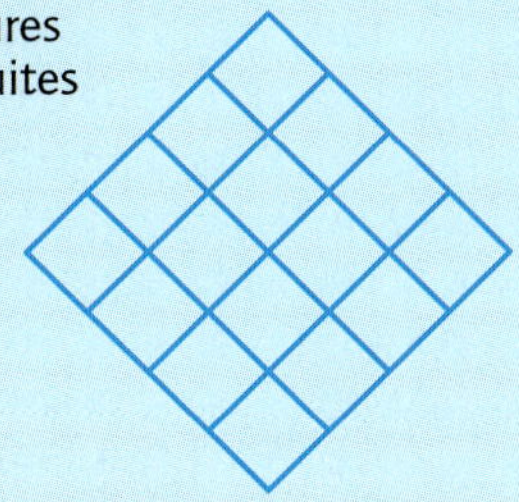

b) Voici une solution pour chaque activité demandée.

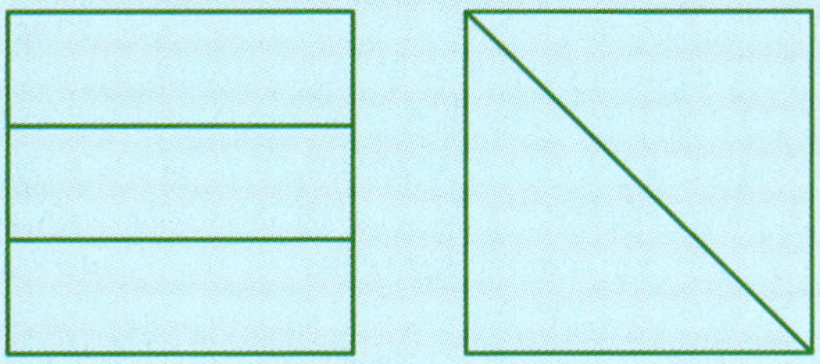

Figures réduites

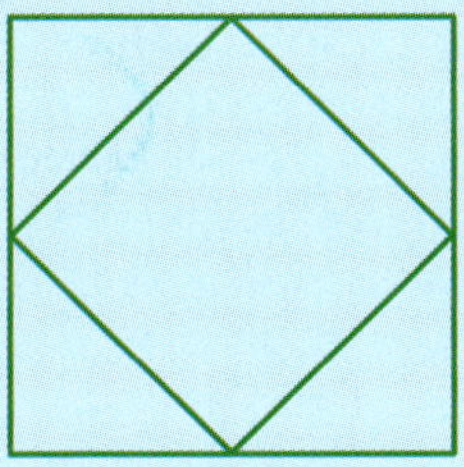

Page 163

Empreinte 1 : boule, cylindre
Empreinte 2 : parallélépipède rectangle
Empreinte 3 : cube, pyramide à base carrée
Empreinte 4 : pyramide

Page 165

Il en faudra quatre.

Page 169

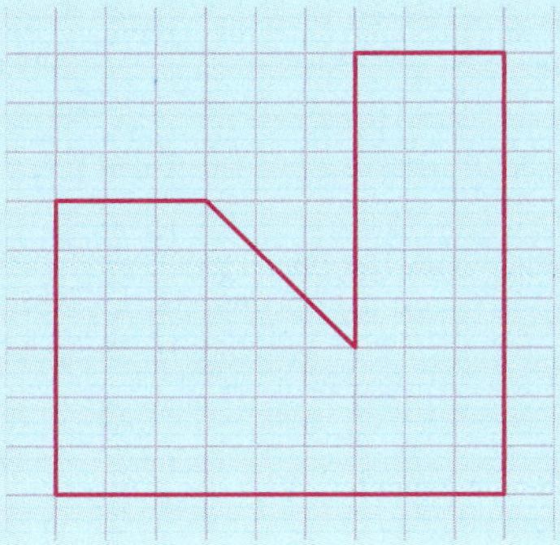

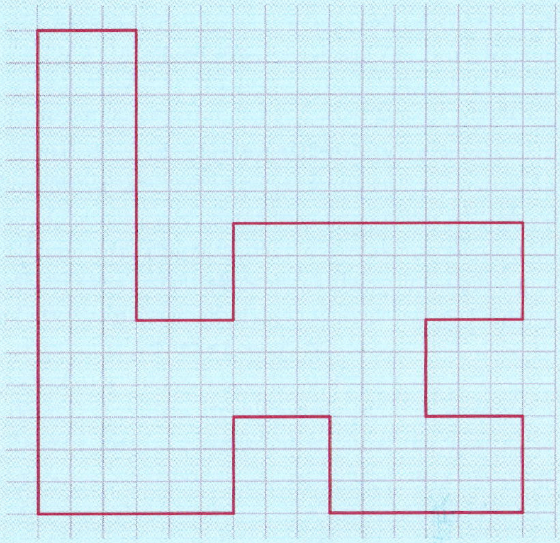

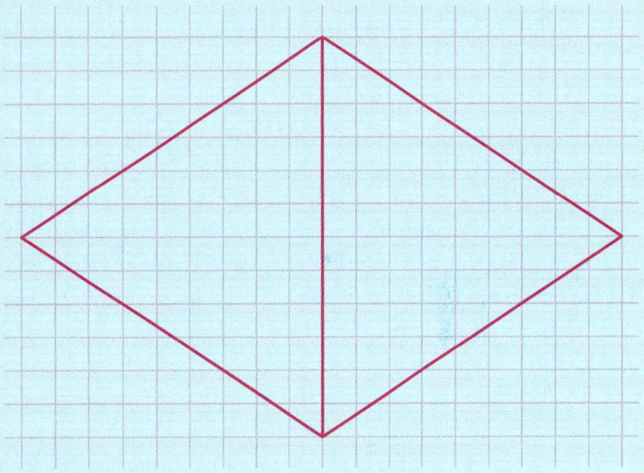

Page 171

Figure réduite

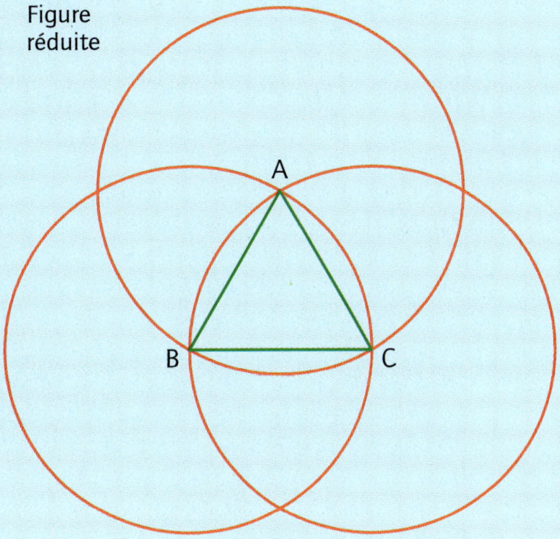

CRÉDITS PHOTOGRAPHIQUES

P. 24 : THE ART ARCHIVE/G. Dagli Orti ; EXPLORER/HOA-QUI/J.-P. Lescourret.
P. 25 : G. Dagli Orti ; REA/Pascal Sittler.
P. 27 : JACANA/Tom Walker ; NATURE PL/JACANA/Bruce Davidson ; JACANA/Jean-Patrick Deya.
P. 74 : PRESSE SPORTS/L QUIPE/Papon.
P. 77 : HACHETTE LIVRE/Phototh que.
P. 78 : NATURE PL/JACANA/Warwick Sloss.
P. 85 : AGE FOTOSTOCK/HOA-QUI/Dennis Macdonald.
P. 89 : AFP/Chris Wilkins.
P. 93 : HOA-QUI/Philippe Body.
P. 114 : photos coll. Viollet ; HACHETTE LIVRE/Phototh que ; G. Dagli Orti.
P. 115 : G. Dagli Orti ; ' Mettler Toledo ; ' Direct Pesage.
P. 130 : COM/EIFFAGE/Patrice Blot.
P. 138 : RMN/Philippe Couton ; RMN/Jean-Gilles Berizzi ; RMN/Herv Lewandowski ; RMN/Herv Lewandowski.
P. 142 : Archives de l Institut National G ographique.
P. 143 : ' IGN, Paris 2005, autorisation n¡ 80-5065.
P. 172 : Plan n¡ 50, autorisation n¡ 0511420, ' Michelin et Cie, 2005.
P. 173 : ADAGP/CNAC/MNAM Dist. RMN/Philippe Migeat ; RMN/Jean-Gilles Berizzi.

Imptimé en Italie par Rotolito
Dèpôt légal : 65478 - 02/2006 - Collection 23 - Édition 01
11/7309/5